高等职业教育水利类新形态一体化教材

水利工程建设监理

主　编　钱　巍　于厚文

副主编　魏坤肖　张　贺　熊书伟

　　　　孙　露　石玉东　杨　胜

主　审　刘宏丽

中国水利水电出版社
www.waterpub.com.cn
·北京·

内 容 提 要

　　本教材秉持成果导向的理念，从一名成熟的监理工程师所必备的专业理论知识及专业技术应用能力出发选择本教材的内容。本教材分别从水利工程建设监理基础知识，水利工程建设"三控制""三管理""一协调"，以及水利工程建设监理文件与编制进行阐述，共三个模块十八个任务。本教材配有丰富的多媒体资源，通过扫描书中的二维码能直接进入微课和课件的学习，也可通过数字教材学习。

　　本教材可作为高职高专水利工程类专业教材，也可供水利工程施工监理人员、技术人员学习参考。

图书在版编目（CIP）数据

　　水利工程建设监理 / 钱巍，于厚文主编. -- 北京：中国水利水电出版社，2021.7
　　高等职业教育水利类新形态一体化教材
　　ISBN 978-7-5170-9488-3

　　Ⅰ．①水… Ⅱ．①钱… ②于… Ⅲ．①水利工程－监理工作－高等职业教育－教材 Ⅳ．①TV512

　　中国版本图书馆CIP数据核字(2021)第048807号

书　　名	高等职业教育水利类新形态一体化教材 **水利工程建设监理** SHUILI GONGCHENG JIANSHE JIANLI
作　　者	主　编　钱　巍　于厚文 副主编　魏坤肖　张　贺　熊书伟　孙　露　石玉东　杨　胜 主　审　刘宏丽
出版发行	中国水利水电出版社 （北京市海淀区玉渊潭南路1号D座　100038） 网址：www. waterpub. com. cn E-mail：sales@waterpub. com. cn 电话：(010) 68367658（营销中心）
经　　售	北京科水图书销售中心（零售） 电话：(010) 88383994、63202643、68545874 全国各地新华书店和相关出版物销售网点
排　　版	中国水利水电出版社微机排版中心
印　　刷	清淞永业（天津）印刷有限公司
规　　格	184mm×260mm　16开本　16.75印张　408千字
版　　次	2021年7月第1版　2021年7月第1次印刷
印　　数	0001—3000册
定　　价	**59.50元**

前言

　　本教材是根据《国家中长期教育改革和发展规划纲要（2010—2020年）》、《国务院关于加快发展现代职业教育的决定》（国发〔2014〕19号）、《辽宁省职业教育改革实施方案》（辽政发〔2020〕8号）等文件精神，结合辽宁生态工程职业学院"高水平专业群"建设的需要，在原有校本教材基础上，适应当前信息化、立体化教材发展的大趋势，以互联网大数据为载体构建而成的新型校企合作教材。全书将纸质教材与数字资源有机地整合在一起，通过教材中推荐的网站链接，让学生能轻松找到相关专业知识的学习途径；通过扫描书中二维码，能直接进入微课程视频教学和教学课件的学习，并配有与课程内容相关的习题供学生练习。

　　本教材以建设监理岗位能力需求为主线，以工作项目为导向，以实际工程案例为载体，将教材划分为"水利工程建设监理基础知识""水利工程建设监理现场工作"和"监理文件与编制"三大模块，清晰地呈现建设监理工作对专业知识及专业技术能力的需求，并对建设监理工作中的文件编制、处理及记录实务按工作流程进行了整合。全书力求以创新性、时代性、实用性、实践性、直观性为特色，理论联系实际，以学生为中心，适应当前学情和学生学习特点。

　　本教材由具有多年教学与工程实践经验的教师及水利工程监理行业技术人员编写，主编为辽宁生态工程职业学院钱巍和辽宁西北供水有限责任公司于厚文。具体编写人员及分工如下：模块一由辽宁生态工程职业学院张贺编写；模块二项目一任务一、任务三、项目二任务三及项目三由辽宁生态工程职业学院钱巍编写；模块二项目一任务二由辽宁生态工程职业学院魏坤肖编写；模块二项目二任务一、任务二由辽宁生态工程职业学院孙露编写；模块三项目一任务一、任务二由辽宁西北供水有限责任公司于厚文编写；模块三项目一任务三由辽宁生态工程职业学院石玉东编写；模块三项目二任务一、任务二由辽宁水利土木咨询有限公司杨胜编写；模块三项目二任务三、任务四由辽宁巨隆达建设工程管理咨询有限公司熊书伟编写。

作为校企合作教材，本教材的编写还吸纳了水利工程监理行业的专家、学者，他们将当前工程建设监理工作中最前沿、最新兴的知识、技术和理念融入其中，在此表示感谢！

　　本书在编写过程中参考了一些相关资料，在此对相关作者一并表示感谢！

　　由于编者的水平有限，书中难免存在疏漏之处，恳请读者在使用过程中给予指正并提出宝贵意见！

编者

2020 年 9 月

"行水云课"数字教材使用说明

　　"行水云课"水利职业教育服务平台是中国水利水电出版社立足水电、整合行业优质资源全力打造的"内容"＋"平台"的一体化数字教学产品。平台包含高等教育、职业教育、职工教育、专题培训、行水讲堂五大版块，旨在提供一套与传统教学紧密衔接、可扩展、智能化的学习教育解决方案。

　　本套教材是整合传统纸质教材内容和富媒体数字资源的新型教材，将大量图片、音频、视频、3D动画等教学素材与纸质教材内容相结合，用以辅助教学。读者登录"行水云课"平台，进入教材页面后输入激活码激活，即可获得该数字教材的使用权限。可通过扫描纸质教材二维码查看与纸质内容相对应的知识点多媒体资源，也可通过移动终端 APP、"行水云课"微信公众号或"行水云课"网页版查看完整数字教材。

　　内页二维码具体标识如下：

　·▶为微课视频

　·Ⓣ为练习及答案

　·▣为课件

多媒体知识点索引

序号	码号	资 源 名 称	类型	页码
27	2123	作业技术交底	▶	44
28	2124	监理质量控制练习	Ⓣ	54
29	2121	监理的投资控制	◉	57
30	2122	监理的投资控制	▶	57
31	2123	支付控制手段	▶	59
32	2124	工程变更	▶	61
33	2125	工程计量	▶	61
34	2126	预付款的支付与扣还	▶	63
35	2127	保留金	▶	65
36	2128	索赔与反索赔	▶	69
37	2129	监理投资控制练习	Ⓣ	72
38	2131	监理的进度控制	◉	74
39	2132	监理的进度控制	▶	74
40	2133	工期索赔	▶	80
41	2134	关键线路	▶	81
42	2135	横道图比较法	▶	83
43	2136	进度前锋线比较法	▶	85
44	2137	监理进度控制练习	Ⓣ	87
45	2211	监理的合同管理	◉	92
46	2212	合同的基本知识	▶	92
47	2213	合同的订立过程	▶	94
48	2214	无效合同	▶	96
49	2215	合同担保	▶	101
50	2216	保证合同	▶	102
51	2217	监理合同的特点	▶	102
52	2218	监理合同管理练习	Ⓣ	119
53	2221	监理的信息管理	◉	120
54	2222	信息管理与档案管理	▶	120
55	2223	信息管理的内容	▶	120
56	2224	监理信息管理练习	Ⓣ	126
57	2231	监理的安全管理	◉	127

序号	码号	资源名称	类型	页码
58	2232	监理的安全管理	▶	127
59	2233	"四不放过"原则	▶	128
60	2234	物和环境的不安全因素	▶	132
61	2235	人的不安全行为	▶	132
62	2236	监理的安全职责	▶	134
63	2237	安全技术操作规程中关于安全方面的规定	▶	134
64	2238	施工中常见的引起安全事故的因素	▶	134
65	2239	监理安全管理练习	Ⓣ	137
66	2311	监理协调的作用与内容	◉	138
67	2312	组织协调的概念及作用	▶	138
68	2313	监理与各方关系	▶	140
69	2314	协调的作用练习	Ⓣ	142
70	2321	组织协调的方式方法	◉	142
71	2322	第一次工地会议	▶	143
72	2323	组织协调的方法	▶	145
73	2324	协调的方法练习	Ⓣ	147
74	3111	业主的监理招标	◉	149
75	3112	业主的监理招标及招标文件	▶	150
76	3113	监理招标练习	Ⓣ	153
77	3121	监理投标文件的编制	◉	155
78	3122	监理投标文件的编制	▶	155
79	3123	获取监理任务的途径	▶	155
80	3124	监理费用的计算	▶	156
81	3125	监理投标练习	Ⓣ	159
82	3131	监理大纲的编写	◉	166
83	3132	监理大纲的编写	▶	166
84	3133	监理大纲编写练习	Ⓣ	167
85	3211	监理规划的编写	◉	202
86	3212	监理规划的编写	▶	202
87	3213	监理规划编写练习	Ⓣ	204
88	3221	监理实施细则的编写	◉	222

目录

模块一 水利工程建设监理基础知识

【模块学习引导】

学习意义

　　建设项目监理工作的主要内容是"三控制""三管理""一协调"，这将是本门课程学习的重点，但也要知道，围绕某一项目的监理工作还要有许多应掌握或了解的监理知识，例如关于监理行业、监理公司、监理人员、监理项目的组织机构等专业知识，这是完成监理任务的基础和必要条件。

知识目标

（1）了解我国水利行业工程项目建设管理的情况及项目监理工作的意义和作用。

（2）了解我国对监理单位与监理人员的基本要求。

（3）掌握工程项目监理机构组织形式及特点。

能力目标

（1）能对我国水利建设行业的监理工作形成基本认识。

（2）能够明确作为一名合格监理人员应具有的条件。

（3）能针对具体工程项目运用所学知识选择合适的组织机构形式。

000 ▶

课程导入

任务一 水利工程建设的管理制度与程序

【任务布置模块】

学习任务

　　了解水利工程建设项目的管理制度；掌握工程建设监理的概念；掌握工程建设监理的性质；理解监理工作的目标、任务和依据；熟悉水利工程建设程序。

能力目标

　　能够理解建设监理制，能够明确工程建设监理的性质。

【教学内容模块】

一、水利工程建设项目管理制度

　　《水利工程建设项目管理规定》（1995 年水利部水建〔1995〕128 号发布，2014年水利部令第 46 号修改，2016 年水利部令第 48 号修改）指出：水利工程建设要推行项目法人责任制、招标投标制和建设监理制。

1. 项目法人责任制

项目法人责任制是指经营性建设项目由项目法人对项目的策划、资金筹措、建设实施、生产经营、偿还债务和资产的保值增值实行全过程负责的一种项目管理制度。

《水利工程建设项目管理规定》第十六条规定：对生产经营性的水利工程建设项目要积极推行项目法人责任制；其他类型的项目应积极创造条件，逐步实行项目法人责任制。

(1) 工程建设现场的管理可由项目法人直接负责，也可由项目法人组建或委托一个组织具体负责。负责现场建设管理的机构履行建设单位职能。

(2) 组建建设单位由项目主管部门或投资各方负责。建设单位需具备下列条件：

1) 具有相对独立的组织形式。内部机构设置、人员配备能满足工程建设的需要。

2) 经济上独立核算或分级核算。

3) 主要行政和技术、经济负责人是专职人员，并保持相对稳定。

2. 招标投标制

《水利工程建设项目管理规定》第十七条规定：凡符合由国家投资、中央和地方合资、企事业单位独资、合资以及其他投资方式兴建的防洪、除涝、灌溉、发电、供水、围垦等大中型（包括新建、续建、改建、加固、修复）工程建设项目都要实行招标投标制。

(1) 水利建设项目施工招标投标工作按国家有关规定或国际采购导则进行，并根据工程的规模、投资方式以及工程特点，决定招标方式。

(2) 主体工程施工招标应具备的必要条件：

1) 项目的初步设计已经批准，项目建设已列入计划，投资基本落实。

2) 项目建设单位已经组建，并具备应有的建设管理能力。

3) 招标文件已经编制完成，施工招标申请书已经批准。

4) 施工准备工作已满足主体工程开工的要求。

(3) 水利建设项目招标工作，由项目建设单位具体组织实施。招标管理分级管理原则和管理范围划分如下：

1) 水利部负责招标工作的行业管理，直接参与或组织少数特别重大建设项目的招标工作，并做好与国家有关部门的协调工作。

2) 其他国家和部属重点建设项目以及中央参与投资的地方水利建设项目的招标工作，由流域机构负责管理。

3) 地方大中型水利建设项目的招标工作，由地方水行政主管部门负责管理。

3. 建设监理制

《水利工程建设项目管理规定》第十八条规定：水利工程建设，要全面推行建设监理制。

(1) 水利部主管全国水利工程的建设监理工作。

(2) 水利工程建设监理单位的选择，应采用招标投标的方式确定。

(3) 要加强对建设监理单位的管理，监理工程师必须持证上岗，监理单位必须持证营业。

二、工程建设监理概述

（一）工程建设监理相关概念

1. 工程建设监理的概念

工程建设监理，就是监理的执行者依据有关工程建设的法律法规和技术标准，综合运用法律、经济、技术手段，对工程建设参与者的行为及其职责、权利，进行必要的协调与约束，促使工程建设的进度、质量和投资按计划实现，避免建设行为的随意性和盲目性，使工程建设目标得以最优实现。

2. 水利工程建设监理的概念

《水利工程建设监理规定》（水利部令第 28 号发布，第 49 号修改）中明确：水利工程建设监理，是指具有相应资质的水利工程建设监理单位，受项目法人委托，按照监理合同对水利工程建设项目实施中的质量、进度、资金、安全生产、环境保护等进行的管理活动，包括水利工程施工监理、水土保持工程施工监理、机电及金属结构设备制造监理、水利工程建设环境保护监理。

111

工程建设
监理概述

（二）工程建设监理的性质

工程建设监理是市场经济的产物，是一种特殊的工程建设活动，它具有以下性质。

（1）服务性。服务性是工程建设监理的重要特征之一，是由监理的业务性质决定的。监理单位是智力密集型企业，它本身不是建设产品的直接生产者和经营者，是为建设单位提供智力服务的，监理单位的劳动与相应的报酬是技术服务性的。监理单位与施工企业承包工程造价不同，不参与工程承包的赢利分配，是按其支付脑力劳动量的大小而取得相应的监理报酬。工程建设监理的服务性使它与政府对工程建设行政性监督管理活动区别开来。

（2）科学性。科学性是监理单位区别于其他一般服务性组织的重要特征，也是其赖以生存的重要条件。监理单位必须具有发现和解决工程设计及承建单位所存在的技术与管理方面问题的能力，能够提供高水平的专业服务，所以它必须具有科学性。社会监理单位的独立性和公正性也是科学性的基本保证。

（3）独立性。独立性是工程建设监理的又一重要特征，其表现在以下几个方面：第一，监理单位在人际关系、业务关系和经济关系上必须独立，其单位和个人不得与参与工程建设的各方发生利益关系；第二，监理单位与建设单位的关系是平等的合同约定关系；第三，监理单位在实施监理的过程中，是处于工程承包合同签约双方（即建设单位和承建单位）之间的独立一方，它以自己的名义，行使依法成立的监理委托合同所确认的职权，承担相应的职业道德责任和法律责任。

（4）公正性。公正性是监理单位和监理工程师顺利实施其职能的重要条件，也是监理制对工程建设监理进行约束的条件。公正性是监理制的必然要求，是社会公认的职业准则，也是监理单位和监理工程师的基本职业道德准则。公正性必须以独立性为前提。

112

监理的目标、
任务和依据

（三）工程建设监理的目标

就整个建设项目全过程监理而言，工程建设监理的目标就是力求在计划的投资、

3

进度和质量目标内实现建设项目的总目标，阶段监理要力求实现本阶段建设项目的目标。

（四）工程建设监理的任务与内容

工程建设监理的中心任务是指控制工程项目目标，也就是控制合同所确定的投资、进度和质量目标。中心任务的完成是通过各阶段具体的监理工作任务的完成来实现的。监理工作任务的划分如图1-1所示。我国目前监理工作的重点在施工阶段。

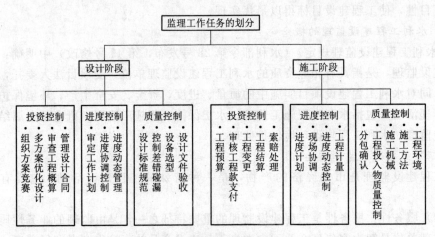

图1-1　监理工作任务的划分

工程建设监理的内容主要是对建设项目进行投资控制、质量控制、进度控制、合同管理、信息管理、安全管理、组织协调等，简称"三控制""三管理""一协调"。

113 ▶

监理的"三控制"

1. 投资控制

监理的投资控制就是通过一系列的监理活动实现业主的投资计划。具体来讲，就是监理单位审核施工单位编制的工程项目各阶段及各年、季、月度资金使用计划，并控制其执行，熟悉设计图纸、招标文件、标底（合同价），分析合同价构成因素，找出工程费用最易突破的部分，从而明确投资控制的重点，预测工程风险及可能发生索赔的原因，制定防范性对策，严格执行付款审核签订制度，及时进行工程投资实际值与计划值的比较、分析，严格履行计量与支付程序，及时对质量合格工程进行计量，及时审核签发付款证书等。

2. 质量控制

监理的质量控制就是通过一系列的监理活动实现业主所确定的质量目标。具体来讲，就是工程所需的主要原材料、构配件及设备应由监理单位进行质量认定，如审核工程所用原材料、构配件及设备的出厂合格证或质量保证书；对工程原材料、构配件及设备在使用前需进行抽检或复试其试验的范围，按有关规定、标准的要求确定；凡采用新材料、新型制品，应检查技术鉴定文件；对重要原材料、构配件及设备的生产工艺、质量控制、检测手段等进行检查，必要时应到生产厂家实地进行考察，以确定供货单位；所有设备在安装前，应按相应技术说明书的要求进行质量检查，必要时还应由法定检测部门检测。

对施工质量的控制方式有现场查看、查阅施工记录、旁站监理、跟踪检测和平行检测等。应当注意的是要加强重要隐蔽单元工程和关键部位单元工程的质量控制，严格控制承包人按施工合同约定及有关规定对工程质量进行自检，合格后方可报监理机构复核，未经监理机构复核或复核不合格的，承包人不得开始下一单元工程（工序）的施工。

3. 进度控制

监理的进度控制就是通过一系列的监理活动实现业主的进度工期目标。具体来讲就是：

（1）审核施工单位编制的工程项目实施总进度计划。

（2）审核施工单位提交的施工进度计划，审核施工进度计划与施工方案的协调性和合理性等。

（3）审核施工单位提交的施工总平面布置图。

（4）审定材料、构配件及设备的采购供应计划。

（5）工程进度的检查，主要检查计划进度与实际进度的差异和实际工程量与计划工程量指标完成情况的一致性。

4. 合同管理

合同管理是监理单位能否实现监理三大目标的重要手段。广义地讲，监理单位受项目法人的委托，协助项目法人组织工程项目建设合同的订立、签订，并在合同实施过程中管理合同。狭义的合同管理指合同文件管理、会议管理、支付、合同变更、违约、索赔及风险分担、合同争议协调等。

5. 信息管理

信息是人们决策的重要依据。只有及时、准确地掌握项目建设中的信息，严格、有序地管理各种文件、图纸、记录、指令、报告和有关技术资料，完善信息资料的接收、签发、归档和查询等制度，才能使信息及时、完整、准确和可靠地为工程监理提供工作依据，以便及时采取有效的措施，有效地完成监理任务。计算机信息管理系统是现代工程建设领域信息管理的重要手段。

6. 安全管理

安全管理是实现监理三大目标的前提和保证，项目监理机构应当审查施工单位提出的施工组织设计中的安全技术措施或者专项施工方案是否符合工程建设强制性标准，并按照法律、法规和工程建设强制性标准对安全生产实施监理，对工程安全生产承担监理责任。

项目监理机构在实施监理过程中，发现存在质量缺陷和安全事故隐患的，应当要求施工单位整改；发现存在重大质量和安全事故隐患时，应当要求施工单位停工整改，施工单位拒不整改或者不停止施工的，项目监理机构应当及时向有关水行政主管部门或流域管理机构或其委托的安全监督机构以及项目法人报告。

7. 组织协调

在工程项目实施过程中，将会有多方参与建设的单位，如何将各方参建单位有机地组织起来，形成一个高效运行的有机体，这需要大量的组织协调工作，多部门、多

114 ▶

监理与各
方关系

5

单位以不同的方式为项目建设服务，难以避免地会发生各种冲突。因此，监理工程师及时、准确地做好协调工作，是建设项目顺利进行的重要保证。

（五）工程建设监理的主要依据

工程建设监理的主要依据可以概括为以下几个方面：

（1）国家和部门制定颁发的法律、法规及有关政策。例如《中华人民共和国建筑法》《中华人民共和国民法典》《中华人民共和国招标投标法》《建设工程质量管理条例》《建设工程安全生产管理条例》《水利工程建设监理规定》《注册监理工程师管理规定》《工程监理企业资质管理规定》《建设工程监理与相关服务收费管理规定》。

（2）技术规范、规程和标准。主要包括国家有关部门颁发的设计规范、技术标准、质量标准及各种施工规范、验收规程等，例如《建设工程监理规范》（GB/T 50319—2013）、《水利工程施工监理规范》（SL 288—2014）。

（3）政府建设主管部门批准的建设文件、设计文件。

（4）依法签订的合同。主要包括工程建设监理合同、施工合同、设计合同、勘察合同、设计文件、物资采购合同等。

三、水利工程建设程序

《水利工程建设项目管理规定》明确水利工程建设要严格按建设程序进行。水利工程建设程序一般分为：项目建议书、可行性研究、初步设计、施工准备（包括招标设计）、建设实施、生产准备、竣工验收、项目后评价等阶段。

1. 项目建议书

项目建议书应根据国民经济和社会发展长远规划、流域综合规划、区域综合规划、专业规划，按照国家产业政策和国家有关投资建设方针进行编制，是对拟进行建设项目的初步说明。

项目建议书编制一般由政府委托有相应资格的设计单位承担，并按国家现行规定权限向主管部门申报审批。项目建议书被批准后，由政府向社会公布，若有投资建设意向，应及时组建项目法人筹备机构，开展下一建设程序工作。

2. 可行性研究

可行性研究应对项目进行方案比较，在技术上是否可行和经济上是否合理进行科学的分析和论证。经过批准的可行性研究报告，是项目决策和进行初步设计的依据。可行性研究报告由项目法人（或筹备机构）组织编制。

可行性研究报告应按国家现行规定的审批权限报批。申报项目可行性研究报告，必须同时提出项目法人组建方案及运行机制、资金筹措方案、资金结构及回收资金的办法，并依照有关规定附具有管辖权的水行政主管部门或流域机构签署的规划同意书、对取水许可预申请的书面审查意见。审批部门要委托有项目相应资格的工程咨询机构对可行性报告进行评估，并综合行业归口主管部门、投资机构（公司）、项目法人（或项目法人筹备机构）等方面的意见进行审批。

可行性研究报告经批准后，不得随意修改和变更，在主要内容上有重要变动，应经原批准机关复审同意。项目可行性报告批准后，应正式成立项目法人，并按项目法人责任制实行项目管理。

3. 初步设计

初步设计是根据批准的可行性研究报告和必要而准确的设计资料，对设计对象进行通盘研究，阐明拟建工程在技术上的可行性和经济上的合理性，规定项目的各项基本技术参数，编制项目的总概算。初步设计任务应择优选择有项目相应资格的设计单位承担，依照有关初步设计编制规定进行编制。

初步设计文件报批前，一般须由项目法人委托有相应资格的工程咨询机构或组织行业各方面（包括管理、设计、施工、咨询等方面）的专家，对初步设计中的重大问题进行咨询论证。设计单位根据咨询论证意见，对初步设计文件进行补充、修改、优化。初步设计由项目法人组织审查后，按国家现行规定权限向主管部门申报审批。

设计单位必须严格保证设计质量，承担初步设计的合同责任。初步设计文件经批准后，主要内容不得随意修改、变更，并作为项目建设实施的技术文件基础。如有重要修改、变更，须经原审批机关复审同意。

4. 施工准备

（1）项目在主体工程开工之前，必须完成各项施工准备工作，其主要内容包括：

1）施工现场的征地、拆迁。

2）完成施工用水、电、通信、路和场地平整等工程。

3）必需的生产、生活临时建筑工程。

4）组织招标设计、咨询、设备和物资采购等服务。

5）组织建设监理和主体工程招标投标，并择优选定建设监理单位和施工承包队伍。

（2）施工准备工作开始前，项目法人或其代理机构须依照《水利工程建设项目管理规定》中"管理体制和职责"明确的分级管理权限，向水行政主管部门办理报建手续，项目报建须交验工程建设项目的有关批准文件。工程项目进行项目报建登记后，方可组织施工准备工作。

工程建设项目施工，除某些不适应招标的特殊工程项目外（须经水行政主管部门批准），均须实行招标投标。

（3）水利工程项目必须满足以下条件，方可进行施工准备：

1）初步设计已经批准。

2）项目法人已经建立。

3）项目已列入国家或地方水利建设投资计划，筹资方案已经确定。

4）有关土地使用权已经批准。

5）已办理报建手续。

5. 建设实施

（1）建设实施阶段是指主体工程的建设实施。项目法人按照批准的建设文件组织工程建设，保证项目建设目标的实现。

（2）水利工程具备《水利工程建设项目管理规定》规定的开工条件后，主体工程方可开工建设。项目法人或建设单位应当自工程开工 15 个工作日内，将开工情况的书面报告，报项目主管单位和上一级主管单位备案。

（3）项目法人要充分发挥建设管理的主导作用，为施工创造良好的建设条件。项目法人要充分授权工程监理，使之能独立负责项目的建设工期、质量、投资的控制和现场施工的组织协调。监理单位选择必须符合《水利工程建设监理规定》的要求。

（4）要按照"政府监督、项目法人负责、社会监理、企业保证"的要求，建立健全质量管理体系。重要建设项目，须设立质量监督项目站，行使政府对项目建设的监督职能。

6. 生产准备

（1）生产准备是项目投产前所要进行的一项重要工作，是建设阶段转入生产经营的必要条件。项目法人应按照建管结合和项目法人责任制的要求，适时做好有关生产准备工作。

（2）生产准备应根据不同类型的工程要求确定，一般应包括以下主要内容：

1）生产组织准备。建立生产经营的管理机构及相应管理制度。

2）招收和培训人员。按照生产运营的要求，配备生产管理人员，并通过多种形式的培训，提高人员素质，使之能满足运营要求。生产管理人员要尽早介入工程的施工建设，参加设备的安装调试，熟悉情况，掌握好生产技术和工艺流程，为顺利衔接基本建设和生产经营阶段做好准备。

3）生产技术准备。主要包括技术资料的汇总、运行技术方案的制定、岗位操作规程制定和新技术准备。

4）生产的物资准备。主要是落实投产运营所需要的原材料、协作产品、工器具、备品备件和其他协作配合条件的准备。

5）正常的生活福利设施准备。

（3）及时具体落实产品销售合同协议的签订，提高生产经营效益，为偿还债务和资产的保值增值创造条件。

7. 竣工验收

（1）竣工验收是工程完成建设目标的标志，是全面考核基本建设成果、检验设计和工程质量的重要步骤。竣工验收合格的项目即从基本建设转入生产或使用。

（2）当建设项目的建设内容全部完成，并经过单位工程验收（包括工程档案资料的验收），符合设计要求并按《水利工程建设项目档案管理规定》（水办〔2005〕480号）的要求完成了档案资料的整理工作；完成竣工报告、竣工决算等必需文件的编制后，项目法人按《水利工程建设项目管理规定》，向验收主管部门，提出申请，根据国家和部颁验收规程，组织验收。

（3）竣工决算编制完成后，须由审计机关组织竣工审计，其审计报告作为竣工验收的基本资料。

（4）工程规模较大、技术较复杂的建设项目可先进行初步验收。不合格的工程不予验收；有遗留问题的项目，对遗留问题必须有具体处理意见，且有限期处理的明确要求并落实责任人。

8. 项目后评价

（1）建设项目竣工投产后，一般经过1～2年生产运营后，要进行一次系统的项目后评价，主要内容包括：影响评价——项目投产后对各方面的影响进行评价；经济效益评价——对项目投资、国民经济效益、财务效益、技术进步和规模效益、可行性研究深度等进行评价；过程评价——对项目的立项、设计施工、建设管理、竣工投产、生产运营等全过程进行评价。

（2）项目后评价一般按三个层次组织实施，即项目法人的自我评价、项目行业的评价、计划部门（或主要投资方）的评价。

（3）建设项目后评价工作必须遵循客观、公正、科学的原则，做到分析合理、评价公正。通过建设项目的后评价以达到肯定成绩、总结经验、研究问题、吸取教训、提出建议、改进工作，不断提高项目决策水平和投资效果的目的。

以上所述基本建设程序的八项内容，是我国对水利工程建设程序的基本要求，也基本反映了水利工程建设工作的全过程。

【工程案例模块】

1. 背景资料

某业主开发建设一农田水利工程综合治理项目，委托 A 监理公司进行该工程施工阶段的监理工作。经过工程招标，业主选择了 B 建筑公司总承包该工程的施工任务。B 建筑公司自行完成了该项目主体工程的施工任务，在获得业主许可后，将附属一座农桥工程分包给有相应资质的 C 公司，将附属生态亮化工程分包给有相应资质的 D 公司。在该工程项目监理中，监理单位进行了以下工作：

（1）总监理工程师组建了项目监理机构，设立了总监办公室。

（2）总监理工程师组织制定了监理规划，明确了监理机构的工作任务，任务之一是做好与业主、承包商的协调工作。

（3）总监理工程师在编制监理规划时，制定了旁站监理方案，明确了旁站监理的范围和旁站监理人员的职责。

（4）结合工程实际，监理机构积极进行了风险管理。

2. 问题

分析上述案例，指出实施监理活动的意义，并描述监理活动的特点与主要工作。

3. 案例分析

由案例可知，工程建设实施了监理总监负责制，由总监组建项目监理机构并制定监理规划，按监理实施细则科学有序地实施监理，并在重要部位进行旁站监理，充分发挥了其管理、控制和协调的功能，最大限度地降低风险、保障工程质量，从而最大可能地保障工程建设各项目标的实现。

115 ⬇

监理制度
练习

任务二　水利工程建设监理单位与人员的管理

【任务布置模块】

121 ▣

水利工程建
设监理单位

> **学习任务**
> 了解监理单位的资质要素；了解监理单位的资质条件及业务范围；理解有关监理单位的法律规定；掌握监理单位企业资质申请及监理工程师报考相关规定。

122 ▶

监理单位的设立、分类及有关法律规定

【教学内容模块】

监理单位是指取得工程监理资质证书，具有法人资格、从事工程建设监理业务的经济实体，如监理公司、监理事务所或兼承监理业务的设计、研究、工程咨询等单位。它是监理工程师的执业机构。

我国的工程监理企业是推行工程监理制后兴起的一种新企业，是建筑市场的三大主体之一，其主要责任是向项目法人提供高智能的技术服务。

监理单位的主要特征如下：

（1）依法成立。监理单位必须依法成立。我国政府对监理市场实行市场准入控制管理。

（2）监理单位是中介服务单位。从市场角度定位，监理单位属于中介服务性质的单位，它受业主的委托而承担监理任务，向业主提供专业化服务。

（3）公正、独立。监理单位在实施监理过程中，是以业主和承包商合同之外的独立的第三方名义开展监理业务。监理单位不得从事所监理工程的施工和建筑材料、构配件及建筑机械、设备的经营活动。

一、监理单位资质要素

按照我国现行法律、法规规定，我国监理单位的组织形式按资本主体分为独资监理企业、合资监理企业、股份监理企业；按资质条件分为甲级、乙级、丙级；按工程类别分为（工程性质和技术特点）14 种，如房建、市政公用、机电安装等。

无论哪种形式的监理单位，要想开展正常的生产经营活动，必须具备一定的技术能力、管理水平、固定的场所、一定数量的注册资本等，并经国家工商行政管理机构登记注册取得相应的监理单位资质证书后方可开业运营。

工程监理企业的资质是指企业技术能力、管理水平、业务经验、经营规模、社会信誉等综合性实力指标，主要体现在工程监理企业的监理能力和效果上。所谓的监理能力，是指工程监理企业能够监理多大规模和复杂程度为多少的工程建设项目；监理效果是指工程监理企业对工程建设实施监理后，在工程投资、质量、进度等方面的控制效果。

监理能力和监理效果主要取决于监理人员素质、专业配套能力、技术装备、管理水平、监理经历和业绩等要素。这些要素是划分与审定工程监理单位资质等级的重要依据。

1. 监理人员素质

监理企业的负责人要求具有高级专业技术职称、取得监理工程师资格证书，具有较强的组织协调和领导能力。对于监理企业的技术管理人员，要求拥有足够数量的取得监理工程师资格的监理人员，并且专业配套，其中高级建筑师、高级工程师、高级经济师要有足够的数量。对于监理企业的监理人员，一般应为大专以上学历，且应以本科以上学历者为大多数。

2. 专业配套能力

建设工程监理活动的开展需要各专业监理人员的相互配合。一个监理企业，应当按照它的监理业务范围的要求配备专业人员。同时，各专业都应拥有素质较高、能力较强的骨干监理人员。

审查监理企业资质的重要内容是看它的专业监理人员的配备是否与其所申请的监理业务范围相一致。例如，从事一般工业与民用建筑工程监理业务的监理企业，应当配备建筑、结构、电气、通信、给水、排水、暖气空调、工程测量、建筑经济、设备工艺等专业的监理人员。

从建设工程监理的基本内容要求出发，监理企业还应当在质量控制、进度控制、投资控制、合同管理、信息管理、安全管理和组织协调方面具有专业配套能力。

3. 技术装备

监理企业应当拥有一定数量的检测、测量、交通、通信、计算机等方面的技术装备。一定数量的计算机，用于计算机辅助管理；一定数量的测量、检测仪器，用于监理中的检查、检测工作；一定数量的交通、通信设备，以便于高效地开展监理活动；一定数量的照相、录像设备，以便及时、真实地记录工程实况等。

监理企业用于工程项目监理的大量设备、设施可由业主方提供，或由有关检测单位代为检查、检测。

4. 管理水平

监理企业的管理水平首先要看监理企业负责人的素质和能力，其次要看监理企业的规章制度是否健全完善。例如，有没有组织管理制度、从事管理制度、科技管理制度、档案管理制度等，并且能否有效执行。再者就是监理企业是否有一套系统有效的工程项目管理方法和手段。监理企业的管理水平主要反映在能否将本企业的人、财、物的作用充分发挥出来，做到人尽其才、物尽其用；监理人员能否做到遵纪守法，遵守监理工程师职业道德准则；能否沟通各种渠道，占领一定的监理市场；能否在工程项目监理中取得良好的业绩。

5. 监理经历和业绩

一般来说，监理企业开展监理业务的时间越长，监理的经验越丰富，监理能力也会越高，监理的业绩就会越好。监理经历是监理企业的宝贵财富，是构成其资质的要素之一。监理业绩主要是指在开展项目监理业务中所取得的成效，其中包括监理业务量的多少和监理效果的好坏。因此，有关部门把监理企业监理过多少工程、监理过什么等级的工程，以及取得什么样的监理效果作为监理企业的重要资质要素。

二、水利工程建设监理单位的资质条件

《水利工程建设监理单位资质管理办法》（2006 年水利部令第 29 号发布，2010 年第一次修正，2015 年第二次修正，2017 年第三次修正，2019 年第四次修正）规定，水利工程监理单位的资质分为水利工程施工监理、水土保持工程施工监理、机电及金属结构设备制造监理和水利工程建设环境保护监理四个专业。其中，水利工程施工监理专业资质和水土保持工程施工监理专业资质分为甲级、乙级和丙级三个等级，机电及金属结构设备制造监理专业资质分为甲级、乙级两个等级，水利工程建设环境保护监理专业资质暂不分级。

1. 甲级监理单位资质条件

（1）具有健全的组织机构、完善的组织章程和管理制度。技术负责人具有高级专业技术职称，并取得总监理工程师岗位证书。

（2）专业技术人员。监理工程师以及取得高级专业技术职称的人员、总监理工程师，均不少于表1-1规定的人数；水利工程造价工程师不少于3人。

表 1-1　　　　　　　　各专业资质等级配备监理工程师一览　　　　　　　　单位：人

监理单位资质等级	水利工程施工监理专业资质			水土保持工程施工监理专业资质			机电及金属结构设备制造监理专业资质			水利工程建设环境保护监理专业资质		
	监理工程师	其中高级职称人员	其中总监理工程师	监理工程师	其中高级职称人员	其中总监理工程师	监理工程师	其中高级职称人员	其中总监理工程师	监理工程师	其中高级职称人员	其中总监理工程师
甲级	50	10	8	30	6	5	30	6	5	—	—	—
乙级	30	6	3	20	4	3	12	3	2	—	—	—
丙级	10	3	1	10	3	1	—	—	—	—	—	—
不定级	—	—	—	—	—	—	—	—	—	10	3	—

（3）具有5年以上水利工程建设监理经历，且近3年监理业绩要求分别如下：

1）申请水利工程施工监理专业资质，应当承担过（含正在承担，下同）1项Ⅱ等水利枢纽工程，或者2项Ⅱ等（堤防2级）其他水利工程的施工监理业务；该专业资质许可的监理范围内的近3年累计合同额不少于600万元。

承担过水利枢纽工程中的挡、泄、导流、发电工程之一的，可视为承担过水利枢纽工程。

2）申请水土保持工程施工监理专业资质，应当承担过2项Ⅱ等水土保持工程的施工监理业务；该专业资质许可的监理范围内的近3年累计合同额不少于350万元。

3）申请机电及金属结构设备制造监理专业资质，应当承担过4项中型机电及金属结构设备制造监理业务；该专业资质许可的监理范围内的近3年累计合同额不少于300万元。

（4）能运用先进技术和科学管理方法完成建设监理任务。

2. 乙级监理单位资质条件

（1）具有健全的组织机构、完善的组织章程和管理制度。技术负责人具有高级专业技术职称，并取得总监理工程师岗位证书。

（2）专业技术人员。监理工程师及取得高级专业技术职称的人员、总监理工程师，均不少于表1-1规定的人数；水利工程造价工程师不少于2人。

（3）具有3年以上水利工程建设监理经历，且近3年监理业绩要求分别如下：

1) 申请水利工程施工监理专业资质，应当承担过 3 项Ⅲ等（堤防 3 级）水利工程的施工监理业务；该专业资质许可的监理范围内的近 3 年累计合同额不少于 400 万元。

2) 申请水土保持工程施工监理专业资质，应当承担过 4 项Ⅲ等水土保持工程的施工监理业务；该专业资质许可的监理范围内的近 3 年累计合同额不少于 200 万元。

（4）能运用先进技术和科学管理方法完成建设监理任务。首次申请机电及金属结构设备制造监理专业乙级资质，只需满足 1）、2）、4）项；申请重新认定、延续或者核定机电及金属结构设备制造监理专业乙级资质，还须该专业资质许可的监理范围内的近 3 年年均监理合同额不少于 30 万元。

3. 丙级监理单位资质条件

（1）具有健全的组织机构、完善的组织章程和管理制度。技术负责人具有高级专业技术职称，并取得总监理工程师岗位证书。

（2）专业技术人员。监理工程师及取得高级专业技术职称的人员、总监理工程师，均不少于表 1-1 规定的人数；水利工程造价工程师（或者从事水利工程造价工作 5 年以上并具有中级专业技术职称的人员）不少于 1 人。

（3）能运用先进技术和科学管理方法完成建设监理任务。申请重新认定、延续或者核定丙级（或者不定级）监理单位资质，还须该专业资质许可的监理范围内的近 3 年年均监理合同额不少于 30 万元。

三、监理单位的业务范围

监理单位的业务主要是为业主提供监理服务。监理服务应在企业营业执照规定的范围和监理单位资质等级规定的业务范围内开展工作。各级监理单位业务范围规定如下。

1. 水利工程施工监理专业资质业务范围

（1）甲级可以承担各级水利工程的施工监理业务。

（2）乙级可以承担Ⅱ等（堤防 2 级）以下各等级水利工程的施工监理业务。

（3）丙级可以承担Ⅲ等（堤防 3 级）以下各等级水利工程的施工监理业务。

水利工程等级划分标准按照《水利水电工程等级划分及洪水标准》（SL 252—2017）执行。

2. 水土保持工程施工监理专业资质业务范围

（1）甲级可以承担各级水土保持工程的施工监理业务。

（2）乙级可以承担Ⅱ等以下各等级水土保持工程的施工监理业务。

（3）丙级可以承担Ⅲ等水土保持工程的施工监理业务。

同时具备水利工程施工监理专业资质和乙级以上水土保持工程施工监理专业资质的，方可承担淤地坝中的骨干坝施工监理业务。

3. 机电及金属结构设备制造监理专业资质业务范围

（1）甲级可以承担水利工程中的各类型机电及金属结构设备制造监理业务。

（2）乙级可以承担水利工程中的中小型机电及金属结构设备制造监理业务。

4. 水利工程建设环境保护监理专业资质业务范围

具有水利工程建设环境保护监理专业资质的监理单位可以承担各类各等级水利工程建设环境保护监理业务。

监理单位获得监理业务的途径有两条：一是通过投标竞争获得监理业务；二是由业主直接委托获得监理业务。随着我国建筑市场的建立和完善，我国工程项目监理的业务范围将以由施工阶段为主，逐步向工程项目建设全过程推开；由强制指定工程项目监理范围，到广大业主自愿委托监理，要求监理的工程项目范围将越来越大。

四、有关监理单位的法律规定

（一）对监理单位监理活动的义务性规定

1. 监理单位不得超越资质等级许可的范围承担工程监理业务

监理单位必须在其等级核定的监理范围内从事监理活动，不得擅自越级承接监理业务。如果监理单位越级承接监理业务，由于其水平、能力、规模等条件的限制，监理单位难以完成任务，从而工程监理的目的难以达到，工程的质量和安全将很难保证。

《水利工程建设监理规定》第二十七条规定：监理单位超越资质等级许可的范围承担工程监理业务的，依照《建设工程质量管理条例》第六十条规定，责令停止违法行为，对勘察、设计单位或者工程监理单位处合同约定的勘察费、设计费或者监理酬金 1 倍以上 2 倍以下的罚款；对施工单位处工程合同价款百分之二以上百分之四以下的罚款，可以责令停业整顿，降低资质等级；情节严重的，吊销资质证书；有违法所得的，予以没收。

2. 监理单位应当依据客观、公正的原则代表建设单位进行工程监理

监理单位从性质上讲应当属于社会中介组织。它和建设单位之间是一种委托代理关系。监理单位接受建设单位的委托对工程建设活动进行监督。因此，它具有一定的独立性，从法理上讲，它与建设单位地位是平等的，而不是建设单位的"下属单位"。监理单位据以监理的依据是法律、行政法规及有关的技术标准、设计文件和建设工程承包合同。因其与建设单位的代理关系，所以它必须维护建设单位的利益；因其具有社会中介组织的独立性，所以它必须依法办事。也就是说，监理单位代表建设单位进行工程监理应依据客观、公正的原则进行。

3. 监理单位与其监理的承包商以及建筑材料、构配件和设备供应单位不得有隶属关系或者其他利害关系

监理单位与被监理的承包商之间是一种监督与被监督的关系，监理单位代表建设单位对承包商的工程建设活动进行监督。因此，监理单位与被监理的承包商之间不得有隶属关系，否则，工程监理变成了自己监督自己的工程建设活动，这样的监督肯定会出问题，即使监理单位与被监理的承包商存在其他利害关系，也会对建筑工程的质量和安全产生不同程度的影响。另外，监理单位与建筑材料、构配件和设备供应单位也不得有隶属关系或者其他利害关系，因为这样存在将不合格的建筑材料、构配件和设备用于工程的可能性。

《水利工程建设监理规定》第二十七条规定：监理单位与被监理单位以及建筑材

料、建筑构配件和设备供应单位有隶属关系或者其他利害关系承担该项工程建设监理业务的，依照《建设工程质量管理条例》第六十八条规定，责令改正，处5万元以上10万元以下的罚款，降低资质等级或者吊销资质证书；有违法所得的，予以没收。

4. 监理单位不得转让监理业务

《中华人民共和国建筑法》第三十一条规定：实行监理的工程项目，由建设单位委托具有相应资质条件的监理单位监理。建设单位与其委托的监理单位应当订立书面委托监理合同。第三十二条也规定，工程监理应当依据有关的法律、法规、技术标准、设计文件和承包合同，对承包商的施工质量、建设工期和建设资金使用等方面实施监督。

《水利工程建设监理规定》第二十七条规定：监理单位转让监理业务的，依照《建设工程质量管理条例》第六十二条规定，责令改正，没收违法所得，处合同约定的监理酬金百分之二十五以上百分之五十以下的罚款；可以责令停业整顿，降低资质等级；情节严重的，吊销资质证书。

（二）对监理单位民事责任的规定

（1）监理单位不按照委托监理合同的约定履行监理职责或者不正确履行职责，由此给建设单位造成的损失应当承担相应的赔偿责任。

根据《中华人民共和国建筑法》规定，建设单位与其委托的监理单位通过委托监理合同确定了委托代理关系，监理单位必须全面、正确地履行委托监理合同约定的监理义务，对应当监督检查的项目认真、全面地按规定进行检查，发现问题及时要求施工单位整改。只有这样，才能保证监理任务按合同约定完成。监理单位不按照委托监理合同的约定履行监理义务，对应当监督检查的项目不检查或不按规定检查，即是违反合同约定的行为，给建设单位造成损失的，应当承担相应的赔偿责任。

监理单位承担赔偿责任首先应明确两个条件：一是违反合同，监理工作失职；二是造成损失，这里的损失包括直接损失和间接损失。其次，应明确监理单位赔偿责任的范围和大小。承担相应的赔偿责任，一是指在建设单位委托的范围内，由于监理单位过失造成的损失，监理单位均应当作出相应的赔偿；二是根据其过失责任的轻重，造成损失的大小，确定其因工作过失应赔偿的数额。

（2）监理单位与承包商串通为承包商谋取非法利益给建设单位造成损失，监理单位与承包商要承担连带赔偿责任。

监理单位与承包商均受建设单位的委托，从事监理活动和施工活动，两者应该严格按照建设单位与其订立的合同，履行各自的义务，两者之间是一种监督与被监督的关系。监理单位应客观、公正地按合同约定执行监理任务，不得与承包商相互勾结，为承包商谋取非法利益，造成建设单位损失。监理单位与承包商串通，为承包商谋取非法利益，是一种严重的故意违法行为，不仅要承担民事责任，而且要承担相应的行政责任、刑事责任。监理单位与承包商承担连带赔偿责任，是指建设单位可以对监理单位和承包商中的一方或双方同时或先后请求全部赔偿，其中一方承担全部赔偿责任时，另一方对建设单位则免除赔偿责任。当一方承担全部赔偿责任时，有权向相连带的另一方请求偿还应由其承担赔偿责任的费用。这样规定，有利于保护建设单位的合法权益。

（三）监理单位经营活动的基本准则

监理单位从事建设工程监理活动，应当遵循"守法、诚信、公正、科学"的准则。

1. 守法

守法，即遵守国家有关工程建设监理法律、法规、标准、规范。对于监理单位而言，守法即是依法经营。守法的内容包括：

（1）监理单位只能在其资质等级许可的范围内承揽水利工程建设监理业务。

（2）监理单位不得伪造、涂改、倒卖、出租、出借、转让、出卖资质等级证书。

（3）水利工程建设监理合同一经签订，即具有法律约束力（无效合同除外），工程监理单位应认真履行合同约定内容，不得无故或故意违背自己的承诺。

（4）监理单位离开原住所地承接监理业务，要自觉遵守当地人民政府颁发的监理法规和有关规定，主动向监理工程所在地的省、自治区、直辖市水行政主管部门备案登记，接受其指导和监督管理。

（5）遵守国家关于企业法人的其他法律、法规的规定，包括行政的、经济的和技术的。

2. 诚信

诚信，即诚实守信用。监理单位在生产经营过程中不应损害他人利益和社会公共利益，维护市场道德秩序，在合同履行过程中能履行自己应尽的职责、义务，建立一套完整的、行之有效的、服务于企业、服务于社会的企业管理制度并贯彻执行，取信于业主，取信于市场。

工程监理企业应当建立健全企业的信用管理制度，主要内容有以下几个方面：

（1）建立健全合同管理制度。

（2）建立健全与业主的合作制度，及时进行信息沟通，增强相互间的信任感。

（3）建立健全监理服务需求制度。

（4）建立企业内部信用管理制度，及时检查和评估企业信用的实施情况，不断提高企业信用管理水平。

3. 公正

公正，是指工程监理单位在监理活动中既要维护业主的利益，为业主提供服务，又不能损害施工承包单位的合法利益，并能依据合同公平公正地处理业主与施工承包单位之间的合同争议。公正性是监理工作的必然要求，是社会公认的执业准则，也是监理单位和监理工程师的基本职业道德准则。监理单位要做到公正，必须要做到以下几点：

（1）要培养良好的职业道德，不为私利而违心地处理问题。

（2）要坚持实事求是的原则，不唯上级或业主的意见是从。

（3）要提高综合分析问题的能力，不为局部问题或表面现象所迷惑。

（4）要不断提高自己的专业技术能力，尤其是要尽快提高综合理解、熟练运用建设工程有关合同条款的能力，以便以合同条款为依据，恰当地协调、处理问题。

4. 科学

科学，是指监理单位的监理活动要依据科学的方案，运用科学的手段，采用科学的方法，工程项目监理结束后，还要进行科学总结。

（1）科学的方案。就一个工程项目的管理工作而言，科学的方案主要是指监理细则，它包括：该项目监理机构的组织计划；该项目监理工作的程序，各专业、各年度（含季度，甚至按天计算）的监理内容与对策；工程的关键部分或可能出现的重大问题的监理措施。总之，在实施监理前，要尽可能地把各种问题都列出来，并拟订解决办法，使各项监理活动都纳入计划管理的轨道。更重要的是，要集思广益，充分运用已有的经验和智慧，制定出切实可行、行之有效的监理细则，指导监理活动顺利进行。

（2）科学的手段。单凭人的感官直接进行监理，这是最原始的监理手段。科学发展到今天，必须借助于先进的科学仪器才能做好监理工作。

（3）科学的方法。监理工作的科学方法主要体现在监理人员在掌握大量的、确凿的有关监理对象及其外部环境实际情况的基础上，适时、妥当、高效地处理有关问题，体现在解决问题要用"事实说话""用书面文字说话""用数据说话"，尤其体现在要开发、利用计算机软件，建立起先进的软件库。

五、监理人员管理

（一）监理人员划分

根据监理工作需要及职能划分，监理人员又分为总监理工程师、监理工程师、监理员。总监理工程师、监理工程师、监理员均系岗位职务，各级监理人员应持证上岗。总监理工程师简称总监，是指取得水利工程建设总监理工程师资格证书，受监理单位委派，全面负责工程项目监理工作的监理工程师；监理工程师是指取得水利工程建设监理工程师资格证书，在监理机构中承担监理工作的人员，具体负责实施某一专业或某一方面的监理工作；监理员是取得水利工程建设监理员资格证书，在监理机构中承担辅助、协助工作的人员。

123 ▶

监理人员
管理

（二）监理人员的素质要求

具体从事监理工作的监理人员，不仅要有较强的专业技术能力和较高的政策水平，能够对工程建设进行监督管理，提出指导性的意见，而且要能够组织、协调与工程建设有关的各方共同完成工程建设任务。也就是说，监理人员既要有一定的工程技术或工程经济方面的专业知识，还要有一定的组织协调能力。就专业知识而言，既要精通某一专业，又要具备一定水平的其他专业知识。所以说监理人员，尤其是监理工程师是一种复合型人才。对这种高智能人才素质的要求，主要体现在以下几个方面。

（1）具有较高学历和多学科专业知识。为了优质、高效地搞好工程建设，需要具有较深厚的现代科技理论知识、经济管理理论知识和一定法律知识的监理人员并对其进行组织管理。

（2）要有丰富的工程建设实践经验。工程建设中的实践经验主要包括以下几个方面：①工程建设地质勘测实践经验；②工程建设规划设计实践经验；③工程建设施工实践经验；④工程建设经济管理实践经验；⑤工程建设招标、投标等中介服务的实践经验;⑥工程建设立项评估、建成使用后评价分析实践经验;⑦工程建设监理工作实践经验。

(3) 要有良好的品德。监理工程师的良好品德主要体现在以下几个方面:

1) 热爱社会主义祖国,热爱人民,热爱建设事业。

2) 具有科学的工作态度。

3) 具有廉洁奉公、为人正直、办事公道的高尚情操。

4) 能听取不同意见,有良好的包容性。

(4) 具有健康的体魄和充沛的精力。

(三) 监理人员的职责

《水利工程施工监理规范》(SL 288—2014) 规定了各类监理人员的主要职责。

1. 总监理工程师职责

水利工程施工监理实行总监理工程师负责制。总监理工程师应负责全面履行监理合同约定的监理单位的义务。主要职责应包括以下各项:

(1) 主持编制监理规划,制定监理机构工作制度,审批监理实施细则。

(2) 确定监理机构各部门职责及监理人员职责权限;协调监理机构内部工作;负责监理机构中监理人员的工作考核,调换不称职的监理人员;根据工程建设进展情况,调整监理人员。

(3) 签发或授权签发监理机构的文件。

(4) 主持审查承包人提出的分包项目和分包人,报发包人批准。

(5) 审批承包人提交的合同工程开工申请、施工组织设计、施工措施计划、资金流计划。

(6) 审批承包人按照有关安全规定和合同要求提交的专项施工方案、度汛方案和灾害应急预案。

(7) 审核承包人提交的文明施工组织机构和措施。

(8) 主持或授权监理工程师主持设计交底;组织核查并签发施工图纸。

(9) 主持第一次监理工地会议,主持或授权监理工程师主持监理例会和监理专题会议。

(10) 签发合同工程开工通知、暂停施工指示和复工通知等重要监理文件。

(11) 组织审核已完成工程量和付款申请,签发各类付款证书。

(12) 主持处理变更、索赔和违约等事宜,签发有关文件。

(13) 主持施工合同实施中的协调工作,调解合同争议。

(14) 要求承包人撤换不称职或不宜在本工程工作的现场施工人员或技术、管理人员。

(15) 组织审核承包人提交的质量保证体系文件、安全生产管理机构和安全措施文件并监督其实施,发现安全隐患及时要求承包人整改或者暂停施工。

(16) 审批承包人施工质量缺陷处理措施计划,组织施工质量缺陷处理情况的检查和施工质量缺陷备案表的填写;按相关规定参与工程质量及安全事故的调查和处理。

（17）复核分部工程和单位工程的施工质量等级，代表监理机构评定工程项目施工质量。

（18）参加或受发包人委托主持分部工程验收，参加单位工程验收、合同工程完工验收、阶段验收和竣工验收。

（19）组织编写并签发监理月报、监理专题报告和监理工作报告；组织整理监理档案资料。

（20）组织审核发包人提交的工程档案资料，并提交审核专题报告。

总监理工程师可书面授权副总监理工程师或监理工程师履行其部分职责，但下列工作除外：

1）主持编制监理规划，审批监理实施细则。

2）主持审核承包人提出的分包项目和分包人。

3）审批承包人提交的合同工程开工申请、施工组织设计、施工总进度计划、年施工进度计划、专项施工进度计划、资金流计划。

4）审批承包人按有关安全规定和合同要求提交的专项施工方案、度汛方案和灾害应急预案。

5）签发施工图纸。

6）主持第一次监理工地会议，签发合同工程开工通知、暂停施工指示和复工通知。

7）签发各类付款证书。

8）签发变更、索赔和违约有关文件。

9）签署工程项目施工质量等级评定意见。

10）要求承包人撤换不称职或不宜在本工程工作的现场施工人员或技术、管理人员。

11）签发监理月报、监理专题报告和监理工作报告。

12）参加合同工程完工验收、阶段验收和竣工验收。

2. 监理工程师职责

监理工程师应按照职责权限开展监理工作，是所实施监理工作的直接责任人，并对总监理工程师负责。其主要职责应包括下列各项：

（1）参与编制监理规划，编制监理实施细则。

（2）预审承包人提出的分包项目和分包人。

（3）预审承包人提交的合同工程开工申请、施工组织设计、施工总进度计划、年施工进度计划、专项施工进度计划、资金流计划。

（4）预审承包人按有关安全规定和合同要求提交专项施工方案、度汛方案和灾害应急预案。

（5）根据总监理工程师的安排核查施工图纸。

（6）审批分部工程或分部工程部分工作的开工申请报告、施工措施计划、施工质量缺陷处理措施计划。

（7）审批承包人编制的施工控制网和原始地形的施测方案；复核承包人的施工放样成果；审批承包人提交的施工工艺试验方案、专项检测试验方案，并确认试验成果。

（8）协助总监理工程师协调参建各方之间的工作关系；按照职责权限处理施工现场发生的有关问题，签发一般监理指示和通知。

（9）核查承包人报验的进场原材料、中间产品的质量证明文件；核验原材料和中间产品的质量；复核工程施工质量；参与或组织工程设备的交货验收。

（10）检查、监督工程现场的施工安全和文明施工措施的落实情况，指示承包人纠正违规行为；情节严重时，向总监理工程师报告。

（11）复核已完成工程量报表。

（12）核查付款申请报表。

（13）提出变更、索赔及质量和安全事故处理等反面的初步意见。

（14）按照职责权限参与工程的质量评定工作和验收工作。

（15）收集、汇总、整理监理档案资料，参与编写监理月报，核签或填写监理日志。

（16）施工中发生重大问题或遇到紧急情况时，及时向总监理工程师报告、请示。

（17）指导、检查监理员的工作，必要时可向总监理工程师建议调换监理员。

（18）完成总监理工程师授权的其他工作。

3. 监理员职责

监理员应按照职责权限开展监理工作，其主要职责应包括以下各项：

（1）核实进场原材料和中间产品报验单并进行外观检查，核实施工测量成果报告。

（2）检查承包人用于工程建设的原材料、中间产品和工程设备等的使用情况，并填写现场记录。

（3）检查、确认承包人单元工程（工序）施工准备情况。

（4）检查并记录现场施工程序、施工工艺等实施过程情况，发现施工不规范行为和质量隐患，及时指示承包人改正，并向监理工程师或总监理工程师报告。

（5）对所监理的施工现场进行定期或不定期的巡视检查，依据监理实施细则实施旁站监理和跟踪检测。

（6）协助监理工程师预审分部工程或分部工程部分工作的开工申请报告、施工措施计划、施工质量缺陷处理措施计划。

（7）核实工程计量结果，检查和统计计日工情况。

（8）检查、监督工程现场的施工安全和文明施工措施的落实情况，发现异常情况及时指示承包人纠正违规行为，并向监理工程师或总监理工程师报告。

（9）检查承包人的施工日志和现场实验室记录。

（10）核实承包人质量评定的相关原始记录。

（11）填写监理日记，依据总监理工程师或者监理工程师授权填写监理日志。

当监理人员数量较少时，总监理工程师可同时承担监理工程师的职责，监理工程师可同时承担监理员的职责。

（四）监理工程师的职业道德

（1）维护国家的荣誉和利益，按照"守法、诚信、公正、科学"的准则执业。

（2）执行有关工程建设的法律、法规、标准、规范、规程和制度，履行监理合同规定的义务和职责。

（3）努力学习专业技术和建设监理知识，不断提高业务能力和监理水平。

（4）不以个人名义承揽监理业务。

（5）不同时在两个或两个以上监理单位注册和从事监理活动，不在政府部门或施工、材料设备的生产供应等单位兼职。

（6）不为所监理项目指定承包商、建筑构配件、设备、材料生产厂家和施工方法。

（7）不收受被监理单位的任何礼金。

（8）不泄露所监理工程各方认为需要保密的事项。

（9）坚持独立自主地开展工作。

（五）监理工程师的法律责任

1. 监理工程师的权利

监理工程师的权利包括：①使用监理工程师名称；②依法自主执行业务；③依法签署工程监理相关文件并加盖执业印章；④法律、法规赋予的其他权利。

2. 监理工程师的义务

监理工程师的义务包括：

（1）遵守法律、法规，严格依照相关技术标准和委托监理合同开展工作。

（2）恪守执业道德，维护社会公共利益。

（3）在执业中保守委托单位申明的商业秘密。

（4）不得同时受聘于两个及两个以上单位执行业务。

（5）不得出借监理工程师执业资格证书、监理工程师注册证书和执业印章。

（6）接受执业继续教育，不断提高业务水平。

3. 监理工程师的法律责任

监理工程师的法律责任是建立在法律法规和委托监理合同的基础上，表现行为主要有违法行为和违约行为两方面。

六、监理工程师的考试与注册管理

（一）监理工程师职业资格考试

1. 监理工程师职业资格考试制度

（1）住房和城乡建设部牵头组织，交通运输部、水利部参与，拟定监理工程师职业资格考试基础科目的考试大纲，组织监理工程师基础科目命审题工作。

（2）住房和城乡建设部、交通运输部、水利部按照职责分工分别负责拟定监理工程师职业资格考试专业科目的考试大纲，组织监理工程师专业科目命审题工作。

（3）人力资源社会保障部负责审定监理工程师职业资格考试科目和考试大纲，负责监理工程师职业资格考试考务工作，并会同住房和城乡建设部、交通运输部、水利部对监理工程师职业资格考试工作进行指导、监督、检查。

2. 报考监理工程师的条件

2020 年监理工程师报考条件如下。

遵守中华人民共和国宪法、法律、法规，具有良好的业务素质和道德品行，具备下列条件之一者，可以申请参加监理工程师职业资格考试：

（1）具有各工程大类专业大学专科学历（或高等职业教育），从事工程施工、监理、设计等业务工作满 6 年。

（2）具有工学、管理科学与工程类专业大学本科学历或学位，从事工程施工、监理、设计等业务工作满 4 年。

（3）具有工学、管理科学与工程一级学科硕士学位或专业学位，从事工程施工、监理、设计等业务工作满 2 年。

（4）具有工学、管理科学与工程一级学科博士学位。

我国根据对监理工程师业务素质和能力的要求，对参加监理工程师执业资格考试的报名条件从两方面作出了限制：一是要有一定的专业学历；二是要有一定年限的工程建设实践经验。

具备以下条件之一的，参加监理工程师职业资格考试可免考基础科目：

（1）已取得公路水运工程监理工程师资格证书。

（2）已取得水利工程建设监理工程师资格证书。

报名条件中有关学历的要求是指经教育部承认的正规学历，从事相关专业工作年限的计算截止日期一般为考试报名年度当年年底，详细信息以各地区具体规定为准。

符合报名条件的香港、澳门居民，按照《关于做好香港、澳门居民参加内地统一举行的专业技术人员资格考试有关问题的通知》（国人部发〔2005〕9 号）文件精神，可报名参加全国监理工程师执业资格考试。香港、澳门居民在报名时，须提交国务院教育行政部门承认的相应专业学历或学位证书以及从事相关专业工作年限的证明和居民身份证明等材料。

3. 考试内容

监理工程师职业资格考试设《建设工程监理基本理论和相关法规》《建设工程合同管理》《建设工程目标控制》《建设工程监理案例分析》4 个科目。其中《建设工程监理基本理论和相关法规》《建设工程合同管理》为基础科目，《建设工程目标控制》《建设工程监理案例分析》为专业科目（监理工程师考试专业科目为土木建筑工程、交通运输工程和水利工程三个专业类别）。

（二）监理工程师的注册管理

《监理工程师职业资格制度规定》于 2020 年 2 月 28 日经住房和城乡建设部、交通运输部、水利部、人力资源和社会保障部四部委发布，自 2020 年 2 月 28 日起施行。

监理工程师的注册，根据注册内容的不同分为三种形式，即初始注册、延续注册和变更注册。

1. 初始注册

（1）初始注册应当具备的条件。

初始注册者，可自资格证书签发之日起 3 年内提出申请。逾期未申请者，须符合继续教育的要求后方可申请初始注册。

申请初始注册，应当具备以下条件：

1）经全国注册监理工程师执业资格统一考试合格，取得资格证书。

2）受聘于一个相关单位。

3）达到继续教育要求。

4）没有本规定第十三条所列情形。

（2）初始注册需要提交的材料。

1）申请人的注册申请表。

2）申请人的资格证书和身份证复印件。

3）申请人与聘用单位签订的聘用劳动合同复印件。

4）所学专业、工作经历、工程业绩、工程类中级及中级以上职称证书等有关证明材料。

5）逾期初始注册的，应当提供达到继续教育要求的证明材料。

2. 延续注册

注册监理工程师每一注册有效期为 3 年，注册有效期满需继续执业的，应当在注册有效期满 30 日前，按照本规定第七条规定的程序申请延续注册。延续注册有效期 3 年。延续注册需要提交下列材料：

（1）申请人延续注册申请表。

（2）申请人与聘用单位签订的聘用劳动合同复印件。

（3）申请人注册有效期内达到继续教育要求的证明材料。

3. 变更注册

在注册有效期内，注册监理工程师变更执业单位，应当与原聘用单位解除劳动关系，并按本规定第七条规定的程序办理变更注册手续，变更注册后仍延续原注册有效期。

变更注册需要提交下列材料：

（1）申请人变更注册申请表。

（2）申请人与新聘用单位签订的聘用劳动合同复印件。

（3）申请人的工作调动证明（与原聘用单位解除聘用劳动合同或者聘用劳动合同到期的证明文件、退休人员的退休证明）。

4. 注册的其他有关规定

（1）申请人有下列情形之一的，不予初始注册、延续注册或者变更注册：

1）不具有完全民事行为能力的。

2）刑事处罚尚未执行完毕或者因从事工程监理或者相关业务受到刑事处罚，自刑事处罚执行完毕之日起至申请注册之日止不满 2 年的。

3）未达到监理工程师继续教育要求的。

4）在两个或者两个以上单位申请注册的。

5）以虚假的职称证书参加考试并取得资格证书的。

6）年龄超过65周岁的。

7）法律、法规规定不予注册的其他情形。

（2）注册监理工程师有下列情形之一的，其注册证书和执业印章失效：

1）聘用单位破产的。

2）聘用单位被吊销营业执照的。

3）聘用单位被吊销相应资质证书的。

4）已与聘用单位解除劳动关系的。

5）注册有效期满且未延续注册的。

6）年龄超过65周岁的。

7）死亡或者丧失行为能力的。

8）其他导致注册失效的情形。

（3）注册监理工程师有下列情形之一的，负责审批的部门应当办理注销手续，收回注册证书和执业印章或者公告其注册证书和执业印章作废：

1）不具有完全民事行为能力的。

2）申请注销注册的。

3）有本规定第十四条所列情形发生的。

4）依法被撤销注册的。

5）依法被吊销注册证书的。

6）受到刑事处罚的。

7）法律、法规规定应当注销注册的其他情形。

注册监理工程师有前款情形之一的，注册监理工程师本人和聘用单位应当及时向国务院建设主管部门提出注销注册的申请；有关单位和个人有权向国务院建设主管部门举报；县级以上地方人民政府建设主管部门或者有关部门应当及时报告或者告知国务院建设主管部门。

（三）注册监理工程师的继续教育

《注册监理工程师管理规定》第二十三条规定：注册监理工程师在每一注册有效期内应当达到国务院建设主管部门规定的继续教育要求。继续教育作为注册监理工程师逾期初始注册、延续注册和重新申请注册的条件之一。

【工程案例模块】

124 ⊤

监理单位与人员管理练习

1. 背景资料

某监理单位承担了一项大型石油化工工程项目施工阶段的监理任务，合同签订后，监理单位任命了总监理工程师。总监理工程师上任后计划重点抓好三件事：一是监理组织机构建设，并绘制监理组织机构设立与运行程序图；二是落实各类人员工作职责；三是监理规划编制工作。其中，所要落实各类人员的工作职责如下：

（1）确定项目监理机构人员的分工和岗位职责。

（2）主持编写项目监理规划、审批项目监理实施细则，并负责组织项目监理机构的日常工作。

（3）审查分包单位的资质，并提出审核意见。

（4）主持监理工作会议，签发项目监理机构的文件和指令。

（5）主持或参与工程质量事故的调查。

（6）组织编写并签发监理月报、监理工作阶段报告、专题报告和项目监理工作总结。

（7）检查承包单位投入工程项目的人力、材料、主要设备及其使用、运行状况，并做好检查记录。

（8）负责本专业分项工程验收及隐蔽工程验收。

（9）负责本专业的工程计量工作，审核工程计量的数据和原始凭证；做好监理日记和有关的监理记录。

（10）审查承包单位提交的涉及本专业的计划、方案、申请、变更，并向总监理工程师提出报告。

（11）核查进场材料、设备、构配件的原始凭证、检测报告等质量证明文件及其质量情况。根据实际情况，认为有必要时对进场材料、设备、构配件进行平行检验，合格的予以签认。

（12）按设计图及有关标准，对承包单位的工艺过程或施工工序进行检查和记录，对加工制作及工序施工质量检查结果进行记录。

2. 问题

案例中所列监理职责哪些属于总监理工程师的职责？哪些属于监理工程师的职责？哪些属于监理员的职责？

3. 案例分析

在项目监理活动中，各级监理人员在一个监理组织机构内分工合作，各自承担不同的工作，以实施对建设工程项目的控制与管理。

在该案例中，第（1）～（6）项为总监理工程师职责，第（7）～（11）项为监理工程师职责，第（12）项为监理员职责。

任务三　工程项目监理模式及组织形式

【任务布置模块】

学习任务

了解工程项目的承发包模式及对应的项目监理模式；掌握项目监理的组织形式及特点；理解项目监理机构人员配备的基本要求。

能力目标

能根据工程项目的具体情况，选择适合的项目监理组织形式，具有初步的对项目监理机构进行专业人员配备的能力。

【教学内容模块】

一、工程项目监理的模式

建设工程监理制度的实行使工程项目建设形成了三大主体，即项目业主、承建商和建设工程监理企业，这三大主体在项目体系中形成平等的关系，在市场经济条件下，维持它们关系的"主人"是合同，工程建设项目承发包模式在很大程度上影响工程项目建设中三大主体形成的工程建设项目组织合同。

（一）项目的平行承发包模式及对应的监理模式

1. 项目建设的平行承发包模式

项目建设的平行承发包模式是指一个工程建设项目的业主将工程建设项目的设计、施工，以及设备和材料采购的任务经过分解发包给若干个设计单位、施工单位和材料设备供应商，并分别与各方签订工程承包合同（或供应合同）。各设计单位之间、各施工单位之间、各材料和设备供应商的关系都是平行的，其关系如图1-2所示。

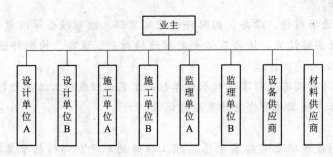

图1-2 项目建设的平行承发包模式及对应的监理模式

（1）平行承发包模式的优点包括：

1）有利于缩短工期。由于设计和施工任务经过分解分别发包，设计与施工阶段有可能形成搭接关系，从而缩短整个工程建设项目工期。

2）有利于质量控制。整个工程经过分解分别发包给各承建商，合同约束与相互制约使每一部分能够较好地实现质量要求。例如，主体与装修分别由两个施工单位承包，如果主体工程不合格，装修单位是不会同意在不合格的主体上进行装修的，这相当于他人控制比自己控制更有约束力。

3）有利于项目业主选择承建商。在大多数国家的工程建筑市场上，专业性强、规模小的承建商一般占较大的比例，而平行承发包模式的合同内容比较单一、合同价值小、风险小，因此，无论是大型承建商还是中小型承建商都有机会参与竞争。业主可以在很大范围内选择承建商，为提高择优性创造了条件。

4）有利于繁荣建设市场。这种模式给各类承建商提供了承包机会和生存机会，促进了市场经济的发展和繁荣。

（2）平行承发包模式的缺点包括：

1）合同数量多，会造成合同管理困难。在这种模式下，合同关系复杂，使建设工程系统内结合部位数量增加，组织协调工作量增大。解决此问题的方法是，加强合同管理的力度，加强各承建商之间的横向协调工作。

2）投资控制难度大。主要表现在：总合同价不易确定，影响投资控制实施；工程招标任务量大，需控制多项合同价格，增加了投资控制难度；在施工过程中设计变更和修改较多，导致投资增加。

2. 平行承发包模式下的监理模式

平行承发包模式下的监理模式主要有以下两种形式：

（1）业主委托一家监理单位监理。这种监理委托模式要求被委托的监理单位具有较强的合同管理与组织协调管理能力，并能做好全面规划工作。监理单位的项目监理机构可以组建多个监理分支机构对各施工单位分别实施监理。在具体的监理过程中，项目总监理工程师应重点做好总体协调工作，加强横向联系，保证建设工程监理工作有效运行。这种监理模式如图1-3所示。

（2）业主委托多家监理单位监理。这种模式下业主会分别委托几家监理单位针对不同的承建商实施监理。由于业主分别与多个监理单位签订委托监理合同，所以各监理单位之间的相互协作与配合需要业主进行协调。采用这种模式时，监理单位对象相对单一、便于管理，但建设工程监理工作被肢解，各监理单位各负其责，缺少一个对建设工程进行总体规划与协调控制的监理单位。其监理模式如图1-4所示。

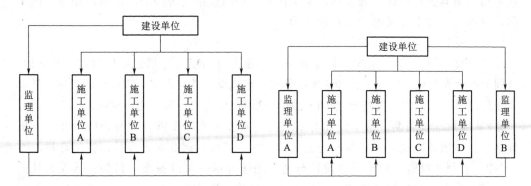

图1-3 业主委托一家监理单位监理模式　　　图1-4 业主委托多家监理单位监理模式

（二）项目的设计或施工总分包模式及对应的监理模式

1. 项目的设计或施工总分包模式

这种模式是指业主将全部设计或施工任务发包给一个设计单位或施工单位作为总包单位，总包单位可以将其部分任务再分包给其他承包单位，形成一个设计总包合同或一个施工总包合同以及若干个分包合同的结构模式。

（1）设计或施工总分包模式的优点包括：

1）有利于建设工程的组织管理。由于业主只与一个设计总包单位或一个施工总包单位签订合同，工程合同数量比平行承发包模式要少得多，有利于业主的合同管理，也使业主的协调工作量减少，可发挥监理与总包单位多层次协调的积极性。

2）有利于投资控制。总包合同价格可以较早确定，并且监理单位也易于控制。

3）有利于质量控制。在质量方面，既有分包单位的自控，又有总包单位的监督，还有工程监理单位的检查认可，对质量控制是有利的。

4）有利于工期控制。总包单位具有控制的积极性，分包单位之间也有相互制约的作用，有利于总体进度的协调控制，也有利于监理工程师控制进度。

（2）设计或施工总分包模式的缺点包括：

1）建设周期较长。在这种模式下，只有设计图纸全部完成后才能进行施工总包的招标，不仅不能将设计阶段与施工阶段搭接，而且施工招标需要的时间较长。

2）总包报价可能较高。对于规模较大的设计工程来说，通常只有大型承建单位才具有总包的资格和能力，竞争相对不激烈；另外，对于分包的工程内容，总包单位都要在分包报价的基础上加收管理费，再向业主报价。

2. 设计或施工总分包模式下的监理模式

对于设计或施工总分包模式，业主可以委托一家监理单位进行全过程的监理，也可以分别按照设计阶段和施工阶段委托监理单位。虽然总包单位对承包合同承担乙方的最终责任，但监理工程师必须做好对分包单位资质的审查和确认工作。

（三）项目总承包模式及对应的监理模式

1. 项目总承包模式

这种模式是指业主将工程设计、施工、材料和设备采购等工作全部发包给一家承包公司，由其进行设计、施工和采购工作，最后向业主交出一个已达到动用条件的工程，这种发包的工程又称"交钥匙工程"。

（1）项目总承包模式的优点包括：

1）合同关系简单，组织协调工作量小。业主只与项目总承包单位签订一个合同，合同关系大大简化。监理工程师主要与项目总承包单位进行协调，许多协调工作量转移到项目总承包单位内容及其分包单位之间，这就使建设工程监理的协调量大为减少。

2）缩短建设周期。由于设计与施工由一家公司统筹安排，使两个阶段能够有机地融合，一般才能做到设计阶段与施工阶段相互搭接，因此对进度目标控制有利。

3）有利于投资控制。通过设计与施工的统筹考虑可以提高项目的经济性，从价值工程或全寿命费用的角度来看可以取得明显的经济效果，但这并不意味着项目总承包的价格低。

（2）项目总承包模式的缺点包括：

1）招标发包工作难度大。在这种模式下，合同条款不易准确确定，容易造成较多合同争议。因此，虽然合同量最少，但是合同管理的难度一般较大。

2）业主择优选择承包方的范围小。由于承包范围大、介入项目时间早、工程信息未知数多，因此承包方要承担较大的风险，且有此能力的承包单位数量相对较少，这往往导致合同价格较高。

3）质量控制难度大。主要原因是：质量标准和功能要求不易做到全面、具体、准确，质量控制标准制约性受到影响；"他人控制"机制薄弱。

2. 项目总承包模式下的监理模式

在项目总承包模式下，一般宜委托一家监理单位进行监理。在这种模式下，监理工程师需要具备较全面的专业知识和能力，并做好合同管理工作。

（四）项目总承包管理模式及对应的监理模式

1. 项目总承包管理模式

这种模式是指业主将工程建设任务发包给专门从事项目组织管理的单位，再由它分包给若干设计、施工和材料设备供应单位，并在实施中进行项目管理。

项目总承包管理模式与项目总承包模式的不同之处在于：前者直接进行设计与施工，没有自己的设计和施工力量，而是将承接的设计与施工任务全部分包出去，他们专心致力于建设工程管理；后者有自己的设计、施工实体，是设计、施工、材料和设备采购的主要力量。

（1）项目总承包管理模式的优点：有利于合同管理、组织协调和进度控制。

（2）项目总承包管理模式的缺点包括：

1）由于项目总承包管理单位与设计、施工单位是总包与分包的关系，后者才是项目实施的基本力量，所以监理工程师对分包的确认工作是十分关键的问题。

2）项目总承包管理单位自身经济实力一般比较弱，而承担的风险相对较大，因此建设工程采用这种承发包应持慎重态度。

2. 项目总承包管理模式下的监理模式

在这种模式下，一般宜委托一家监理单位进行监理，这样便于监理工程师对项目总承包管理合同和项目总承包管理单位进行分包等活动的监理。

二、项目监理的组织形式及人员配备

监理单位通过招标投标方式取得工程建设监理任务，监理单位与项目法人签订书面建设工程委托监理合同后，就可开始组建项目监理组织。项目监理组织一般由总监理工程师、专业或子项监理工程师和其他监理人员组成。工程项目建设监理实行总监理工程师负责制。总监理工程师行使合同赋予监理单位的权限，全面负责委托的监理工作。总监理工程师在授权范围内发布有关指令，签认所监理的工程项目有关款项的支付凭证，并有权建议撤换不合格的分包单位和项目负责人及有关人员。项目监理组织成立后工作内容一般包括：①收集有关资料，熟悉情况，编制项目监理规划；②按工程建设进度，分专业编制工程建设监理细则；③根据项目监理规划和监理细则开展工程建设监理活动；④参与工程预验收并签署试验、化验报告等。

131

项目监理的组织形式及人员配备

（一）项目监理的组织形式

项目监理的组织形式设计，应遵循集中与分权统一、专业分工与协作统一、管理跨度与分层统一、权责一致、才职相称、效率和弹性的原则。同时，还应考虑工程项目的特点、工程项目承发包模式、业主委托的任务以及监理单位自身的条件。常用的项目监理组织形式有直线制、职能制、直线职能制和矩阵制。

132

项目监理的组织形式

1. 直线制监理组织

直线制监理组织是早期采用的一种项目管理形式，它来自军事组织系统，是一种线性组织结构，其本质就是使命令线性化。整个组织自上而下实行垂直领导，不设职能机构，可设职能人员协助主管人员工作，主管人员对所属单位的一切问题负责。

这种组织形式是最简单的，它的特点是组织中各种职位是按垂直系统直线排列的，权力系统自上而下形成直线控制，权责分明。它适用于监理项目能划分为若干相对独立子项的大中型建设项目，如图1-5所示。总监理工程师负责整个项目的规划、组织和指导，并着重整个项目范围内各方面的协调工作。子项目监理组分别负责子项目的目标值控制，具体领导现场专业或专项监理组的工作。

图1-5　按子项目分解设立直线制监理组织形式

还可按建设阶段分解设立直线制监理组织形式，如图1-6所示。此种形式适用于大中型以上项目，且承担包括设计和施工的全过程工程建设监理任务。

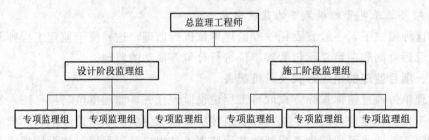

图1-6　按建设阶段分解设立直线制监理组织形式

（1）直线制监理组织的优点包括：

1）保证单头领导，每个组织单元仅向一个上级负责，一个上级对下级直接行使管理和监督的权力即直线职权，一般不能越级下达指令。项目参加者的工作任务、责任、权力明确，指令唯一，这样可以减少扯皮和纠纷，协调方便。

2）具有独立的项目组织的优点。尤其是项目总监理工程师能直接控制监理组织资源，向业主负责。

3）信息流通快，决策迅速，项目容易控制。

4）项目任务分配明确，责、权、利关系清楚。

（2）直线制监理组织的缺点包括：

1）当项目比较多、比较大时，每个项目对应一个组织，使监理企业资源可能不能达到合理使用。

2）项目总监理工程师责任较大，一切决策信息都集中于他。这要求总监理工程师能力强、知识全面、经验丰富，是一个"全能式"人物，否则决策较难、较慢，容易出错。

3）不能保证项目监理参与单位之间信息的流通速度和质量。

4）监理企业的各项目间缺乏信息交流，项目之间的协调、企业的计划和控制比较困难。

2. 职能制监理组织

职能制监理组织是一种传统的组织结构模式，它特别强调职能的专业分工，因此组织系统是以职能作为部门划分的基础，把管理的职能授权给不同的管理部门。这种监理组织形式，就是在项目总监理工程师之下设立一些职能机构，分别从职能角度对基层监理组织进行业务管理，并在总监理工程师授权的范围内，就其主管的业务范围，向下下达命令和指示。这种组织形式强调管理职能的专业化，即把管理职能授权给不同的专业部门。

在职能制组织结构中，项目的任务分配给相应的职能部门，职能部门经理对分配到本部门的项目任务负责，职能制的组织结构适用于任务相对比较稳定明确的项目监理工作，如图 1-7 所示。

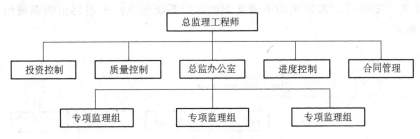

图 1-7　职能制监理组织形式

（1）职能制监理组织的优点包括：

1）由于部门是按职能来划分的，因此各职能部门的工作具有很强的针对性，可以最大程度地发挥人员的专业才能，减轻项目总监理工程师的负担。

2）如果各职能部门能做好互相协作的工作，对整个项目的完成会起到事半功倍的效果。

（2）职能制监理组织的缺点包括：

1）项目信息传递途径不畅。

2）工作部门可能会接到来自不同职能部门的互相矛盾的指令。

3）不同职能部门之间有意见分歧难以统一时，互相协调存在一定的困难。

4）职能部门直接对工作部门下达工作指令，项目总监理工程师对工程项目的控制能力在一定的程度上被弱化。

3. 直线职能制监理组织

直线职能制的监理组织形式是吸收了直线制组织形式和职能制组织形式的优点而构成的一种组织形式，如图 1-8 所示。

这种形式的主要优点是集中领导、职责清楚、有利于提高办事效率。缺点是职能部门与指挥部门易产生矛盾，信息传递路线长，不利于互通情报。

4. 矩阵制监理组织

矩阵制监理组织是现代大型工程管理中广泛采用的一种组织形式，是美国在 20

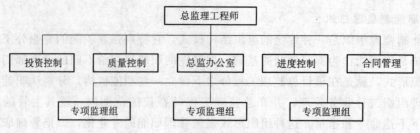

图 1-8　直线职能制监理组织形式

世纪 50 年代创立的一种组织形式，它把职能原则和项目对象原则结合起来建立工程项目管理组织机构，使其既能发挥职能部门的横向优势，又能发挥项目组织的纵向优势。从系统论的观点来看，解决问题不能只靠某一部门的力量，而需要各方面专业人员共同协作。矩阵式的监理组织由横向职能部门系统和纵向子项目组织系统组成，如图 1-9 所示。

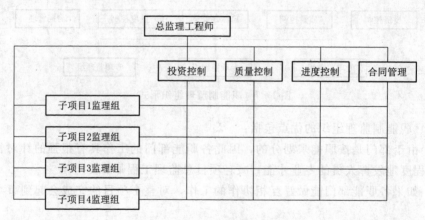

图 1-9　矩阵制监理组织形式

（1）矩阵制监理组织具有以下特征：

1）项目监理组织机构与职能部门的结合部与职能部门数量相同，多个项目与职能部门的结合部呈矩阵状。

2）把职能原则和对象原则结合起来，既发挥职能部门的横向优势，又发挥项目组织的纵向优势。

3）专业职能部门是永久性的，项目组织是临时性的。职能部门负责人对参与项目组织的人员有组织调配、业务指导和管理考察权，项目总监理工程师将参与项目组织的职能人员在横向上有效地组织在一起，为实现项目目标协同工作。

4）矩阵中的每个成员或部门，接受原部门负责人和项目总监理工程师的双重领导，但部门的控制力大于项目的控制力，部门负责人有权根据不同项目的需要和忙闲程度，在项目之间调配本部门人员。一个专业人员可能同时为几个项目服务，特殊人才可充分发挥作用，免得人才在一个项目中闲置又在另一个项目中短缺，大大提高了人才利用率。

5）项目总监理工程师对"借"到本项目监理部来的成员有权控制和使用，当感到人力不足或某些成员不得力时，他可以向职能部门求援或要求调换或辞退回原部门。

6）项目监理部的工作有多个职能部门支持，项目部没有人员包袱。但要求在水平方向和垂直方向有良好的信息沟通及良好的协调配合，对整个企业组织和项目组织的管理水平与组织渠道畅通提出了较高的要求。

（2）矩阵制监理组织适用于以下范围：

1）平时承担多个需要进行项目监理工程的企业。在这种情况下，各项目对专业技术人才和管理人员都有需求，加在一起数量较大。采用矩阵制组织可以充分利用有限的人才对多个项目进行监理，特别有利于发挥稀有人才的作用。

2）大型、复杂的监理工程项目。因大型复杂的工程项目要求多部门、多技术、多工种配合实施，在不同阶段，对不同人员，有不同数量和搭配各异的需求。显然，矩阵制监理组织形式可以很好地满足其要求。

（3）矩阵制监理组织的优点包括：

1）能以尽可能少的人力，实现多个项目监理的高效率。理由是通过职能部门的协调，一些项目上的闲置人才可以及时转移到需要这些人才的项目上去，防止人才短缺，项目组织因此具有弹性和应变力。

2）有利于人才的全面培养。可以使不同知识背景的人在合作中相互取长补短，在实践中拓宽知识面；发挥了纵向的专业优势，使人才成长建立在深厚的专业训练基础之上。

（4）矩阵制监理组织的缺点包括：

1）由于人员来自监理企业职能部门，且仍受职能部门控制，故凝聚在项目上的力量减弱，往往使项目组织的作用发挥受到影响。

2）管理人员或专业人员如果身兼多职地监理多个项目，往往难以确定监理项目的优先顺序，有时难免顾此失彼。

3）双重领导。项目组织中的成员既要接受项目总监理工程师的领导，又要接受监理企业中原职能部门的领导，在这种情况下，如果领导双方意见和目标不一致，乃至有矛盾时，当事人便无所适从。

4）矩阵制监理组织对监理企业管理水平、项目管理水平、领导者的素质、组织机构的办事效率、信息沟通渠道的畅通，均有较高要求。

（二）项目监理的人员配备

1. 监理人员配备应考虑的因素

监理组织人员的配备一般应考虑专业结构、人员层次、工程建设强度、工程复杂程度和监理单位的业务水平。

（1）合理的专业结构。具有与监理项目性质以及业主对项目监理的要求相适应的各专业人员，也就是各专业人员要配套。

（2）合理的职称结构。监理人员根据其技术职称分为高级、中级、低级三个层次，合理的人员层次结构是指监理机构中各专业的监理人员应有的与监理工作要求相适应的高级、中级、初级职称比例。这样有利于管理和分工。例如：在决策、设计阶段，就应以高级、中级职称人员为主，基本不用初级职称人员；在施工阶段，监理专业人员就应以中级职称人员为主，高级、初级职称人员为辅。

合理的职称结构还包含另一层意思，就是合理的年龄结构。

监理人员的职称结构见表1-2。根据经验，一般高级、中级、初级职称人员配备比例大约为10%、60%、20%，此外还有10%左右为行政管理人员。

表1-2   监理人员的职称结构

监理组织层次		主要职能	要求对应的技术职称		
项目监理部	总监理工程师 专业监理工程师	项目监理的策划 项目监理实施的组织与协调	高级		
子项监理组	子项监理工程师 专业监理工程师	具体组织子项监理业务		中级	
现场监理员	质监员 计量员 预算员 计划员等	监理实务的执行与作业			初级

2. 项目监理人员数量的确定

监理人员的数量要根据工程建设强度、建设工程的复杂程度、监理人员的业务素质等因素来确定。

（1）工程建设强度。工程建设强度是指单位时间内投入的工程建设资金数量，用公式表示为

$$工程建设强度 = 投资/工期$$

显然，工程建设强度越大，所需要投入的监理人员就越多。

（2）建设工程的复杂程度。根据不同情况，可将工程的复杂程度等级划分为简单、一般、一般复杂、复杂、很复杂五级。工程项目由简单到很复杂，所需要的监理人员相应地由少到多。

（3）监理单位的业务水平及监理人员的业务素质。每个监理单位的业务水平和对某类工程的熟悉程度不完全相同，每个监理人员的专业能力、管理水平、工作经验等方面都有差异，所以在监理人员素质和监理的设备手段等方面也存在差异，这都会直接影响到监理的效率高低。高水平的监理单位和高素质的监理人员可以投入较少的监理人力完成一个建设工程的监理工作，而一个经验不多或管理水平不高的监理单位则需投入较多的监理人力。因此，各监理单位应当根据自己的实际情况确定监理人员的需要量。

（4）监理机构的组织结构和任务职能分工。项目监理机构的组织结构形式关系到具体的监理人员的需求量，人员配备必须能满足项目监理机构任务职能分工的要求。必要时，可对人员进行调配。如果监理工作需要委托专业咨询机构或专业监测、检验

机构进行，则项目监理机构的监理人员数量可以考虑适当减少。

【工程案例模块】

133 ⑦

监理模式及组织形式练习

1. 背景资料

某监理单位承担了长为42km的沿河防洪工程施工监理工作，该工程包括42km长的堤防、5座穿堤涵及4座抽水泵站三类主要项目。业主分别将堤防、5座穿堤涵及4座抽水泵站工程发包给了三家承包商。总监理工程师拟定了两种组织形式方案供讨论，即现场监理机构设置成矩阵制组织形式和直线制组织形式。讨论结果如下：矩阵制组织形式适合于大中型工程项目，具有较大的机动性，有利于解决复杂问题和加强各部门之间的协作，对工程项目在地理位置上相对集中的工程较为适宜；直线制组织形式适合于大中型工程项目，并且结构形式简单、职责分明、决策迅速。

2. 问题

总监理工程师会推荐采用哪种监理组织形式？为什么？

3. 案例分析

总监理工程师应推荐采用直线制组织形式。因为矩阵制组织形式对于工程项目在地理位置上相对集中一些的工程来说较为适宜，便于部门之间的配合。而本工程是条带状工程，有3份工程承包合同，矩阵制组织形式的纵向与横向之间配合有难度，不能发挥该组织形式的优点。而直线制组织形式也适合于大中型项目，本项目可按公里分段或按不同的工程结构设置执行层，所以总监理工程师应推荐采用直线制组织形式。

模块二　水利工程建设监理现场工作

【模块学习引导】

学习意义

当监理单位获得工程项目的监理任务后，就会派送一支监理团队开展监理工作，这支团队的中心任务有三项：投资控制是为业主把好资金投入关；进度控制是尽力使施工进度按计划实施；质量控制是为最终的工程实体建筑物能达到业主及国家相关标准而做的工作，这也是监理三大中心任务的重中之重工作。若要达到这三大任务所确立的目标，监理的三管理工作不容轻视，合同的管理、信息的管理、安全的管理是"三控制"目标能够得以实现的重要保障，因此说，监理的三管理工作是服务于"三控制"工作的。监理的"一协调"工作，是指监理组织内部及对参建各方的协调，这是一项使工程建设顺利进行的重要手段。

知识目标

(1) 熟悉监理"三控制""三管理""一协调"的主要工作内容。

(2) 理解工程建设监理"三控制""三管理""一协调"的基本概念和意义。

(3) 掌握监理"三控制""三管理""一协调"的基本方法和手段。

能力目标

(1) 能采用适当的方法和手段，完成施工合同中所确立的投资、进度、质量三大目标的控制工作。

(2) 能运用相应的技术和措施做好合同、信息及安全的管理工作。

(3) 会采用一定的技术、技巧及方法完成监理在协调方面的工作。

项目一　水利工程建设监理"三控制"

【本项目的作用及意义】

监理的三大控制是监理工作的核心，只有很好地完成了这三项工作，才能使监理的投资目标、进度目标及质量目标得以实现。这三大目标是业主单位唯一关注的要素，是他们委托具有专业素养和专业技术能力的监理单位的根本原因，因此说，这项工作是监理工作的重中之重。

211

监理的"三控制"

36

任务一　水利工程建设监理质量控制

【任务布置模块】

学习任务

了解工程建设质量控制的基本概念；熟练掌握施工期工程质量事前、事中、事后控制的内容和要求；掌握单元、分部工程、单位工程、合同工程完工验收、阶段验收及竣工验收的监理职责和工作内容；了解质量缺陷备案和质量事故调查的监理工作内容。

能力目标

能够完成监理在工程质量活动和施工过程质量控制的基本工作，能够掌握并独自完成单元工程施工质量验收评定复核工作，能够参与监理在分部工程、单位工程、合同工程的完工验收活动。

2111
监理的质量控制

【教学内容模块】

一、质量控制概述

（一）建设工程质量控制的概念

1. 工程质量

工程质量分为狭义和广义两种含义。

狭义的工程质量主要指建设工程符合业主需要而具备的使用功能，这一概念强调的是建设工程的实体质量，如基础是否坚固、主体结构是否安全、稳定等。

广义的工程质量不仅包括工程的实体质量，还包括形成实体质量的工作质量。

工作质量是指建设工程参建各方为了保证建设工程实体质量所从事工作的水平和完善程度，包括社会工作质量，如社会调查、市场预测、质量回访和保修服务等；施工过程工作质量，如管理工作质量、技术工作质量和后勤工作质量等。工作质量直接决定了实体质量，工程实体质量的好坏是建设工程项目业主决策、勘察、设计、施工、监理等单位各方面、各环节工作质量的综合反映。

2112
监理的质量控制

2113
工程质量概念

2. 水利水电工程质量

水利水电工程质量是指工程综合质量，即工程满足国家和行业相关标准、工程适用的相关标准以及合同约定要求的程度，在安全、功能、适用、观感及环境保护等方面的特性总和。工程综合质量由功能性质量和外观性质量构成。功能性质量包含安全、使用功能、适用性、生态性等因素，外观性质量包含使用便利性、视觉效果、几何尺寸、环境协调等因素。

2114
质量控制概念

3. 工程施工质量

工程施工质量是指满足施工合同约定的全部特性指标或部分特性指标的程度。一般来说，监理质量控制是指工程施工质量控制。

4. 工程建设质量控制

工程建设质量控制是指为保证和提高工程质量，运用一整套质量管理体系、手段和方法所进行的系统管理活动。

（二）质量控制的责任和义务

工程监理机构是工程建设的责任主体之一，工程监理机构接受建设单位委托，代表建设单位对建设工程进行管理，是一种有偿技术服务。依据《水利工程质量管理规定》，质量控制的责任和义务主要有：

（1）监理机构必须持有水利部颁发的监理机构资格等级证书，依照核定的监理范围承担相应水利工程的监理责任。

（2）监理机构必须接受水利工程质量监督机构对其监理资格质量检查体系及质量监理工作的监督检查。

（3）监理机构必须严格执行国家法律、水利行业法规、技术标准，严格履行监理合同。

（4）监理机构根据所承担的监理任务向水利工程施工现场派出相应的监理机构，人员配备必须满足项目要求。

（5）监理工程师上岗必须持有水利部颁发的监理工程师岗位证书，一般监理机构人员上岗要经过岗前培训。

（6）监理机构应根据合同参与招标工作。

（7）签发施工图纸。

（8）审查施工单位的施工组织设计和技术措施。

（9）指导监督合同中有关质量标准、要求实施。

（10）参加工程质量检查、工程质量事故调查处理和工程验收工作。

（三）质量控制的依据

（1）国家和国务院水行政主管部门有关工程建设的法律、法规和规章。

（2）工程建设标准强制性条文（水利工程部分）。

（3）经批准的工程建设项目设计文件。

设计文件包括初步设计批复、施工图纸、施工技术要求、设计报告、设计变更（补充）通知等。"按图施工"是施工阶段质量控制的一项重要原则。

（4）监理合同、施工合同等合同文件。

（四）监理质量控制的制度

（1）技术文件核查、审核和审批制度。根据施工合同约定由发包人或施工单位提供的施工图纸、技术文件以及施工单位提交的开工申请、施工组织设计、施工措施计划、施工进度计划、专项施工方案、安全技术措施、度汛方案和灾害应急预案等文件，均应经监理机构核查、审核或审批后方可实施。

（2）原材料、中间产品和工程设备报验制度。监理机构应对发包人或施工单位提供的原材料、中间产品和工程设备进行核验或验收。不合格的原材料、中间产品和工程设备不得投入使用，其处置方式和措施应得到监理机构的批准或确认。

（3）工程质量报验制度。施工单位每完成一道工序或一个单元工程，都应经过自检。施工单位自检合格后方可报监理机构进行复核。上道工序或上一单元工程未经复核或复核不合格，不得进行下道工序或下一单元工程施工。

（4）会议制度。监理机构应建立会议制度，包括第一次工地会议、工地例会、监理协调会、工程专题会议。

（5）紧急情况报告制度。当施工现场发生紧急情况时，监理机构应立即指示施工单位采取有效紧急处理措施，并向发包人报告。

（6）工程建设标准强制性条文（水利工程部分）符合性审核制度。监理机构在审核施工组织设计、施工措施计划、专项施工方案、安全技术措施、度汛方案和灾害应急预案等文件时，应对其与工程建设标准强制性条文（水利工程部分）的符合性进行审核。

（7）监理报告制度。监理机构应及时向发包人提交监理月报、监理专题报告；在工程验收时，应提交工程建设监理工作报告。

（8）工程验收制度。在施工单位提交验收申请后，监理机构应对其是否具备验收条件进行审核，并根据有关水利工程验收规程或合同约定，参与或主持工程验收。

（五）监理质量控制基本工作程序

监理基本工作程序也是监理机构质量控制的基本工作程序，这些程序中包含质量控制的内容，与质量控制工作息息相关。

（1）依据监理合同组建监理机构，选派总监理工程师、监理工程师、监理员和其他工作人员。

（2）熟悉工程建设有关法律、法规、规章以及技术标准，熟悉工程设计文件、施工合同文件和监理合同文件。

（3）编制监理规划。

（4）进行监理工作交底。

（5）编制监理实施细则。

（6）实施施工监理工作。

（7）整理监理工作档案资料。

（8）参加工程验收工作；参加发包人与施工单位的工程交接和档案资料移交。

（9）按合同约定实施缺陷责任期的监理工作。

（10）结清监理报酬。

（11）向发包人提交有关监理档案资料、监理工作报告。

（12）向发包人移交其所提供的文件资料和设施设备。

（六）建设工程质量控制的主要因素

影响工程产品质量的主要因素可归结为5个方面，分别是人（Man）、材料（Material）、机械（Machine）、方法（Method）及环境（Environment），简称为4M1E。

1. 人的控制

在水利工程建设中，项目建设的决策、管理、操作均是通过人来完成的，其中，既包括施工承包人的操作、指挥及组织者，也包括监理人员。建设工程质量控制中人的因素是质量控制的重点。水利建筑行业实行经营资质管理和各类专业从业人员持证上岗制度就是保证人员素质的重要管理措施。

2．材料质量控制

工程实体所用的原材料、成品、半成品、构配件，是工程质量的物质基础。材料不符合要求，就不可能有符合要求的工程质量。《水利水电土建工程施工合同条件》（GF 2000—0208）（简称《合同条件》）中明确规定，工程使用的一切材料和工程设备，均应满足本合同《技术条款》和施工图纸规定的等级、质量标准及技术特性。控制的主要措施是加强订货、采购和进场后的检查、验收工作，使用前的试验、检验工作，以及材料的现场管理和合理使用等。

3．机械设备控制

机械设备包括组成工程实体及配套的工程设备和施工机械设备两大类。监理人采取的控制措施，应从保证项目施工质量角度出发，着重对施工机械设备的选型、主要性能参数和使用操作要求三个方面予以控制。

4．施工方法控制

施工方法是指工艺方法，包括施工组织设计、施工方案、施工计划及工艺技术等。监理人在制定和审核施工方案与施工工艺时，必须结合工程实际，从技术、管理、经济、组织等方面进行全面分析，综合考虑，确保施工方案和施工工艺在技术上可行、经济上合理，且有利于提高施工质量。

5．环境因素控制

环境是指对工程质量特性起重要作用的环境因素，包括管理环境（如质量保证体系、三检制、质量管理制度、质量签证制度、质量奖惩制度等）、技术环境（如工程地质、水文、气象等）、作业环境（如作业面大小、防护设施、通风照明和通信条件等）、周边环境（如工程邻近的地下管线、建筑物等）、社会环境（如社会秩序的安定与否）等。控制的措施主要是创造良好的工序环境，排除环境的干扰等。

二、施工阶段监理质量控制的内容

施工阶段的质量控制就是对影响工程施工质量的人、设备、材料、工艺、环境等主要因素做好事前审批、事中监督、事后把关。工程建设项目施工过程是该工程使用价值形成和实现的阶段，因此也是工程项目质量控制的重要阶段。

2115

施工阶段的过程质量控制

（一）合同工程开工质量控制（质量的事前控制）

工程开工包括合同工程和分部工程开工，合同工程开工质量控制是整个工程质量控制的关键，对后续工程开工影响很大；分部工程开工更加具体、细化。合同工程开工质量控制主要内容包括监理机构、发包人、施工单位三方开工准备工作的检查、审核、复核等，最后下达《合同工程开工批复》。

1．监理机构的开工准备工作

（1）组建监理机构。监理机构的组成要符合精干、高效的原则，组织形式和规模要考虑有利于施工合同管理和目标控制，有利于监理决策和信息沟通，有利于监理职能的发挥和人员的分工协作。

（2）建立健全质量控制体系与监理工作制度。首先明确体系的质量控制负责人为项目监理机构的总监理工程师；其次形成明确的质量控制责任者关系的质量控制网络架构；最后制定控制体系工作制度，包括技术文件核查、审核和审批制度、原材料、中间产品和工程设备报验制度、工程质量报验制度、会议制度、紧急情况报告制度、工程建设标准强制性条文（水利工程部分）符合性审核制度、监理报告制度、工程验收制度。

（3）收集并熟悉工程建设资料。监理机构应熟悉工程建设法律法规、施工规程规范、技术标准等有关文件；熟悉监理合同文件；同时应全面熟悉工程施工合同文件，严格按照合同约定处理和解决问题。这些资料在工程开工前应当收集齐全，并根据需要进行岗前培训。

（4）编制监理规划和监理实施细则。监理规划是用以指导监理机构全面开展施工监理工作的指导性文件。监理规划编制完成后，在约定的期限内报送发包人。

监理实施细则是用以实施某一专业工程或专业工作监理的操作性文件。监理实施细则应根据监理规划和工程进展，结合批准的施工措施计划而编制的。

（5）施工图纸的审查与签发。监理机构应在收到发包人提供的施工图纸后及时核查并签发，签发后施工单位方可用于施工。

1）图纸会审。这项活动通常是由监理工程师组织施工单位、设计单位进行的。先由设计单位介绍设计意图和设计图纸、设计特点、对施工的要求和技术关键问题，然后由各方代表对设计图纸中存在的问题及对设计单位的要求进行讨论、协商，解决存在的问题和澄清疑点，并写出会议纪要。

2116
图纸会审

对于在图纸会审纪要中提出的问题，设计单位应通过书面形式进行解释或提交设计变更通知书。

若施工图是施工单位编制和提供的，则应由该施工单位针对会审中提出的问题修改施工图纸，然后上报监理工程师审查，在获得批准后方能按该施工图纸进行施工。

2）设计交底。设计交底是在图纸会审之后，工程施工之前，由监理工程师组织设计单位向施工单位有关人员进行的。其程序是：首先由设计单位介绍设计意图、结构特点、施工及工艺要求、技术措施和有关注意事项；再由施工单位提出图纸中存在的问题和疑点，以及需要解决的技术难题；然后通过三方研究和商讨，拟定出解决的方法，并写出会议纪要，以作为对设计图纸的补充、修改以及施工的依据。

2117
技术交底

2. 对发包人提供开工条件的检查

对于发包人应提供的施工条件是否满足开工要求的检查应包括下列内容：

（1）首批开工项目的施工图纸和文件是否具备。文件包括：施工图纸、合同文件、相关的水文和地质勘测资料等。

（2）测量基准点是否移交。发包人应该按照《合同条件》技术条款规定的期限，组织设计单位、监理单位向施工单位提供测量基准点、基准线和水准点以及书面资料。

2118
图纸会审与设计交底的区别

（3）施工用地及必要的场内交通条件是否已具备。发包人应按合同规定，事先做好征地动迁工作，并且解决施工单位施工现场占有权及通道。

（4）首次工程预付款是否已支付。工程预付款是在工程建设项目施工合同签订后，由发包人按合同约定，在正式开工前预先支付给施工单位的一笔款项，主要供施工单位进行施工准备使用。

（5）合同约定应由发包人负责的"四通一平"条件是否已提供。通水、通电、通路、通信和场地平整工作应已完成，在施工总体平面布置图中应明确标明供水、供电、通信线路的位置。

2119 ▶

开工条件
检查

3. 对施工单位开工条件的检查

（1）施工单位组织机构和人员的审查。审查施工单位派驻现场的主要管理人员、技术人员及特种作业人员是否与施工合同文件一致。如有变化，应重新审查并报发包人认可。

施工单位应填写《现场组织结构及主要人员报审表》，提交监理机构审查。

（2）进场原材料、中间产品和工程设备的审核。审核进场原材料、中间产品的质量、规格是否符合施工合同约定；原材料的储存量及供应计划是否满足开工及施工进度的需要；检查施工单位工地实验室和试验计量等工程设备、检测条件或委托的检测机构是否符合施工合同约定的有关规定。

施工单位填写《原材料/中间产品进场报验单》，提交监理机构审查。

（3）施工单位进场施工设备的审核。审核施工单位进场施工设备的数量、规格、性能、生产能力、完好率及设备配套的情况是否符合施工合同约定。

施工单位填写《施工设备进场报验单》，提交监理机构审核。

（4）对基准点、施工测量控制网和施工放线的检查。检查施工单位对发包人提供的测量基准点的复核，以及施工单位在此基础上完成施工测量控制网的布设及施工区原始地形图的测绘情况。

（5）对施工总布置检查。砂石料系统、混凝土拌和系统或商品混凝土供应方案以及场内道路、供水、供电、供风及其他施工辅助加工厂、设施的准备情况检查。

（6）对施工单位质量保证体系的审批。

（7）对施工单位安全生产管理机构和安全措施文件的检查和审批。

（8）对施工单位提交施工技术文件的审核及批复。

（9）对施工工艺试验和料场规划的检查。

（10）对合同工程开工申请报告的审核及批复。

（二）施工进程中的质量控制（质量的事中控制）

1. 监理质量控制的方法

（1）现场记录。现场记录包括旁站监理值班记录、监理巡视记录、安全检查记录、监理日记、监理日志。旁站监理值班记录由旁站监理机构员填写；监理巡视记录用于监理机构员质量、安全、进度等的巡视记录；监理日记是参与现场监理的每位监理机构员对施工现场的工作记录，应及时、准确地完成；监理日志是总监理工程师指定专人按照规定格式依据监理日记内容填写并及时归档，由总监理工程师授权的监理工程师签字。现场记录是了解施工质量、安全、进度等实际情况，解决合同纠纷，进行工程结算的基本资料。

（2）发布文件。文件包括监理通知、现场指示、批复、确认等，监理机构采用发布书面文件是开展监理工作的主要方法，尤其是运用现场指示文件形式，对施工单位工作的各个方面进行有效控制，现场指示在监理过程中发挥了积极作用，对施工过程中存在的问题及时指出、纠正，能够充分地促进工程施工正常进行，从而也保证施工质量。

（3）旁站监理。旁站监理是按照监理合同约定，在施工现场对工程重要部位和关键工序的施工作业实施连续性的全过程监督检查。旁站监理规定如下：

1）监理机构要在监理实施细则中明确旁站监理的范围、内容和旁站监理人员职责，并通知承包人。

2）旁站监理人员要及时填写旁站监理值班记录。

3）监理机构定期检查旁站监理人员上岗情况、旁站监理值班记录。

2120
旁站监理

（4）巡视检查。巡视检查是监理机构对所监理工程的施工进行的定期或不定期的监督与检查，是监理机构所采取的一种经常性、最普遍的方法。通过这种检查，监理机构可以掌握施工现场情况，以便更好地控制施工现场。

（5）跟踪检测。跟踪检测是监理机构对施工单位在质量检测中的取样和送样进行监督。跟踪检测费用由施工单位承担。在施工单位进行试样检测前，监理机构员对其检测人员、仪器设备以及拟订的检测程序和方法进行审核；在施工单位对试样进行检测时，实施全过程监督，确认其程序、方法的有效性以及检测结果的可信性，并对该结果确认，最后完成工程质量跟踪检测记录。

（6）平行检测。平行检测是指在施工单位对原材料、中间产品和工程质量自检的同时，监理机构按照监理合同的约定独立进行抽样检测，核验施工单位的检测结果。平行检测的费用由发包人承担。

（7）利用支付控制手段。所谓支付控制权，是指对施工单位支付各项工程款时，必须有监理人签署的支付证明书，项目法人才向施工单位支付工程款，否则项目法人不得支付。监理人应正确行使合同文件赋予的质量认证权和质量否决权，不合格工程部位决不予以计量和支付，并应要求承包人立即返工、修复，直到工程质量达到合格为止。例如：单元工程完工，未经验收签证擅自进行下一道工序的施工，则可暂不支付工程款；单元工程完工后，经检查质量未达合格标准，在返工修理达到合格标准之前，监理人也可暂不签发支付证明书。

2121
支付控制手段

2. 施工进程中质量控制的要素

（1）设置质量控制点（检验点）。质量控制点是施工质量控制的重点，设置质量控制点就是要根据工程项目的特点，抓住影响工序施工质量的主要因素。对工序活动中的重要部位或薄弱环节，事先分析影响质量的原因，并提出相应的措施，以便进行预控。不论是结构部位、影响质量的关键工序、操作、施工顺序、技术参数、材料、机械、施工环境等均可作为质量控制点来控制。概括来说，应当选择那些保证质量难度大的、对质量影响大的或发生质量问题时危害大的对象作为质量控制点。

2122
质量控制点

在质量控制点中，由于它们的重要性或其质量后果影响程度有所不同，所以在实施监督控制时的运作程序和监督要求也有区别，分别称其为见证点和待检点（停止点）。

1）见证点。这类质量控制点属于监理对其控制要求较低的一类，是指承包人在施工过程中达到这一类质量检验点时，应事先书面通知监理工程师到现场见证，观察和检查承包人的实施过程。在监理工程师接到通知后未能在约定时间到场的情况下，承包人有权继续施工。

2）待检点（停止点）。它是重要性高于见证点的质量控制点。它通常是针对特殊过程或特殊工序而言的。所谓特殊过程通常是指该施工过程或工序施工质量不易或不能通过其后的检验和试验而充分得到验证。因此，对于某些施工质量不能依靠其后的检验来把关或难以在以后检验其内在质量的工序或施工过程，或者是某些万一发生质量事故则难以挽救的施工对象，就应设置为待检点。对于待检点，必须要监理工程师到场监督、检查，施工单位应停止进入该质量控制点相应的施工内容，并合同规定等待监理方，未经认可不能越过该点继续施工。

"见证点"和"待检点"的设置，是监理工程师对工程质量进行检验的一种行之有效的方法。这些检验点应根据承包人的施工技术力量、工程经验，具体的施工条件、环境、材料、机械等各种因素的情况来选定。各承包人的这些因素不同，"见证点"或"待检点"也就不同。有些检验点在施工初期当承包人对施工还不太熟悉、质量还不稳定时可以定为"待检点"，而当承包人已较熟练地掌握施工过程的内在规律、工程质量较稳定时，又可以改为"见证点"。某些质量检验点对于这个承包人可能是"待检点"，而对另一承包人则可能是"见证点"。

2123 ▶

作业技术交底

（2）工序质量控制。工程项目的施工过程，是由一系列相互关联、相互制约的工序所构成的，工序质量是基础，直接影响工程项目的整体质量。工序质量包含两方面的内容：一是工序活动条件的质量；二是工序活动效果的质量。从质量控制的角度来看，这两者是互为关联的，一方面要控制工序活动条件的质量，即每道工序投入的质量（即人、材料、机械、方法和环境的质量）是否符合要求；另一方面又要控制工序活动效果的质量，即每道工序施工完成的工程产品是否达到有关质量标准。

工序质量的控制，就是对工序活动条件的质量控制和工序活动效果的质量控制，据此来达到整个施工过程的质量控制。

进行工序质量控制时，应着重于以下四方面的工作：

1）严格遵守工艺规程。施工工艺和操作规程，是进行施工操作的依据和法规，是确保工序质量的前提，任何人都必须严格执行，不得违反。

2）主动控制工序活动条件的质量。也就是对影响质量的五大因素——施工操作者、材料、施工机械设备、施工方法和施工环境等的控制。

3）及时检验工序活动效果的质量。工序活动效果是评价工序质量是否符合标准的尺度。

4）设置工序质量控制点。对于涉及关键部位、薄弱环节、对最终质量影响大、新工艺新材料新技术及隐蔽部分施工等工序，都应作为质量控制的重点。

（3）对施工单位"三检"制的控制。所谓"三检"是指施工单位的作业班组初检、施工队（工区）复检、项目部质量管理部门终检。负责"三检"的人员一般为：作业班组施工员或班长负责初检、施工队（工区）质检员负责复检、项目部质量管理部门专职质检员负责终检。

1）初检是保证施工质量的基础，要求班组人员相互间进行检查、督促和把关。每一道工序完成后，由该班组施工员按照单元工程（工序）规定的检查（测）项目逐项检查与检测，真实地填写施工记录，并由班长本人签字。在施工过程中，根据质量控制要求，严格规范施工程序。班组是按照作业规程施工的主体，也是保证工程质量的主体。初检合格后，班长负责初检资料的整理与上报施工队（工区），并为复检工作做好现场准备。

2）复检是在班组初检的基础上，由施工队（工区）质检员对初检所形成的相关记录进行复核。复检的主要内容是：检查初检项目是否齐全；检验数据是否准确；检查结果与施工记录是否相符等，并负责做好复检验收工作。复检验收合格后负责复检资料的整理与上报项目部质量管理部门专职质检员，并为终检工作做好现场准备。

3）终检是对初检、复检结果进行最终审核，由现场专职质检员对初检、复检所形成的相关记录进行复核。终检的主要内容是：检查经过复检后的检验结果是否符合设计及规程规范要求；资料是否齐全、正确；是否与施工情况一致；并负责做好终检验收工作。终检验收合格后负责终检资料的整理并填写工序转序单（未分工序的填写单元工程质量验收评定表），上报现场监理，并为最终质量检查工作做好现场准备。

监理对施工单位"三检"控制的工作程序如图 2-1 所示。

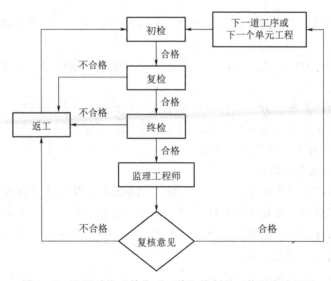

图 2-1　监理对施工单位"三检"控制的工作程序流程图

三、施工质量评定与工程验收（质量的事后控制）

工程建设项目施工质量评定与工程验收是监理机构质量控制的主要工作。施工质量评定是施工过程质量控制的重要环节，包括单元工程（工序）、分部工程、单位工程、工程项目施工质量评定，可以说一切工作的开展都是围绕施工质量评定，尤其是单元工程施工质量评定。

工程验收按验收主持单位可分为法人验收和政府验收。法人验收包括分部工程验收、单位工程验收、水电站（泵站）中间机组启动验收、合同工程完工验收；政府验收包括阶段验收、专项验收、竣工验收。

（一）质量评定与工程验收监理职责

1. 质量评定监理职责

（1）审查承包人填报的单元工程（工序）质量评定表的规范性、真实性和完整性，复核单元工程（工序）施工质量等级，由监理工程师核定质量等级并签证认可。

（2）重要隐蔽单元工程及关键部位单元工程质量经承包人自评、监理机构抽检后，按有关规定组成联合小组，共同检查核定其质量等级并填写签证表。

（3）在承包人自评的基础上，复核分部工程的施工质量等级，报发包人认定。

（4）参加发包人组织的单位工程外观质量评定组的检验评定工作；在承包人对单位工程施工质量验收资料自查完成后，进行复核；在承包人自评的基础上，复核单位工程施工质量等级，报发包人认定。

（5）单位工程质量评定完成后，统计并评定工程项目质量等级，报发包人认定。

2. 工程验收监理职责

（1）审批承包人提交的工程验收申请报告。

（2）参加或受发包人委托主持分部工程验收。

（3）按照工程验收有关规定提交工程建设监理工作报告，并准备相应的监理备查资料。

（4）参加发包人主持的单位工程验收、水电站（泵站）中间机组启动验收和合同工程完工验收。

（5）参加阶段验收、竣工验收，解答验收委员会提出的问题，并作为被验单位在验收鉴定书上签字。

（6）监督承包人按照分部工程验收、单位工程验收、合同工程完工验收、阶段验收等验收鉴定书中提出的遗留问题处理意见完成处理工作。

（二）单元工程施工质量验收评定

1. 验收评定体系及职责

（1）验收评定的组织体系。单元工程施工质量验收评定体系由质量监督机构、项目法人、建设管理单位现场管理机构、设计单位、监理机构和施工单位组成。单元工程施工质量验收评定是工程质量管理的重要部分，各参建单位的质量管理机构也是单元工程施工质量验收评定机构。

（2）验收评定的主要职责。单元工程施工质量评定是日常质量管理的核心工作，各参建单位在单元工程施工质量验收评定过程中应做好下列职责：

1）施工单位。制定质量管理保证体系，明确单元工程施工质量验收评定人员；检查、检测工序或单元工程中所有检验项目，填写施工记录、检测报告、三检表、工序或单元工程施工质量评定表及报验单；自评工序或单元工程施工质量；向监理机构提交工序或单元工程施工质量验收评定资料；整理、保存、提供单元工程施工质量评定资料。

2）监理机构。制定质量控制体系，明确单元工程施工质量验收复核人员；对工序或单元工程施工质量控制；督促要求施工单位自检；复核工序或单元工程施工质量；签发工序或单元工程报验单（相当于转序单）；保存单元工程施工质量评定资料；检查单元工程施工质量评定资料；协调工序或单元工程施工质量评定过程中出现的问题。

3）设计单位。确定检验项目中的设计要求，并检查其检查（测）结果是否满足设计要求。

4）项目法人。确定单元工程施工质量验收评定表；检查指导单元工程施工质量验收评定；明确单元工程施工质量验收评定具体要求；现场抽查工序或单元工程施工质量评定；主持重要隐蔽单元工程或关键部位单元工程验收工作；核查单元工程施工质量验收评定资料；解决工序或单元工程施工质量评定过程中出现的问题。

2. 验收评定程序

单元工程按工序划分情况，分为划分工序单元工程和不划分工序单元工程，划分工序的单元工程，其施工质量验收评定在工序验收评定合格和施工项目实体质量检验合格的基础上进行。不划分工序的单元工程，其施工质量验收评定在单元工程中所包含的检验项目检验合格和施工项目实体质量检验合格的基础上进行。

（1）工序施工质量验收评定程序。

1）施工单位应首先对已经完成的工序施工质量按标准进行自检，并做好检验记录。

2）施工单位自检合格后，填写工序施工质量验收评定表和工序施工质量报验单，质量责任人履行相应签认手续后，向监理机构申请复核。

3）监理机构收到申请后，由现场监理（监理员）在4小时内进行复核。复核内容包括：①核查施工单位报验资料是否真实、齐全；②结合平行检测和跟踪检测结果等，复核工序施工质量检验项目是否符合质量要求；③在工序施工质量验收评定表中填写复核记录，并签署工序施工质量核定意见，核定工序施工质量等级，相关责任人履行相应签认手续；④复核工序施工质量报验单，填写复核结果，相关责任人履行相应签认手续。

（2）单元工程施工质量验收评定程序。

1）划分工序的单元工程施工单位应首先对已经完成的工序施工质量评定情况进行自检，检查所有完成工序是否评定完成，验收资料是否齐全；不划分工序的单元工程施工单位应首先对已经完成的单元工程施工质量进行自检，并填写检验记录。

2）施工单位自检合格后，填写单元工程施工质量验收评定表和单元工程施工质量报验单，质量责任人履行相应签认手续后，向监理机构申请复核。

3）监理机构收到申请后，由监理组长（监理工程师）在8小时内进行复核。复核内容包括：

a. 核查施工单位报验资料是否真实、齐全。

b. 对照施工图纸和施工技术要求，结合平行检测和跟踪检测结果等，复核单元工程施工质量检验项目是否符合质量要求。

c. 检查已完单元工程遗留问题的处理情况，在单元工程施工质量验收评定表中填写复核记录，并签署单元工程施工质量核定意见，核定单元工程施工质量等级，相关责任人履行相应签认手续。

d. 复核单元工程施工质量报验单，填写复核结果，相关责任人履行相应签认手续。

（3）重要隐蔽单元工程和关键部位单元工程施工质量的验收评定。

除完成上述工作程序外，还应按下列要求进行：

1）施工单位在提交上述规定资料的同时还需提交《重要隐蔽单元工程（关键单位单元工程）质量等级签证表》。

2）监理收到上述申报资料后，检查复核，满足要求后通知建设单位现场代表。

3）联合验收评定由建设单位主持，建设单位现场代表检查具备验收条件，由工程部副部长通知质量监督站，决定验收时间，并由工程副部长主持联合验收评定，验收评定后及时签署核定意见，联合小组成员当场履行签认手续。

4）已签认《重要隐蔽单元工程（关键单位单元工程）质量等级签证表》应与单元工程施工质量验收评定资料放在一起。

5）提交质量监督站进行核备。

（三）分部工程验收

分部工程是指在一个建筑物内能组合发挥一种功能的建筑安装工程，是组成单位工程的部分。对单位工程安全、功能或效益起决定性作用的分部工程称为主要分部工程。水利工程项目按单位工程、分部工程、单元工程三级划分，分部工程处于第二级。分部工程在项目划分和验收时都处于中间关键环节，起着承上启下的作用，就像一棵大树，单位工程是树干，分部工程是树杈，单元工程是树枝，项目划分是从大到小，发散形状，而验收时的顺序反过来，即单元工程、分部工程、单位工程；就像一条大河，单元工程是溪流，分部工程是支流，单位工程是河流，验收是从小到大，凝聚形状。

1. 分部工程验收监理工作内容

（1）在承包人提出分部工程验收申请后，监理机构应组织检查分部工程的完成情况、施工质量评定情况和施工质量缺陷处理情况，并审核承包人提交的分部工程验收资料。监理机构应指示承包人对申请被验分部工程存在的问题进行处理，对资料中存在的问题进行补充、完善。

（2）经检查分部工程符合有关验收规程规定的验收条件后，监理机构应提请发包人或受发包人委托及时组织分部工程验收。

（3）监理机构在验收前应准备相应的监理备查资料。

（4）监理机构应监督承包人按照分部工程验收鉴定书中提出的遗留问题处理意见完成处理工作。

2. 分部工程验收参建各方职责

（1）施工单位职责包括以下方面：

1）分部工程验收自检。施工单位分部工程验收自检分为实体工程和验收资料两项内容。实体工程检查内容包括分部工程是否达到设计标准或合同约定标准要求、单元工程质量评定是否与实际情况相符、分部工程质量评定自评是否完成；验收资料检查内容包括分部工程验收自检报告。

2）分部工程验收资料整改。根据监理档案检查结果进行整改，每次对应检查结果都要有"整改报告"和"现场确认单"。

3）分部工程验收资料最终整理。在分部工程预验收后，根据会议检查结果进行分部工程验收资料最终整理，为正式验收做好准备。

4）分部工程申请验收。分部工程预验收通过后，施工单位即可编制分部工程验收申请报告。编制验收申请报告的主要工作包括：

a. 申请验收时间：验收时间按合同要求要给监理审查、批复留有足够时间，不能出现报告提交时间和验收时间太短，仓促审批。

b. 验收申请报告附件：一般情形下应附分部工程施工总结、分部工程验收拟验工程清单、分部工程验收提供资料清单、前期验收遗留问题处理情况、未处理遗留问题的处理措施计划。没有的项目包括可不附。

5）分部工程验收会议准备。准备会议室、提供验收资料、分部工程总结材料。

（2）监理项目部职责包括以下方面：

1）验收资料检查。接到施工单位自检报告或整改报告3日内，形成档案检查记录。

2）验收资料预验收。组织参建各方进行分部工程资料预验收，形成预验收结论。

3）审批验收申请报告。在收到验收申请报告3日内，形成监理报告提交发包人审核或直接审批。

4）验收鉴定书初稿编制。在收到验收申请报告3日内，编制完成分部工程验收鉴定书（初稿）。

5）组织分部工程验收会议。根据批复确定的时间召开，需提前2天通知参建各方。

6）完成分部工程验收资料。分部工程验收通过后及时完成分部工程施工质量评定表、验收鉴定书和核备材料，提交给项目法人。

7）监督遗留问题处理。在分部工程验收完成后，针对存在有遗留问题的分部工程，监督施工单位按照分部工程验收鉴定书中提出的遗留问题处理意见完成处理工作。

（3）项目法人职责包括以下方面：

1）验收资料核查。根据监理检查结果适时进行，形成检查记录。

2）督促、指导分部工程验收。对于验收滞后、缓慢的标段现场检查、指导，查明原因和存在问题，督促、指导施工单位、监理单位进行整改，加快验收进程。

3）审批验收申请监理报告、初步审核验收鉴定书初稿。接到监理报告、验收鉴定书初稿后组织相关部门审核，3日内处理完成，形成审核意见并反馈给监理机构。

4）报质安站核备（定）。分部工程验收通过后将完整的分部工程验收鉴定书和分部工程质量评定表提交质安站核备（定）。

3. 分部工程验收流程

分部工程验收流程是明确参建各方从分部工程具备验收条件开始直到验收通过形成分部工程验收鉴定书和核备工作完成为止的全过程，制定验收流程的目的是让各方知道每一步做什么，谁来做，从而保证分部工程过程顺畅、流水作业。分部工程验收流程如图2-2所示。

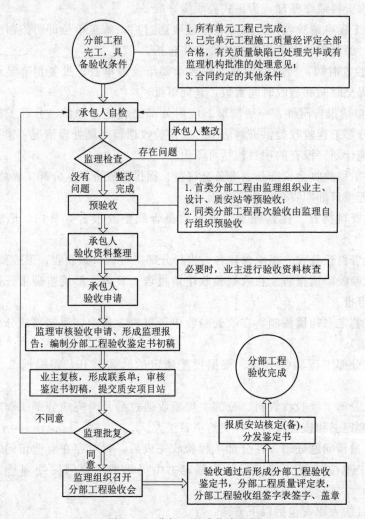

图2-2 分部工程验收流程图

（四）单位工程验收

单位工程是指具有独立发挥作用或独立施工条件的建筑物。单位工程是水利水电工程项目划分的最高等级，是按照规定的划分原则和程序确定下来的。单位工程验收是法人验收项目之一。单位工程验收完成后才能进行合同工程完工验收。

1. 单位工程验收监理工作内容

（1）在施工单位提出单位工程验收申请后，组织检查单位工程的完成情况和施工质量评定情况、分部工程验收遗留问题处理情况及相关记录，并审核施工单位提交的单位工程验收资料。指示施工单位对申请被验单位工程存在的问题进行处理，对资料中存在的问题进行补充、完善。

（2）经检查单位工程符合有关验收规程规定的验收条件后，提请发包人及时组织单位工程验收。

（3）参加发包人主持的单位工程验收，并在验收前提交工程建设监理工作报告，准备相应的监理备查资料。

（4）督促施工单位按照单位工程验收鉴定书中提出的遗留问题处理意见完成处理工作。

（5）单位工程投入使用验收后工程若由施工单位代管，协调合同双方按有关规定和合同约定办理相关手续。

2. 单位工程验收的工作内容

在每个单位工程所有分部工程验收完成后，即可开展单位工程验收工作。单位工程验收工作主要包括单位工程施工质量评定工程验收工作报告编制及审查、验收文件材料整理及检查、验收申请及批复、召开单位工程验收会、验收工作报告及鉴定书完善装订、单位工程施工质量等级核定、发放报告及鉴定书等项工作。

3. 单位工程施工质量评定条件

（1）单位工程内所有分部工程验收合格，核定（备）工作完成，且遗留问题已处理。

（2）有外观质量评定要求的单位工程，外观质量评定已完成。

（3）单位工程施工质量检验与评定资料自查、复查已完成。

（4）发生质量事故的单位工程，质量事故处理材料已按要求制备。

4. 验收申请及批复

单位工程验收申请应在工程施工管理工作报告审查合格、施工文件材料检查合格后由施工单位提交监理机构审批。监理机构认为具备验收条件需经项目法人同意才能批复。在施工单位提交验收申请的同时，建设管理工作报告、设计工作报告、监理工作报告也应完成审查。施工单位应在 20 个工作日内向项目法人提出验收申请报告。项目法人应在收到单位工程验收申请报告之日起 10 个工作日内，决定是否同意验收，不同意验收应明确理由。

（五）合同工程完工验收

合同工程完工验收的流程及工作如下。

（1）检查合同工程是否具备完工验收条件。承包人提出合同工程完工验收申请后，监理机构组织检查合同范围内的工程项目和工作的完成情况、合同范围内包含的分部工程和单位工程的验收情况、观测仪器和设备已测得初始值和施工期观测资料分析评价情况、施工质量缺陷处理情况、合同工程完工结算情况、场地清理情况、档案资料整理情况等。监理机构应指示承包人对申请被验合同工程遗留问题、施工管理工作报告存在的问题进行处理，对验收资料中存在的问题进行补充、完善。

（2）提请发包人组织合同工程完工验收。经检查已完合同工程符合施工合同约定和有关验收规程规定的验收条件后，监理机构提请发包人及时组织合同工程完工验收。

（3）参加合同工程完成验收。监理机构参加发包人主持的合同工程完工验收，并在验收前提交工程建设监理工作报告，准备相应的监理备查资料。

（4）参加工程交接和档案资料移交工作。合同工程完工验收通过后，监理机构参加承包人与发包人的工程交接和档案资料移交工作。

（5）监督遗留问题处理工作。监理机构监督承包人按照合同工程完工验收鉴定书中提出的遗留问题处理意见完成处理工作。

（6）提请发包人签发合同工程完工证书。监理机构审核承包人提交的合同工程完工申请，满足合同约定条件的，提请发包人签发合同工程完工证书。

（六）阶段验收

阶段验收的工作内容主要包括：

（1）核查承包人的阶段验收准备工作，提请发包人安排阶段验收工作。工程建设进展到枢纽工程导（截）流、水库下闸蓄水、引（调）排水工程通水、水电站（泵站）首（末）台机组启动或部分工程投入使用之前，监理机构核查承包人的阶段验收准备工作，具备验收条件的，提请发包人安排阶段验收工作。

（2）提交阶段验收工程建设监理工作报告。各项阶段验收之前，监理机构协助发包人检查阶段验收具备的条件，并提交阶段验收工程建设监理工作报告，准备相应的监理备查资料。

（3）参加阶段验收。监理机构参加阶段验收，解答验收委员会提出的问题，并作为被验单位在阶段验收鉴定书上签字。

（七）竣工验收

竣工验收的工作内容主要包括：

（1）监理机构协助发包人组织竣工验收自查，核查历次验收遗留问题的处理情况。

（2）在竣工技术预验收和竣工验收之前，监理机构提交竣工验收工程建设监理工作报告，并准备相应的监理备查资料。

（3）监理机构派代表参加竣工技术预验收，向验收专家组报告工程建设监理情况，回答验收专家组提出的问题。

（4）总监理工程师参加工程竣工验收，代表监理单位解答验收委员会提出的问题，并在竣工验收鉴定书上签字。

四、质量缺陷备案和质量事故调查处理

（一）质量缺陷备案

依据《水利工程质量事故处理暂行规定》（1999 年水利部令第 9 号），质量缺陷是指对工程质量有影响，但小于一般质量事故的质量问题。质量缺陷应以工程质量缺陷备案形式进行记录备案。施工质量缺陷备案表按《水利水电工程施工质量检验与评定规程》（SL 176—2007）填写。

质量缺陷备案表由监理机构组织填写，内容应真实、准确、完整。各参建单位代表应在质量缺陷备案表上签字，有不同意见应明确记载。

（二）质量事故调查处理

1. 质量事故的分类

工程质量事故按直接经济损失的大小，检查、处理事故对工期的影响时间长短和对工程正常使用的影响，分为一般质量事故、较大质量事故、重大质量事故、特大质量事故。水利工程质量事故分类标准见表 2 - 1。

表 2 - 1   水利工程质量事故分类标准

损　失　情　况		特大质量事故	重大质量事故	较大质量事故	一般质量事故
事故处理所需要的物质、器材和设备、人工等直接损失费用/人民币万元	大体积混凝土、金属结构制作和机电安装工程	＞3000	500～3000	100～500	20～100
	土石方工程、混凝土薄壁工程	＞1000	100～1000	30～100	10～30
事故处理所需合理工/月		＞6	3～6	1～3	≤1
事故处理后对工程功能和寿命影响		影响工程正常使用，需限制条件运行	不影响正常使用，但对工程寿命有较大影响	不影响正常使用，但对工程寿命有一定影响	不影响正常使用和工程寿命

注 1. 直接经济损失费用为必需条件，其余两项主要适用于大中型工程。

2. 小于一般质量事故的质量问题称为质量缺陷。

2. 质量事故处理的原则

质量事故发生后，应坚持"三不放过"的原则，即事故原因不查清楚不放过、主要事故责任者和职工未受到教育不放过、补救和防范措施不落实不放过。

由质量事故而造成的损失费用，坚持谁该承担事故责任，由谁负责的原则。施工质量事故若是承包人的责任，则事故分析和处理中发生的费用完全由承包人自己负责；施工质量事故责任者若非承包人，则事故分析和处理中发生的费用不能由承包商承担，承包人可向项目法人提出索赔。若是设计单位或监理单位的责任，应按着设计合同和监理委托合同的有关条款，由项目法人对其进行相应的处罚。

3. 质量事故处理的程序

质量事故处理的目的是消除缺陷和隐患，以保证建筑物安全和正常使用，满足各项建筑功能要求，保证施工正常进行。工程质量事故处理，是监理质量控制的重要内容之一，其程序如下：

（1）质量事故发生后，承包人应按规定及时提交事故报告。监理机构在向项目法人报告的同时，指示承包人及时采取必要的应急措施并保护现场，做好相应记录。

（2）质量事故发生后，项目法人必须将事故的简要情况向项目主管部门报告。项目主管部门接事故报告后，按着管理权限向上级水行政主管部门报告。一般质量事故向项目主管部门报告。较大质量事故逐级向省级水行政主管部门或流域机构报告。重大质量事故逐级向省级水行政主管部门或流域机构报告并抄报水利部。特大质量事故逐级向水利部和有关部门报告。发生（发现）较大、重大和特大质量事故，事故单位要在 48 小时内向上述规定单位写出书面报告；突发性事故要在 4 小时内电话向上述单位报告。

（3）进行调查和研究。有关单位接到事故报告后，必须采取有效措施，防止事故扩大，并立即按照管理权限向上级部门报告或组织事故调查。

（4）监理机构应积极配合事故调查组进行工程质量事故调查、事故原因分析，参与处理意见等工作。

（5）监理机构应指示承包人按照批准的工程质量事故处理方案和措施对事故进行处理，并监督处理过程。

（6）监理机构应参与工程质量事故处理后的质量评定与验收。经监理机构检验合格后，承包人方可进入下一阶段施工。

4. 质量事故的处理方案类型

监理机构对质量事故的处理决定一般分为以下三种：

（1）不需进行处理。监理工程师一般在不影响结构、生产工艺和使用要求，或某些轻微的质量缺陷，通过后续工序可以弥补等情况下，常作出不需要进行处理的决定；或检验中的质量问题，经论证后可不作处理；或对出现的事故，经复核验算，仍能满足设计要求者，也可不作处理。

（2）修补处理。监理工程师对某些虽然未达到规范规定的标准，存在一定的缺陷，但经过修补后还可以达到规范要求的标准，同时又不影响使用功能和外观的质量问题，可以作出进行修补处理的决定。

（3）返工处理。凡是工程质量未达到合同规定的标准，有明显而又严重的质量问题，又无法通过修补来纠正所产生的缺陷，监理工程师应对其作出返工处理的决定。

2124 ⊤

监理质量控制练习

【工程案例模块】

案例一：

1. 背景材料

某水利工程项目，建设单位 A 与施工承包单位 B 及监理单位 C 分别签订了施工承包合同和施工阶段委托监理合同。该工程项目的主体工程为拦河水闸，当施工进行到闸墩之上的工作桥支柱时，监理工程师发现，闸墩之上全部 10 根墩柱的外观质量很差，不仅蜂窝麻面严重，而且表面的混凝土质地酥松，用锤敲击既有混凝土碎块脱落。该部位混凝土设计抗压强度为 C20，监理对施工单位提交的从施工现场取样的混凝土强度试验结果看，混凝土抗压强度值均达到或超过设计要求值，其中最大值达到 C30 的水平，监理工程师对施工单位提交的试验报告结果十分怀疑。

2. 问题

（1）在上述情况下，作为监理工程师，你认为应当按什么步骤处理？

（2）常见的工程质量问题产生的原因主要有哪些方面？

（3）工程质量问题的处理方式有哪些？质量事故处理应遵循什么程序进行？质量

事故分类为几类？如有一造价为 1200 万元的水闸枢纽工程，主体工程完成后，发现建筑物整体倾斜，无法控制，最后人工控制爆破炸毁。这一质量事故属于哪一类？

（4）工程质量事故处理的依据包括哪些方面？质量事故处理方案有哪几类？事故处理的基本要求是什么？如果上述质量问题经检验证明抽验结果质量严重不合格（最高＜C18，最低为 C8），而且施工单位提交的试验报告结果不是根据施工现场取样，而是在试验室按设计配合比做出的试样试验结果，你认为应当应由谁承担责任？

3. 案例分析

问题 1：该质量事故发生后，监理工程师可按下述步骤处理：

（1）工程师应首先指令施工单位暂停施工。

（2）如果监理单位具有相应技术实力及设备，可通知施工单位，在其参加下，从已浇筑的柱体上钻孔取样进行抽样检验和试验，也可以请具有资质的第三方检测机构进行抽检和试验。

（3）根据抽检结果判断质量问题的严重程度，必要时需通过建设单位请原设计单位及质量监督机构参加对该质量问题的分析判断。

（4）根据判断的结果及质量问题产生的原因决定处理方式或处理方案。

（5）指令施工单位进行处理，监理方应跟踪监督。

（6）处理后施工单位自检合格后，监理工程师复检合格加以确认。

（7）明确质量责任，按责任归属追究其责任。

问题 2：常见的工程质量问题可能的成因有：①违背建设程序；②违反法规行为；③地质勘查失真；④设计差错；⑤施工管理不到位；⑥使用不合格的原材料、制品及设备；⑦自然环境因素；⑧工程使用不当。

问题 3：工程质量问题的处理方式、处理程序和质量事故分类与判断如下：

（1）工程质量问题的处理，根据其性质及严重程度不同可有以下处理方式：

1）当施工引起的质量问题尚处于萌芽状态时，应及时制止，并要求施工单位立即改正。

2）当施工引起的质量问题已出现，立即向施工单位发出《监理通知》，要求其进行补救处理，当其采取保证质量的有效措施后，向监理单位填报《监理通知回复单》。

3）在交工使用后保修期内，发现施工质量问题时，监理工程师应及时签发《监理通知》，指令施工单位进行保修（修补、加固或返工处理）。

（2）质量事故处理的程序见前文。

（3）质量事故的分类见前文。

（4）造价为 1200 万元的水闸因需要重建，其"事故处理所需要的物质、器材和设备、人工等直接损失费用"应为 1200 万元，符合前教材表中"土石方工程、混凝土薄壁工程"情况，因此为特重大质量事故。

问题 4：关于质量事故处理依据、处理方案类型、处理基本要求和处理验收结论答案如下：

（1）处理依据有四个方面：①质量事故的实况资料；②具有法律效力的工程承包合同、设计委托合同、材料或设备购销合同及监理合同、分包合同等文件；③有关的技术文件；④相关的建设法规。

（2）质量事故处理方案类型见前文。

（3）质量事故处理的基本要求是：满足设计要求和用户期望；保证结构案例可靠；不留任何隐患；符合经济的合理性原则。

（4）根据问题所述检验结果，应当全部返工处理。由此产生的经济损失及工期延误应由施工单位承担责任。监理工程师在对施工单位抽样检验的环节中失控，应对建设单位承担一定的失职责任。

案例二：

1. 背景资料

辽宁某建设项目，建设单位委托监理单位承担施工阶段的监理任务，并通过公开招标确定甲施工单位作为施工总承包单位。工程实施中发生了以下事件。

事件1：桩基工程开始后，专业监理工程师发现甲施工单位未经建设单位同意将桩基工程分包给乙施工单位，为此，项目监理机构要求暂停桩基施工。征得建设单位同意分包后，甲施工单位将乙施工单位的相关材料报项目监理机构审查。经审查，乙施工单位的资质条件符合要求，可进行桩基施工。

事件2：桩基施工过程中，出现断桩事故。经调查分析，此次断桩事故是因为乙施工单位抢进度，擅自改变施工方案引起的。对此，原设计单位提供的事故处理方案是断桩清除，原位重新施工。乙施工单位按处理方案实施。

事件3：为进一步加强施工过程质量控制，总监理工程师代表指派专业监理工程师对原监理实施细则中的质量控制措施进行修改，修改后的监理实施细则经总监理工程师代表审查批准后实施。

2. 问题

（1）事件1中，项目监理机构对乙施工单位资质审查的程序和内容是什么？

（2）事件2中，项目监理机构应如何处理断桩事故？

（3）事件3中，总监理工程师代表的做法是否正确？说明理由。

3. 案例分析

问题1：事件1中，项目监理机构应审查甲施工单位报送的分包单位资格报审表，符合有关规定后，由总监理工程师予以签认。其中，对乙施工单位的资质审查应审核以下内容：①营业执照、企业资质等级证书；②公司业绩；③乙施工单位承担的桩基工程范围；④专职管理人员和特种作业人员的资格证、上岗证。

问题2：事件2中，项目监理机构应采取以下处理方式：①及时下达工程暂停令；②责令甲施工单位报送断桩事故调查报告；③审查甲施工单位报送的施工处理方案、措施；④审查同意后签发工程复工令；⑤对事故的处理过程和处理结果进行跟踪检查和验收；⑥及时向建设单位提交有关事故的书面报告，并将完整的质量事故处理记录整理归档。

问题3：事件3中，总监理工程师代表指派专业监理工程师修改监理实施细则的做法正确，因为总监理工程师代表可以行使总监理工程师的这一职责；但是审批监理实施细则的做法不妥，应由总监理工程师审批。

任务二　水利工程建设监理投资控制

【任务布置模块】

学习任务

了解施工阶段投资控制的工作流程；熟悉施工阶段投资控制的措施和工作内容；理解工程索赔产生的原因、计算方法；掌握工程计量的步骤和方法及工程结算的内容和计算方法；掌握项目监理机构对工程变更的处理程序、工程变更估价的原则。

能力目标

对施工阶段投资控制的工作流程达到熟练程度；能够运用监理投资控制有关理论处理监理工作中的计量与支付工作；能处理简单的工程变更及索赔事务。

2121

监理的投资
控制

2122

监理的投资
控制

【教学内容模块】

一、投资控制概述

（一）建设工程投资控制的概念与内容

建设工程投资控制，就是在建设工程的投资决策阶段、设计阶段、施工阶段以及竣工阶段，把建设工程投资控制在批准的投资限额内，随时纠正发生的偏差，以保证项目投资管理目标的实现，以求在建设工程中合理使用人力、物力、财力，取得较好的投资效益和社会效益。

根据委托监理合同所涉及的不同阶段，建设监理投资控制贯穿建设投资的全过程。各个阶段投资控制的内容如下：

（1）决策阶段。决策阶段主要是指项目建议书和可行性研究阶段，在这个阶段监理应按有关规定编制投资估算，经有关部门批准，作为拟建项目列入国家长期计划和开展前期工作的控制造价。

（2）设计阶段。设计阶段又分为初步设计阶段、技术设计阶段和施工图设计阶段。初步设计阶段和技术设计阶段按有关规定编制初步设计总概算或修正概算，经有关部门批准，作为拟建项目工程造价的最高限额；施工图设计阶段应按规定编制施工图预算，用以核实施工图阶段预算造价是否超过批准的初步设计概算。

（3）招标投标阶段。发包方与承包方确定合同价。对以施工图预算为基础实施招标的工程，合同价是以经济合同形式确定的建筑安装工程造价。

（4）施工阶段。按承包方实际完成的工程量，以合同价为基础，同时考虑因物价变动所引起的造价变更，以及设计中难以预计的而在实施阶段实际发生的工程和费用，合理确定结算价。竣工验收时全面汇集在一起，作为工程建设中发生的实际全部费用，编制竣工结算。

（二）投资控制的动态原理

投资控制是项目控制的主要内容之一，投资控制原理如图 2-3 所示，这种控制是动态的，并贯穿于项目建设的始终。

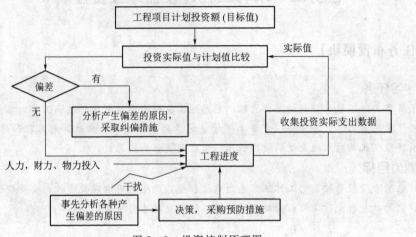

图2-3　投资控制原理图

投资控制流程应每2周或1个月循环一次，其表达的含义如下：

（1）项目投入，即把人力、物力、财力投入到项目实施中。

（2）在工程进展过程中，必定存在各种各样的干扰，如天气恶劣、设计出图不及时等。

（3）收集实际数据，即对工程进展情况进行评估。

（4）把投资目标的计划值与实际值进行比较。

（5）检查实际值与计划值有无偏差，如果没有偏差，则工程继续进行，并投入人力、物力和财力等；如果有偏差，则需要分析产生偏差的原因，并采取控制措施。

（三）建设工程投资控制的目标

建设工程投资控制工作必须有明确的控制目标，并且在不同的控制阶段设置不同的控制目标。投资估算是设计方案选择和进行初步设计的投资控制目标；设计概算是进行技术设计和施工图设计的投资控制目标；施工图预算或建安工程承包合同价则是施工阶段控制建安工程投资的目标。有机联系的各个阶段目标相互制约、相互补充，前者控制后者，后者补充前者，共同组成项目投资控制的目标系统。

二、施工阶段监理投资控制的内容

建设项目的投资主要发生在施工阶段，而施工阶段投资控制所受的自然条件、社会环境条件等主观、客观因素影响又是最突出的。如果在施工阶段监理工程师不严格进行投资控制工作，将会造成较大的投资损失以及出现整个建设项目投资失控现象。

（一）投资控制的措施

为了有效地控制建设工程投资，应从组织、技术、经济、合同等多方面采取措施。从组织上采取措施，包括明确项目组织结构，明确投资控制者及其任务，以使投资控制有专人负责，明确管理职能分工；从技术上采取措施，包括重视设计多方案选择，严格审查监督初步设计、技术设计、施工图设计、施工组织设计，深入技术领域研究节约投资的可能性;从经济上采取措施,包括动态地比较投资的实际值和计划值,严格审核各项费用支出,采取节约投资的奖励措施。

项目监理机构在施工阶段投资控制的具体措施如下。

1. 组织措施

(1) 在项目监理机构中落实从投资控制角度进行施工跟踪的人员、任务分工和职能分工。

(2) 编制本阶段投资控制工作计划和详细的工作流程图。

2. 经济措施

(1) 协助编制资金使用计划,确定、分解投资控制目标。对工程项目造价目标进行风险分析,并制定防范性对策。

2123 ▶

支付控制手段

(2) 进行工程计量。

(3) 复核工程付款账单,签发付款证书。

(4) 在施工过程中进行投资跟踪控制,定期进行投资实际支出值与计划目标值的比较;发现偏差,分析产生偏差的原因,采取纠偏措施。

(5) 协商确定工程变更的价款,审核竣工结算。

(6) 对工程施工过程中的投资支出做好分析与预测,经常或定期向建设单位提交项目投资控制及其存在问题的报告。

3. 技术措施

(1) 对设计变更进行技术经济比较,严格控制设计变更。

(2) 继续寻找通过设计挖潜节约投资的可能性。

(3) 审核承包人编制的施工组织设计,对主要施工方案进行技术经济分析。

4. 合同措施

(1) 做好工程施工记录,保存各种文件图纸,特别是注意实际施工变更情况的图纸,注意积累素材,为正确处理可能发生的索赔提供依据。参与处理索赔事宜。

(2) 参与合同修改、补充工作,着重考虑它对投资控制的影响。

(二) 投资控制工作流程

施工阶段投资控制工作流程如图 2-4 所示。

(三) 投资控制的工作内容

(1) 确定投资控制目标,编制资金使用计划。施工阶段一般是以招投标阶段确定的合同价作为投资控制目标,监理工程师应对投资目标进行分析、论证,并进行投资目标分解,在此基础上依据项目实施进度,编制资金使用计划。应做到控制目标明确,便于实际值与目标值的比较,使投资控制具体化、可实施。

(2) 审核施工组织设计。施工组织设计是施工承包单位依据投标文件编制的指导施工阶段开展工作的技术经济文件。监理工程师审核其保证质量、安全、工期、投资的技术组织方案的合理性、科学性,从而判断主要技术指标、经济指标的合理性,通过设计控制、修改、优化,达到预先控制、主动控制的效果,从而保证施工阶段投资控制的效果。

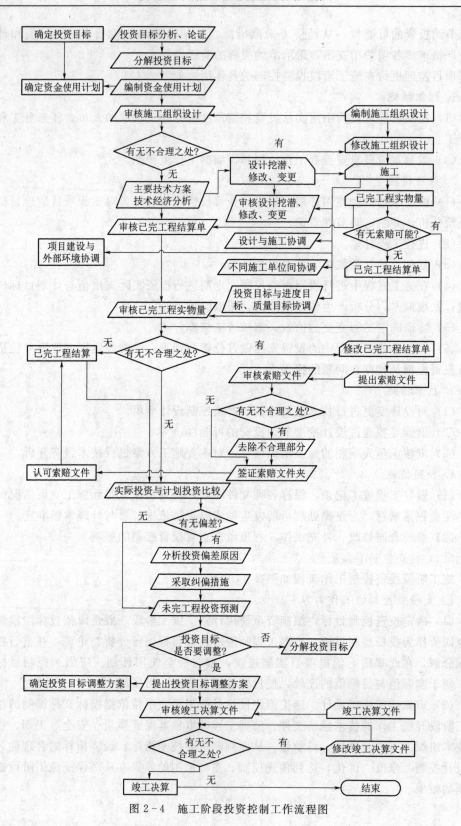

图 2-4 施工阶段投资控制工作流程图

（3）审核已完工程实物量并计量。审核已完工程实物量，是施工阶段监理工程师做好投资控制的一项最重要的工作。无论建设项目施工合同的签订是工程量清单还是施工图预算加签证等形式，按照合同规定实际发生的工程量进行工程价款结算是大多数工程项目施工合同所要求的。为此，监理工程师应依据施工设计图纸、工程量清单、技术规范、质量合格证书等认真做好工程计量工作，并据此审核施工承包单位提交的已完工程结算单，签发付款证书。

（4）处理变更索赔事项。在施工阶段，不可避免地会发生工程量变更、工程项目变更、进度计划变更、施工条件变更等，也经常会出现索赔事项，直接影响到工程项目的投资。科学、合理地处理索赔事件，是施工阶段监理工程师的重要工作。总监理工程师应从项目投资、项目的功能要求、质量和工期等方面审查工程变更的方法，并且在工程变更实施前与建设单位、施工承包单位协商确定工程变更的价款。专业监理工程师应及时收集、整理有关的施工和监理资料，为处理费用索赔提供证据。监理工程师应加强主动控制，尽量减少索赔，及时、合理地处理索赔，保证投资支出的合理性。

2124

工程变更

（5）实际投资与计划投资比较，及时进行纠偏。专业监理工程师应及时建立月完成工程量和工作量统计表，对实际完成量与计划完成量进行比较、分析，定期将实际投资与计划投资（或合同价）做比较，发现投资偏差，计算投资偏差，分析投资偏差产生的原因，制定调整措施，并应在监理月报中向建设单位报告。

（四）工程计量

工程计量也就是工程测量和计算，是指根据工程设计文件及施工合同约定，项目监理机构对承包人申报的合格工程的工程量进行的核验。其不仅是控制项目投资支出的关键环节，同时，也是约束承包人履行合同义务，强化承包人合同意识的手段。工程量的正确计量是发包人向承包人支付工程进度款的前提和依据，必须按照现行国家计量规范规定的工程量计算规则计算。工程计量可选择按月或按工程形象进度分段计量，具体计量周期在合同中约定。因承包人原因造成的超出合同工程范围施工或返工的工程量，发包人不予计量。成本加酬金合同参照单价合同计量。

2125

工程计量

工程计量是指根据发包人提供的施工图纸、工程量清单和其他文件，项目监理机构对申报的合格工程的工程量进行的核验。

1. 工程计量的依据

工程计量的依据一般有质量合格证书、工程量清单前言和技术规范中的"计量支付"条款、设计图纸。计量时，必须以这些资料为依据。

（1）质量合格证书。对于承包人已完工的工程，并不是全部进行计量，而是质量达到合同标准的已完工程才予以计量。所以，工程计量必须与质量监理紧密配合，经过专业工程师检验，工程质量达到合同规定的标准后，由专业工程师签署报验申请表（质量合格证书），只有质量合格的工程才予以计量。所以说，质量监理是计量的基础，计量又是质量监理的保障，通过计量支付，强化承包人的质量意识。

（2）工程量清单前言和技术规范。工程量清单前言和技术规范是确定计量方法的依据。因为工程量清单前言和技术规范的"计量支付"条款规定了清单中每一项工程的计量方法，同时，还规定了按规定的计量方法确定的单价所包括的工作内容和范围。

2. 工程计量的一般步骤

（1）承包方按合同约定的时间（承包人完成的工程分项获得质量验收合格证书后），向监理工程师提交已完工程量报告。

（2）监理工程师接到报告后7天内按设计图纸核实已完工程量，并在计量前24小时通知承包人。

（3）承包人应为计量提供便利条件并派人参加。若承包人收到通知后不参加计量，则由监理工程师自行进行，计量结果有效。监理工程师在收到承包人报告后7天内未进行计量，从第8天起，承包人报告中所列的工程量即视为已被确认。监理工程师不按约定时间通知承包人，使承包人不能参加计量，计量结果无效。因此，无特殊情况，监理工程师对工程计量不能有任何拖延。

3. 计量的方法

关于计量的方法，投标人在投标时就应该认真考虑，对工程量清单中所列项目所包含的工作内容、范围及计量、支付应该清楚，并把列表项目中按照技术规范要求可能发生的工作费用计入报价中去。除合同另有规定外，对各个项目的计量，按技术条款要求，结合承包商是否完成工程量列表项目所包含的工作内容进行现场测量和计算，是工程量计量的基本方法。一般情况下有以下几种计量办法。

（1）现场测量。现场测量就是根据现场实际完成的工作情况，按照规定的方法进行丈量、测算，最终确定支付工程量。

每月的计量工作中，对承包商递交的收方资料，除进行室内复核工作外，还应进行测量抽查，抽查数量一般控制在递交剖面的5%～10%。对工程量影响较大的收方资料，抽查量应适当地增加；反之则减少。

（2）按设计图纸测量。按设计图纸测量是指根据施工图纸对完工的工程量进行测算，以确定支付的工程量。一般对混凝土、砖石砌体、钢木结构等建筑物或构筑物按设计图纸的轮廓线计算工程量。

（3）仪表测量。仪表测量是通过仪表对已经完成的工程量进行计量。如项目所使用的风、水、电、油等，特殊项目的混凝土灌浆、泥土灌浆等。

（4）按单据计算。按单据计算是指根据工程实际发生的进货或进场材料、设备的发票、收据等，对所完成工程进行的计量。这些材料和设备须符合合同规定或有关规范的要求，且已应用到项目中。

（5）按工程师的批准计量。按工程师的批准计量是指工程实施过程中，监理工程师批准确认的工程量直接作为支付工程量，承包商据此进行申请工作。这类计量主要是在变更项目中以具体的数量作为计量单位，诸如隧洞支护的锚杆，基础的桩基水泥搅拌桩、灌注桩、预应力混凝土桩等。

（6）合同中个别采用包干计价项目的计量。在水电工程施工固定单价合同中，有一些项目由于种种原因，不宜采用单价计价，而采用包干计价，如临建工程、临时房建工程、某些导截流工程、临时支护工程、观测仪器埋设、机电安装工程等。

包干计价项目一般以总价控制，检查完成项目的形象面貌，逐月或逐季支付价款。但有的项目也可进行计量控制，其计量方法可按照中间计量统计支付，同对也要严格按照合同文件执行。

包干计价一般在总价确定以后进行。除特殊原因，总价不能变，其每月支付的工程价款也与当日完成的数量有关系。一般来讲，该工程完工后，应将规定的价款全部支付。

（五）工程结算

1. 工程价款结算的重要意义

所谓工程价款结算，是指承包商在工程实施过程中，依据承包合同中关于付款条款的规定和已经完成的工程量，并按照规定的程序向建设单位（业主）收取工程价款的一项经济活动。

工程价款结算是工程项目承包中的一项十分重要的工作，主要表现在以下方面：

（1）工程价款结算是反映工程进度的主要指标。

（2）工程价款结算是加速资金周转的重要环节。

（3）工程价款结算是考核经济效益的重要指标。

2. 工程价款的主要结算方式

（1）按月结算。即先预付部分工程款，在施工过程中按月结算工程进度款，竣工后进行竣工结算。

（2）竣工后一次结算。建设项目或单项工程全部建筑安装工程建设期在 12 个月以内，或者工程承包合同价值在 100 万元以下的，可以实行工程价款每月月中预支，竣工后一次结算。

（3）分段结算。即将当年开工、当年不能竣工的工程按照工程形象进度，划分成不同阶段的支付工程进度款。具体划分应在合同中明确。

（4）结算双方约定的其他结算方式。

3. 预付款

预付款一般可分为工程预付款和工程材料预付款两部分。

由于水利工程项目一般投资巨大，承包人往往难以承受，发包人应按《水利水电建设施工合同示范文本》的规定及时拨付工程预付款，不得要求或变相要求承包单位带资承建。

（1）工程预付款。工程预付款是建设工程施工合同订立后由发包人按照合同约定，在正式开工前预先支付给承包人的工程款。

1）预付款的限额。工程预付款的总金额应不低于合同价格的 10%，分两次支付给承包人。第一次预付款的金额应当低于工程预付款总金额的 40%。工程预付款总金额的额度和分次付款比例在专用合同条款中规定。

2）预付款的支付时间。

a. 第一次预付款应在协议书签订后 21 天内，由承包人向发包人提交了经发包人

2126

预付款的支付与扣还

认可的预付款保函，并经监理人出具付款证书报送发包人批准后予以支付。

b. 第二次预付款需待承包人主要设备进入工地后，其估算价值已达到本次预付款金额时，由承包人提出书面申请，经监理人核实后出具付款证书报送发包人，发包人收到监理人出具的付款证书后 14 天内支付给承包人。

3）预付款的扣回。工程预付款由发包人从月进度付款中扣回。在合同累计完成金额达到专用合同条款规定的数额时开始扣回，直至合同累计完成金额达到专用合同条款规定的数额时全部扣清。在每次进度付款时，累计扣回的金额按下列公式计算：

$$R = \frac{A}{(F_2 - F_1)S}(C - F_1 S)$$

式中：R 为每次进度付款中累计扣回的金额；A 为工程预付款总金额；S 为合同价格；C 为合同累计完成金额；F_1 为按专用合同条款规定开始扣回时合同累计完成金额达到合同价格的比例；F_2 为按专用合同条款规定全部扣清时合同累计完成金额达到合同价格的比例。

上述合同累计完成金额均指价格调整前未扣保留金的金额。

4）预计款担保。预付款担保的主要形式为银行保函。预付款担保的担保金额通常与发包人的预付款是等值的。预付款一般逐月从工程预付款中扣除，预付款担保的担保金额也相应逐月减少。

（2）工程材料预付款。工程材料预付款是发包人用于帮助承包人在施工初期购进将来成为永久工程组成部分的主要材料或设施的款项。

1）材料预付款的支付条件：①材料的质量和储存条件应符合合同技术条款的要求；②材料已到达工地，并经承包人和监理机构共同验点入库；③承包人按监理机构的要求提交了材料的订货单、收据或价格证明。

2）材料预付款的支付。材料到达工地并满足上述条件后，承包人可向监理工程师提交材料预付款支付申请单。预付款金额为经监理人审核后的实际材料价的 90%，在月进度付款中支付。

3）材料预付款的扣回。材料预付款从付款后的 6 个月内在月进度付款中每月按该项预付款金额的 1/6 平均扣回。

4. 工程进度付款

水利水电工程施工工期比较长，为了使承包人能及时得到工程价款，解决其资金周转的困难，一般均采用按月结算支付工程价款的办法。按月结算支付是在上月结算的基础上，根据当月的合同履行情况进行的结算。这种支付方式公平合理、风险小、便于操作和控制。

（1）工程进度付款程序。一般来说，工程进度付款可按以下程序进行：

1）承包人向监理人提交进度付款申请单。《水利水电工程标准招标文件》通用合同条款规定：承包人应在每个付款周期末，按监理人批准的格式和专用合同条款约定的份数，向监理人提交进度付款申请单，并附相应的支持性证明文件。

2）监理人对承包人提交的进度付款申请单进行核查。监理人在收到承包人进度付款申请单以及相应的支持性证明文件后的 14 天内完成核查，提出发包人到期应支付给承包人的金额以及相应的支持性材料，经发包人审查同意后，由监理人向承包人出具经发包人签认的进度付款证书。监理人有权扣发承包人未能按照合同要求履行任何工作或义务的相应金额。

3）发包人应按合同约定的时间，将进度付款支付给承包人。发包人应在监理人收到进度付款申请单后的 28 天内，将进度应付款支付给承包人。发包人不按期支付的，按专用合同条款的约定支付逾期付款违约金。

需要强调的是，按照《水利水电工程标准招标文件》通用合同条款的规定：①监理人出具进度付款证书，不应视为监理人已同意、批准或接受了承包人完成的该部分工作；②进度付款涉及政府投资资金的，按照国库集中支付等国家相关规定和专用合同条款的约定办理。

（2）工程进度付款的修正。《水利水电工程标准招标文件》通用合同条款规定：在对以往历次已签发的进度付款证书进行汇总和复核中发现错、漏或重复的，监理人有权予以修正，承包人也有权提出修正申请。经双方复核同意的修正，应在本次进度付款中支付或扣除。

5. 保留金

所谓保留金就是监理工程师根据合同条件的规定，从支付给承包人的付款中替业主暂时扣留的一种款项。设置保留金的目的是使承包人能完全履行合同，如果承包人未能履行合同中规定的应承担的责任，则扣除相应数额的保留金。

（1）保留金的扣留。监理人应从第一个月开始，在给承包人的月进度付款中扣留按专用合同条款规定百分比的金额作为保留金（其计算额度不包括预付款和价格调整金额），直至扣留的保留金的总额达到专用合同条款规定的数额为止。

保留金按工程价款结算总额 5% 左右的比例扣留保证金。

（2）保留金的使用。保留金主要使用于施工和缺陷责任期内，应当由承包人支付的各种费用。

（3）保留金的退还。

1）在签发本合同工程移交证书后 14 天内，由监理人出具保留金付款证书，发包人将保留金的一半支付给承包人。

2）监理人在本合同全部工程的保修期满时，出具为支付剩余保留金的付款证书。发包人应在收到上述付款证书后 14 天内将剩余的保留金支付给承包人。若保修期内还需承包人完成剩余工作，则监理人有权在付款证书中扣留与工作所需金额相应的保留金金额。

6. 完工结算

当合同工程移交证书颁发后，按合同规定，发包人与承包人之间要进行完工结算。完工结算的内容有：①确认至移交证书注明的完工日期止，按照合同规定应支付给承包人的款额；②确认发包人以前支付的所有款额；③确认发包人还应支付给承包人的金额。

2127

保留金

（1）完工付款申请单。

1）承包人应在合同工程完工证书颁发后 28 天内，向监理机构提交完工付款申请单，并提供相关证明材料。

2）完工付款申请单应包括下列内容：完工结算合同总价、发包人已支付承包人的工程价款、应扣留的质量保证金、应支付的完工付款金额。

（2）完工付款证书。

1）监理机构在收到承包人提交的完工付款申请单后的 14 天内完成核查，提出发包人到期应支付给承包人的价款，送发包人审核并抄送承包人。

2）发包人应在收到后 14 天内审核完毕，由监理机构向承包人出具经发包人签认的完工付款证书。

3）监理机构未在约定时间内核查，又未提出具体意见的，视为承包人提交的完工付款申请已经监理机构核查同意。

4）发包人未在约定时间内审核，又未提出具体意见的，监理机构提出的发包人到期应支付给承包人的价款视为已经发包人同意。

5）发包人应在监理机构出具完工付款证书后的 14 天内，将应支付款支付给承包人。发包人不按期支付的，按合同的约定将逾期付款违约金支付给承包人。

6）承包人对发包人签认的完工付款证书有异议的，发包人可出具完工付款申请单中承包人已同意部分的临时付款证书。

7）完工付款涉及政府投资资金的，按照国库集中支付等国家相关规定和专用合同条款的约定办理。

7. 最终结清（最终支付）

在工程质量保修期（缺陷责任期）终止后，并且发包人或监理人颁发了工程质量保修责任终止证书，施工合同双方可进行工程的最终结算，其程序如下：

（1）承包人提交最终结清申请单。工程质量保修责任期终止证书签发后，承包人应按监理人批准的格式提交最终结清申请单。提交最终结清申请单的份数具体应在合同专用条款中约定。

发包人（或监理人）对最终结清申请单内容有异议的，有权要求承包人进行修正和提供补充资料，由承包人向监理人提交修正后的最终结清申请单。

需要注意的是，承包人按合同约定提交的最终结清申请单中，只限于提出合同工程完工证书颁发后发生的索赔。

（2）最终结清证书和支付时间。监理人收到承包人提交的最终结清申请单后的 14 天内，提出发包人应支付给承包人的价款送发包人审核并抄送承包人；发包人应在收到后 14 天内审核完毕，由监理人向承包人出具经发包人签认的最终结清证书；监理人未在约定时间内核查，又未提出具体意见的，视为承包人提交的最终结清申请已经监理人核查同意；发包人未在约定时间内审核又未提出具体意见的，监理人提出应支付给承包人的价款视为已经发包人同意；发包人应在监理人出具最终结清证书后的 14 天内，将应支付款支付给承包人。发包人不按期支付的，按合同的约定，将逾期付款违约金支付给承包人；承包人对发包人签认的最终结清证书有异议或最终结清付款涉及政府投资资金的，均应按合同约定办理；最终结清后，发包人的支付义务结束。

8. 备用金

在招投标期间，对于没有足够资料可以准确估价的项目和意外事件，可以采取暂列金额的形式在工程量表中列出。一般情况下发包人在招标时将暂列金额的数额列入工程量清单中。当实际发生需要动用暂列金额的情况或事件时，其实际发生的费用仍需由发包人支付。因此，暂列金额一般由发包人在合同项目招标的工程量清单中列入，或在工程量清单中列出暂列金额为合同项目投标报价的一定比例，使投标人知道合同中有一笔费用，可以在发生合同工作之外的事件时，对所做的工作给予适当的补偿，以减少合同中风险报价的比例，节省工程投资。

备用金应按监理人的指示，并经发包人批准后才能动用。承包人仅有权得到由监理人决定列入备用金有关工作所需的费用和利润。

9. 价格调整

价格调整是指以合同条款为依据，根据工程实施中实际发生的情况（如劳务、材料等价格的涨落），通过计算所得的调整款额，由承包人报请监理人审批。

（六）工程变更控制

1. 工程变更的概念

工程变更是指因设计条件、施工现场条件、设计方案、施工方案发生变化，或项目法人与监理单位认为必要时，为实现合同目的对设计文件或施工状态所作出的改变与修改。

工程变更包括设计变更和施工变更。水利工程建设项目的周期长、涉及的经济关系和法律关系复杂、受自然条件和客观因素的影响大，导致项目的实际情况与项目招标投标时的情况相比会发生一些变化。由于工程变更所引起的工程量的变化、承包人索赔等，都有可能使项目实际投资超出原来的计划投资，因此，监理工程师要妥善处理工程变更问题，有效地控制变更项目的费用。

2. 工程变更的内容和范围

在履行合同中发生以下情形之一的，经发包人同意，监理人可按合同约定的变更程序向承包人发出变更指示：

（1）取消合同中任何一项工作，但被取消的工作不能转由发包人或其他人实施。此项规定是为了维护合同公平，防止某些发包人在签约后擅自取消合同中的工作，转由发包人或其他承包人实施而使本合同承包人蒙受损失。如发包人将取消的工作转由自己或其他人实施，构成违约，按照《中国人民共和国民法典》（简称《民法典》）的规定，发包人应赔偿承包人的损失。

（2）改变合同中任何一项工作的质量或其他特性。

（3）改变合同工程的基线、标高、位置或尺寸。

（4）改变合同中任何一项工作的施工时间或改变已批准的施工工艺或顺序。

（5）为完成工程需要追加的额外工作。

在履行合同过程中，经发包人同意，监理人可按约定的变更程序向承包人作出变更指示，承包人应遵照执行。没有监理人的变更指示，承包人不得擅自变更。

3. 项目监理机构对工程变更的管理

项目监理机构应按下列程序处理工程变更：

（1）设计单位对原设计存在的缺陷提出的工程变更，应编制设计变更文件；建设单位或承包单位提出的变更，应提交总监理工程师，由总监理工程师组织专业监理工程师审查。审查同意后，应由建设单位转交原设计单位编制设计变更文件。当工程变更涉及安全、环保等内容时，应按规定经有关部门审定。

（2）项目监理机构应了解实际情况和搜集与工程变更有关的资料。

（3）总监理工程师必须根据实际情况、设计变更文件和其他有关资料，按照施工合同的有关款项，在指定专业监理工程师完成下列工作后，对工程变更的费用和工期作出评估：

1）确定工程变更项目与原工程项目之间的类似程度和难易程度。

2）确定工程变更项目的工程量。

3）确定工程变更的单价或总价。

（4）总监理工程师应就工程变更费用及工期的评估情况与承包单位和建设单位进行协调。

（5）总监理工程师签发工程变更单。工程变更单应包括工程变更要求、工程变更说明、工程变更费用和工期、必要的附件等内容，有设计变更文件的工程变更应附设计变更文件。

（6）项目监理机构根据项目变更单监督承包单位实施。在建设单位和承包单位未能就工程变更的费用等方面达成协议时，项目监理机构应提出一个暂定的价格，作为临时支付工程款的依据。该工程款最终结算时，应以建设单位与承包单位达成的协议为依据。在总监理工程师签发工程变更单之前，承包单位不得实施工程变更。未经总监理工程师审查同意而实施的工程变更，项目监理机构不得予以计量。

4. 工程变更的估价

（1）工程变更估价的程序。承包人应在收到变更指示或变更意向书后的14天内，向监理人提交变更报价书，报价内容应根据变更估价原则，详细列出变更工作的价格组成及其依据，并附必要的施工方法说明和有关图纸。若变更工作影响工期，承包人应提出调整工期的具体细节。监理人认为有必要时，可要求承包人提交要求提前或延长工期的施工进度计划及相应施工措施等详细资料。监理人收到承包人变更报价书后的14天内，根据工程变更估价原则商定或确定变更价格。

（2）工程变更估价的原则。因变更引起的价格调整按照下列原则处理：

1）已标价工程量清单中有适用于变更工作子目的，采用该子目的单价。此种情况适用于变更工作采用的材料、施工工艺和方法与工程量清单中已有子目相同，同时也不因变更工作增加关键线路工程的施工时间。

2）已标价工程量清单中无适用于变更工作子目但有类似子目的，可在合理范围内参照类似子目的单价，由发包、承包双方商定或确定变更工作的单价。此种情况适用于变更工作采用的材料、施工工艺和方法与工程量清单中已有子目基本相似，同时也不因变更工作增加关键线路工程的施工时间。

3）已标价工程量清单中无适用或类似子目的单价，可按照成本加利润的原则，由发包、承包双方商定或确定变更工作的单价。

4）因分部分项工程量清单漏项或非承包人原因的工程变更，引起措施项目发生变化，造成施工组织设计或施工方案变更，原措施项目费中已有的措施项目按原措施项目费的组价方法调整；原措施项目费中没有的措施项目，由承包人根据措施项目变更情况，提出适当的措施项目费变更，经发包人确认后调整。

（七）工程索赔控制

1．工程索赔的概念

2128 ▶
索赔与反索赔

工程索赔是在履行工程承包合同中，当事人一方由于另一方未履行合同所规定的义务或者出现了应当由对方承担的风险而遭受损失时，向另一方提出赔偿要求的行为。在实际工作中，索赔是双向的，既包括承包人向发包人的索赔，也包括发包人向承包人的索赔。但在工程实践中，发包人的索赔数量较小，而且处理方便，可以通过冲账、扣拨工程款、扣保证金等实现对承包人的索赔，而承包人对发包人的索赔则比较困难一些。通常情况下，工程索赔是指承包人（施工单位）在合同实施过程中，对非自身原因造成的工程延期、费用增加而要求发包人给予补偿损失的一种权利要求。

2．工程索赔产生的原因

（1）当事人违约。当事人违约常常表现为没有按照合同约定履行自己的义务。发包人违约常常表现为没有为承包人提供合同约定的施工条件、未按照合同约定的期限和数额付款等。监理人未能按合同约定完成工作，如未能及时发出图纸、指令等也视为发包人违约。承包人违约的情况主要是没有按照合同约定的质量、期限完成施工，或者由于不当行为给发包人造成其他损害。

（2）不可抗力或不利的物质条件。不可抗力又可以分为自然事件和社会事件。自然事件主要是指工程施工过程中不可避免发生且不能克服的自然灾害，包括地震、海啸、瘟疫、水灾等；社会事件则包括国家政策、法律、法令的变更等。

（3）合同缺陷。合同缺陷表现为合同文件中的规定不严谨甚至矛盾以及合同中的遗漏或错误，在这种情况下，工程师应当给予解释，如果这种解释将导致成本增加成工期延长，发包人应当给予补偿。

（4）合同变更。合同变更表现为设计变更、施工方法变更、追加或者取消某些工作、合同规定的其他变更等。

（5）监理人指令。监理人指令有时也会产生索赔，如监理人指令承包人加速施工、进行某项工作、更换某些材料、采取某些措施或暂停施工等，并且这些指令不是由于承包人的原因造成的。

（6）其他承包人干扰引起的索赔。通常是指因其他承包人未能按时按序按质进行并完成某种工作，各承包人之间配合协调不好等而给某承包人的工作带来干扰，受损失的承包人和向业主提出的索赔。

３．索赔费用的组成

对于不同原因引起的索赔，承包人可索赔的具体费用内容是不完全一样的。但归纳起来说，索赔费用的要素与工程造价的构成基本类似，一般可归结为人工费、材料费、施工机械使用费、分包费、施工管理费、利息、利润、保险费等。

（１）人工费。人工费的索赔包括：由于完成合同之外的额外工作所花费的人工费用；超过法定工作时间加班劳动；法定人工费增长；非承包人原因导致工效降低所增加的人工费用；非承包商原因导致工程停工的人员窝工费和工资上涨等。

（２）材料费。材料费的索赔包括：由于索赔事件的发生，造成材料实际用量超过计划用量而增加的材料费；由于发包人原因导致工程延期期间的材料价格上涨和超期储存费用。材料费中应包括运输费、仓储费以及合理的损耗费用。如果由于承包商管理不善，造成材料损坏失效，则不能列入索赔款项内。

（３）施工机械使用费。施工机械使用费的索赔包括：由于完成合同之外的额外工作所增加的机械使用费；非承包人原因导致工效降低所增加的机械使用费；由于发包人或工程师指令错误或延误导致机械停工的台班停滞费。在计算机械台班停滞费时，不能按机械设备台班费计算，因为台班费中包括设备使用费。如果机械设备是承包人自有设备，一般按台班折旧费计算；如果是承包人租赁的设备，一般按台班租金加上每台班分摊的施工机械进退场费计算。

（４）现场管理费。现场管理费的索赔包括：承包人完成合同之外的额外工作以及由于发包人原因导致工期延期期间的现场管理费，包括管理人员工资、办公费、通信费、交通费等。

（５）总部（企业）管理费。总部（企业）管理费的索赔主要指的是由于发包人原因导致工程延期期间所增加的承包人向公司总部提交的管理费，包括总部职工工资、办公大楼折旧、办公用品、财务管理、通信设施以及总部领导人员赴工地检查指导工作等开支。

（６）保险费。因发包人原因导致工程延期时，承包人必须办理工程保险、施工人员意外伤害保险等各项保险的延期手续，对于由此而增加的费用，承包人可以提出索赔。

（７）保函手续费。因发包人原因导致工程延期时，承包人必须办理相关履约保函的延期手续，对于由此而增加的手续费，承包人可以提出索赔。

（８）利息。利息的索赔包括：发包人拖延支付工程款利息；发包人延迟退还工程质量保证金的利息；承包人垫资施工的垫资利息；发包人错误扣款的利息等。至于具体的利率标准，双方可以在合同中明确约定，没有约定或约定不明的，可以按照中国人民银行发布的同期同类贷款利率计算。

（９）利润。一般来说，由于工程范围的变更、发包人提供的文件有缺陷或错误、发包人未能提供施工场地以及因发包人违约导致的合同终止等事件引起的索赔，承包人都可以列入利润。但应当注意的是，由于工程量清单中的单价是综合单价，已经包含了人工费、材料费、施工机具使用费、企业管理费、利润以及一定范围内的风险费用，所以在索赔计算中不应重复计算。

（10）分包费用。由于发包人的原因导致分包工程费用增加时，分包人只能向总承包人提出索赔，但分包人的索赔款项应当列入总承包人对发包人的索赔款项中。

4. 索赔费用的计算

（1）实际费用法。实际费用法是工程索赔计算时最常用的一种方法。这种方法的计算原则是：以承包商为某项索赔工作所支付的实际开支为根据，向业主要求费用补偿。

用实际费用法计算时，在直接费的额外费用部分的基础上，再加上应得的间接费和利润，即是承包商应得的索赔金额。由于实际费用法所依据的是实际发生的成本记录或单据，所以在施工过程中，系统而准确地积累记录资料是非常重要的。

（2）总费用法。总费用法即总成本法，就是当发生多次索赔事件以后，重新计算该工程的实际总费用，实际总费用减去投标报价时的估算总费用，即为索赔金额，即

$$索赔金额＝实际总费用－投标报价估算总费用$$

不少人对采用该方法计算索赔费用持批评态度，因为实际发生的总费用中可能包括了承包商的部分费用，如施工组织不善而增加的费用，此外投标报价估算的总费用因期望中标而过低，所以这种方法只有在难以采用实际费用法时才应用。

（3）修正的总费用法。修正的总费用法是对总费用法的改进，即在总费用计算的原则上，去掉一些不合理的因素，使其更合理。修正的内容如下：

1）将计算索赔款的时段局限于受到外界影响的时间，而不是整个施工期。

2）只计算受影响时段内的某项工作因受影响而造成的损失，而不是计算该时段内所有施工工作所受的损失。

3）与该项工作无关的费用不列入总费用中。

4）对投标报价费用重新进行核算。按受影响时段内该项工作的实际单价进行核算，乘以实际完成的该项工作的工程量，得出调整后的报价费用。

按修正后的总费用计算索赔金额的公式如下：

$$索赔金额＝某项工作调整后的实际总费用－该项工作的报价费用$$

修正的总费用法与总费用法相比，有了实质性的改进，它的准确程度已接近于实际费用法。

5. 索赔的提出和处理

（1）索赔的提出。承包人根据合同条款及其他规定，向项目法人索取追加付款，但应在索赔事件发生后28天之内，将索赔意向书提交项目法人和监理工程师。在上述索赔意向书提交28天内，再向监理工程师提交索赔报告，详细说明索赔的理由和索赔费用的计算依据，并附必要的当时记录和证明材料。如果索赔事件继续发生或继续影响生产，承包人应按监理工程师要求的合理时间整理出索赔累计金额和提出中期索赔报告，并在索赔事件影响结束后的28天内，向项目法人和监理工程师提交包括最终索赔金额、延续记录、证明材料在内的最终索赔报告申请书。

（2）索赔的处理。

1）监理工程师收到承包人提交的索赔意向书后，应及时检查承包人的当时记录，

并可指示承包人提供进一步支持文件和继续做好延续记录以备核查。监理工程师可以要求承包人提供全部记录的副本。

2）监理工程师收到承包人递交的索赔申请报告和最终索赔报告后 42 天内，应立即进行审核，并与项目法人和承包人协商后作出决定，在上述期限内将索赔处理决定通知承包人。

3）项目法人和承包人应在收到监理工程师索赔处理决定后的 14 天内，将其是否同意索赔处理决定的意见通知监理工程师。若双方均接受监理工程师的决定，则监理工程师在收到上述通知的 14 天之内，将确定的索赔金额列入支付证书中支付。若双方或其中一方不接受监理工程师的决定，则双方可按照规定提请争议调解。

4）若承包人不遵守索赔规定，则应得到的支付不能超过监理工程师核实后决定的或者争议调解组按规定提出的或仲裁机构裁定的金额。

【工程案例模块】

2129 ①

监理投资控制练习

1. 背景资料

某实施监理的工程项目，采用以直接费为计算基础的全费用单价计价，混凝土分项工程的全费用单价为 446 元/m³，直接费为 350 元/m³，间接费费率 12%，利润率 10%，营业税税率 3%，城市维护建设税税率 7%，教育费附加费率 3%。

施工合同约定：工程无预付款；进度款按月结算；工程量以监理工程师计量的结果为准；工程保留金按工程进度款的 3% 逐月扣留；监理工程师每月签发进度款的最低限额为 25 万元。

施工过程中，按建设单位要求，设计单位提出了一项工程变更，施工单位认为该变更使混凝土分项工程量大幅减少，要求对合同中的单价做相应调整；建设单位则认为应按原合同单价执行。双方意见有分歧，要求监理单位予以调整。经调整，各方达成如下共识：若最终减少的该混凝土分项工程量超过原计划工程量的 15%，则该混凝土分项的全部工程量执行新的全费用单价；新的全费用单价的间接费和利润调整系数分别为 1.1 和 1.2，其余数据不变。该混凝土分项工程的计划工程量和经专业监理工程师计量的变更后的实际工程量见表 2-2。

表 2-2 单价分析表

月 份	1	2	3	4
计划工程量/m³	500	1200	1300	1300
实际工程量/m³	500	1200	700	800

2. 问题

（1）如果建设单位和施工单位未能就工程变更的费用等达成协议，监理单位应如何处理？该项工程款在最终结算时应以什么为依据？

（2）监理单位在收到争议调解要求后应如何进行处理？

（3）计算新的全费用单价，将计算方法和计算结果填入表 2-3 中相应的空格中。

表 2-3 单价分析表

序号	费用项目（全费用单价）	计算方法	结果/万元
①	直接费		
②	间接费		
③	利润		
④	计税系数		
⑤	含税造价		

（4）每月的工程应付款是多少？总监理工程师签发的实际付款金额应是多少？

3. 案例分析

问题1：如果建设单位和施工单位未能就工程变更的费用达成协议，监理机构应提出一个暂定的价格，作为临时支付工程进度款的依据。该项工程款最终结算时，应以建设单位和承包单位达成的协议为依据。

问题2：监理机构接到合同争议的调解要求后应进行以下工作。

（1）及时了解合同争议的全部情况，包括进行调查和取证。

（2）及时与合同争议的双方进行磋商。

（3）在项目监理机构提出调解方案后，由总监理工程师进行争议调解。

（4）当调解未能达成一致时，总监理工程师应在施工合同规定的期限内提出处理该合同争议的意见。

（5）在争议调解过程中，除已达到了施工合同规定的暂停履行合同的条件之外，项目监理机构应要求施工合同的双方继续履行施工合同。

问题3：计算出新的全费用单价，结果详见表 2-4。

表 2-4 单价分析表

序号	费用项目（全费用单价）	计算方法	结果/万元
①	直接费		350
②	间接费	①×12%×1.1	46.2
③	利润	（①+②）×10%×1.2	47.54
④	计税系数	3%×(1+7%+3%)[1-3%×(1+7%+3%)]×100%	3.41
⑤	含税造价	（①+②+③）×（1+④）	458.87

问题4：（1）1月工程量价款：$500×446=223000$（元）。

应签证的工程款：$223000×(1-3\%)=216310$（元）。

因低于监理工程师签发进度款的最低限额，所以1月不付款。

（2）2月工程量价款：$1200×446=535200$（元）。

应签证的工程款：$535200×(1-3\%)=519144$（元）。

2月总监理工程师签发的实际付款金额为：$519144+216310=735454$（元）。

（3）3月工程量价款：$700×446=312200$（元）。

应签证的工程款为：312200×（1－3‰）＝302834（元）。

3月总监理工程师签发的实际付款金额为302834元。

（4）计划工程量为4300m³，实际工程量为3200m³，比计划工程量少1100m³，超过计划工程量的15％以上，因此全部工程量单价应按新的全费用单价计算。

4月工程量价款：800 × 458.87 ＝ 367096（元）。

应签证的工程款：367096 ×（1－3‰）＝356083.12（元）。

4月应增加的工程款：（500＋1200＋700）×（458.87－446）×（1－3‰）＝29961.36（元）。

4月总监理工程师签发的实际付款金额为：356083.12 ＋ 29961.36＝386044.48（元）。

任务三　水利工程建设监理进度控制

【任务布置模块】

2131
监理的进度控制

2132
监理的进度控制

学习任务

了解进度控制的基本概念及基本知识；理解监理进度控制的工作内容及权限；掌握施工阶段进度控制措施与方法。

能力目标

能够运用进度控制相关知识处理日常监理进度控制工作；能采用简单的进度分析手段，进行进度计划与实际完成情况的比对；对简单情况的进度滞后提出应对措施。

【教学内容模块】

一、进度控制概述

（一）建设工程进度控制的概念

建设工程进度控制是指在工程项目各建设阶段编制进度计划，将该计划付诸实施，在实施的过程中经常检查实际进度是否与计划相符，如有偏差则分析产生偏差的原因，采取补救措施或调整、修改原计划，如此循环，直至工程竣工验收交付使用。

建设工程进度控制的最终目的是确保建设项目按预定的时间动用或提前交付使用，建设工程进度控制的总目标是建设工期。

不论是施工方还是监理方，都有其进度控制的工作，而且进度控制的依据都是施工单位与业主签订的施工合同。施工承包商要以合同工期为准，严格履行合同；监理人则严格按合同的有关规定，执行监理的进度控制工作任务。

工程项目的进度，受许多因素的影响，建设者需事先对影响进度的各种因素进行调查，预测它们对进度可能产生的影响，编制科学合理的进度计划，指导建设工作按计划进行；然后根据动态控制原理，不断进行检查，将实际情况与计划安排进行对比，找出偏离计划的原因，特别是找出主要原因，采取相应的措施，对进度进行调整或修正，再按新的计划实施，这样不断地计划、执行、检查、分析、调整计划的动态循环过程，就是进度控制。

（二）施工阶段监理进度控制的任务

监理工程师不仅要审查施工单位提交的进度计划，更要编制监理进度计划，以确保进度控制目标的实现。其主要任务如下：

（1）编制工程项目建设监理工作进度控制计划。

（2）审查承包单位提交的进度计划。

（3）检查并掌握工程实际进度情况。

（4）把工程项目的实际进度与计划目标进行比较，分析计划提前或拖后的主要原因。

（5）决定应该采取的相应措施和补救方法。

（6）及时调整计划，使总目标得以实现。

（三）影响进度的主要因素

由于建设项目具有庞大、复杂、周期长、相关单位多等特点，因而影响进度的因素也很多。归纳起来，这些因素有：人的因素，材料、机具、设备因素，资金因素，环境因素及管理因素等。

从产生的根源可归纳为：

（1）建设方原因。业主使用要求改变而进行设计变更资金投入不足并不能及时到位图纸未及时到位；建设单位供应材料设备未及时送到施工现场；应确定事项未及时确定；场地拆迁不彻底等。

（2）承包单位原因。人力、技术力量投入不足；施工方案欠佳；出现施工质量问题需要处理；所采用工程材料、产品质量差需要整改；工程材料不足，供应不及时；资金调用失控，出现资金短缺。

（3）设计单位原因。未及时向业主提交满足进度计划的设计文件；现场施工与设计图纸有矛盾需修改；现场发现配套专业设计与土建有矛盾；变更设计较多。

（4）不利自然条件。发生不可抗力事件，如台风、暴雨、不明障碍物等。

（5）组织管理因素。向有关部门提出各种申请审批手续的延误；合同签订时条款不完善、计划安排不周密，组织协调不力，导致停工停料、相关作业脱节；领导不力，指挥失当。

（6）外围环境原因。其他临近施工的干扰；与工程有关的市政、规划、消防、电力、自来水及电信等部门没有及时协调而产生影响等。

因上述方面因素的影响，工程往往会产生延误。从工程延误方面归纳为两大类：一类是指由于承包单位自身的原因造成的工期延长，其一切损失由承包单位自己承担，同时建设单位还有权对承包单位施行违约误期罚款；另一类是指由于承包单位以外的原因造成的工期延长，经监理工程师批准的工程延误，所延长的时间属于合同工期的一部分，承包单位不仅有权要求延长工期，而且还有向建设单位提出赔偿的要求以弥补由此造成的额外损失。

监理工程师应对上述各种因素进行全面的预测和分析，公正地区分工程延误的两大类原因，合理地批准工程延长的时间，以便有效地进行进度控制。

（四）工程项目进度控制方法

工程项目进度控制方法主要是规划、控制和协调。规划就是指确定施工项目总进度控制目标及单项工程或单位工程进度控制目标。控制是指在项目实施的全过程中，分阶段对实际进度与计划进度进行比较，出现偏差及时采取措施调整。协调是指协调与项目进度有关的单位、部门和工作队（组）之间的工作节奏与进度关系。

（五）工程项目进度控制措施

施工项目进度控制采取的主要措施有组织措施、技术措施、经济措施、合同措施和信息管理措施等。

1．组织措施

（1）建立进度控制目标体系，明确工程现场监理机构进度控制人员及其职责分工。

（2）建立工程进度报告制度及进度信息沟通网络。

（3）建立进度计划审核制度和进度计划实施中的检查分析制度。

（4）建立进度协调会议制度，包括协调会议举行的时间、地点、参加人员等。

（5）建立图纸审查、工程变更和设计变更管理制度。

2．技术措施

进度控制的技术措施主要包括：

（1）审查承包商提交的进度计划，使承包商能在合理的状态下施工。

（2）编制进度控制工作细则，指导监理人员实施进度控制。

（3）采用网络计划技术及其他科学适用的计划方法，并结合计算机的应用，对建设工程进度实施动态控制。

3．经济措施

（1）及时办理工程预付款及工程进度款支付手续。

（2）对应急赶工给予优厚的赶工费用。

（3）对工期提前给予奖励。

（4）对工程延误收取误期损失赔偿金。

4．合同措施

（1）推行 CM 承发包模式，对建设工程实行分段设计、分段发包和分段施工。

（2）加强合同管理，协调合同工期与进度计划之间的关系，保证进度目标的实现。

（3）严格控制合同变更，对各方提出的工程变更和设计变更，监理工程师应严格审查后再补入合同文件之中。

（4）加强风险管理，在合同中应充分考虑风险因素及其对进度的影响，以及相应的处理方法。

（5）加强索赔管理，公正地处理索赔。

5. 信息管理措施

信息管理措施是指不断收集工程实施实际进度的有关信息并进行整理统计后与计划进度比较，定期向施工项目经理部、施工企业、业主方提供进度报告。

二、施工阶段监理进度控制的内容

监理人在进度控制过程中应以合同管理为中心，建立健全进度控制管理体系和规章制度，确定进度控制目标系统，严格审核承包人递交的进度计划。协调好建设有关各方的关系，监督资源按计划供应，加强信息管理，随时对进度计划的执行进行跟踪检查、分析和调整。同时，还要处理好工程变更、工期索赔、施工暂停及工程验收等影响施工进度的重大合同问题，以使承包人能按期或提前实现合同工期目标。

监理人进度控制工作可分为事前控制、事中控制和事后控制等环节。

（一）监理的事前控制

事前控制是指合同项目正式施工前所进行的进度控制，其具体内容如下。

1. 编制施工进度控制监理实施细则

施工阶段进度控制监理实施细则，是监理机构在施工阶段对项目实施进度控制的一个具有可操作性的文件。其内容主要包括：

（1）确立施工进度目标系统。

（2）施工进度控制的主要任务和管理部门机构设置与部门、人员职责分工。

（3）与进度控制有关的各项相关工作的时间安排，项目总的工作流程。

（4）所采取的具体措施，例如进度检查日期、信息采集方式、进度报告形式、统计分析方法和信息流程等。

（5）对进度目标实现的风险分析。

2. 编制或审批施工总进度计划

当采用多标发包形式施工时，如果每位中标承包商都从自身为出发点考虑并编制其承包项目的进度计划，那么包含多个标（段）的总体进度就不一定会协调，因此，为了项目总体施工进度的控制与工作协调，监理人需要制定施工总进度计划的编制要求，以便对各施工任务作出统一时间安排，使标与标之间的施工进度保持衔接关系，据此审批各承包人提交的施工进度计划。《水利工程施工监理规范》（SL 288—2014）规定：监理机构应在合同工程开工前依据施工合同约定的工期总目标、阶段性目标和发包人的控制性总进度计划，制定施工总进度计划的编制要求，并书面通知承包人。

按照合同审批各承包人提交的施工进度计划是监理机构进度控制的基本工作之一，经监理机构批准的进度计划称为合同性进度计划，是监理机构进度控制的重要依据。

3. 审批单位工程施工进度计划

依据经批准的承包人总进度计划和工程进展情况，在单位工程开工前，监理人应审批承包人提交的单位工程进度计划，作为单位工程进度控制的基本依据。

4. 审批承包人提交的施工组织设计

施工组织设计系统反映了承包人为履行合同所采取的施工方案、作业程序、组织机构与管理措施、资源投入、作业条件、质量与安全控制措施等，因此监理人应认真审核承包人的施工组织设计，以满足施工进度计划的要求。

5. 检查开工准备工作

开工条件检查是监理人进度控制的基本环节之一，既包括检查发包人的施工准备，如施工图纸，应由发包人提供的场地、道路、水、电、通信以及土料场等，又包括检查承包人的人员与组织机构、进场资源（尤其是施工设备）与资源计划以及现场准备工作等。

（二）监理的事中控制

事中控制是指项目施工过程中进行的进度控制，这是施工进度计划能否付诸实现的关键环节。一旦发现实际进度与目标偏离，必须及时采取措施以纠正这种偏差。事中控制具体包括以下内容：

（1）跟踪监督检查现场施工情况，包括承包人的资源投入、资源状况、施工条件、施工方案、现场管理和施工进度等。

（2）监督检查工程设备和材料的供应。

（3）做好监理日志，收集、记录、统计分析现场进度信息资料，并将实际进度与计划进度进行比较。分析进度偏差将会带来的影响并进行工程进度预测，审批或研究进度改进措施。

（4）协调施工干扰与冲突，随时注意施工进度计划的关键控制节点的动态。

（5）审核承包人提交的进度统计分析资料和进度报告。

（6）定期向发包人汇报工程实际进展状况，按期提供必要的进度报告。

（7）组织定期和不定期的现场会议，及时分析、通报工程施工进度状况，并协调各承包人之间的生产活动。

（8）检查、核实组织向承包人提供按合同规定应由发包人提供的施工条件。

（9）处理好施工暂停、施工索赔等问题。

（10）预测、分析和防范重大事件对施工进度的影响。

（三）监理的事后控制

（1）及时组织验收工作。

（2）整理工程进度资料。施工过程中的工程进度资料一方面为发包人提供有用信息，另一方面也是处理施工索赔必不可少的资料，必须认真整理，妥善保存。

（3）工程进度资料的归类、编目和建档。施工任务完成后，这些工程进度资料将作为今后类似工程项目上施工阶段进度控制的重要参考资料，应将其编目和建档。

三、监理进度控制的合同权限

在发包人与监理人签订的监理委托合同中，明确规定了发包人授予监理人进行施工合同管理的权限，并在发包人与承包人签订的施工合同中予以明确，作为监理人进行施工合同管理的依据。

1. 签发开工通知（或称进场通知）权

开工通知（或进场通知）具有十分重要的合同效力，对合同项目开工日期的确定、开始施工具有重要作用。《水利工程施工监理规范》（SL 288—2014）规定如下：

（1）监理机构应经发包人同意后向承包人发出开工通知，开工通知中应载明开工日期。

（2）监理机构应协助发包人向承包人移交施工合同中约定的应由发包人提供的施工用地、道路、测量基准点以及供水、供电、通信等。

（3）承包人完成合同工程开工准备后，应向监理机构提交合同工程开工申请表。监理机构在检查开工前发包人提供的施工条件、承包人的施工准备情况满足开工要求后，应批复承包人的合同工程开工申请。

（4）由于承包人原因使工程未能按期开工，监理机构应通知承包人按施工合同约定提交书面报告，说明延误开工原因及赶工措施。

（5）由于发包人原因使工程未能期开工，监理机构在收到承包人提出的顺延工期要求后，应及时与发包人和承包人共同协商补救办法。

分部工程开工前，承包人应向监理机构报送分部工程开工申请表，经监理机构批准后方可开工。第一个单元工程应在分部工程开工批准后开工，后续单元工程凭监理工程师签认的上一单元工程施工质量合格文件方可开工。

2. 审批施工进度计划权

监理机构应在合同工程开工前依据施工合同约定的工期总目标、阶段性目标和发包人的控制性总进度计划，制定施工总进度计划的编制要求。

对施工总进度计划的审查内容包括：

（1）是否符合监理机构提出的施工总进度计划编制要求。

（2）工总进度计划与合同工期和阶段性目标的响应性与符合性。

（3）施工总进度计划中有无项目内容漏项或重复的情况。

（4）施工总进度计划中各项目之间逻辑关系的正确性与施工方案的可行性。

（5）施工总进度计划中关键路线安排的合理性。

（6）人员、施工设备等资源配置计划和施工强度的合理性。

（7）原材料、中间产品和工程设备供应计划与施工总进度计划的协调性。

（8）本合同工程施工与其他合同工程施工之间的协调性。

（9）用图计划、用地计划等的合理性，以及与发包人提供条件的协调性。

（10）其他应审查的内容。

对分阶段、分项目施工进度计划的控制内容包括：

（1）监理机构应要求承包人依据施工合同约定和批准的施工总进度计划，分年度编制年度施工进度计划，报监理机构审批。

（2）根据进度控制需要，监理机构可要求承包人编制季、月施工进度计划，以及单位工程或分部工程施工进度计划，报监理机构审批。

3. 审批施工组织设计和施工措施计划权

承包人应按合同规定的内容和时间要求，编制施工组织设计、施工措施计划和由承包人负责的施工图纸，报送监理人审批，并对现场作业和施工方法的完备与可靠负全部责任。

审批施工组织设计时除按合同要求进行技术审查和商务审查外，还要按照《建设工程安全生产管理条例》和《水利工程建设安全生产管理规定》审查安全技术措施和施工现场临时用电方案是否符合《工程建设标准强制性条文（水利工程部分）》，并提出明确意见。

4. 劳动力、材料、设备使用监督权和分包单位审核权

监理人有权深入施工现场监督检查承包人的劳动力、施工机械及材料等使用情况，并要求承包人做好施工日志，并在进度报告中反映劳动力、施工机械及材料等使用情况。

对承包人提出的分包项目和分包人，监理人应严格审核，提出建议，报发包人批准。

5. 施工进度的监督权

不论何种原因发生工程的实际进度与合同进度计划不符时，承包人均应在14天内向监理人提交修订合同进度计划的申请报告，并附有关措施和相关资料，报监理人审批。监理人应在收到申请报告后的14天内批复。

不论何种原因造成施工进度计划拖后，承包人均应按监理人的指示，采取有效措施赶上进度。承包人应在向监理人报送修订进度计划的同时，编制一份赶工措施报告报送监理人审批，赶工措施应以保证工程按期完工为前提调整和修改进度计划。

6. 下达施工暂停（复工）指示权

监理人认为有必要时，可向承包人发布暂停工程或部分工程施工的指示，承包人应按指示的要求立即暂停施工。不论由于何种原因引起的暂停施工，承包人应在暂停施工期间负责妥善保护工程和提供安全保障。

工程暂停施工后，监理人应与发包人和承包人协商采取有效措施积极消除停工因素的影响。当工程具备复工条件时，监理人应立即向承包人发出复工通知，承包人收到复工通知后，应在监理人指定的期限内复工。

7. 施工进度协调权

监理人在认为必要时，有权发出命令协调施工进度，这些情况一般包括：各承包人之间的作业干扰、场地与设施交叉、资源供给与现场施工进度不一致、进度拖延等。但是，这种进度的协调在影响工期改变的情况下，应事先得到发包人同意。

8. 工期索赔的核定权

对于承包人提出的工期索赔，监理人有权组织核定，如核实索赔事件、审定索赔依据、审查索赔计算与证据材料等。监理人在从事上述工作时，应作为公正的、独立的第三方开展工作，而不是仲裁人。

2133 ▶

工期索赔

9．建议撤换承包人工作人员或更换施工设备权

承包人应对其项目经理和其他人员进行有效的管理，使其能做到尽职尽责。监理人有权要求撤换那些不能胜任本职工作或行为不端或玩忽职守的任何人员，承包人应及时予以撤换。

监理人一旦发现承包人使用的施工设备影响工程进度或质量时，有权要求承包人增加或更换施工设备，承包人应予及时增加或更换，由此增加的费用和工期延误责任由承包人承担。

10．对完工日期核定权

监理人收到承包人提交的完工验收申请报告后，应审核其报告的各项内容，并按以下不同情况进行处理：

（1）监理人审核后发现工程尚有重大缺陷时，可拒绝或推迟进行完工验收，但监理人应在收到完工验收申请报告后的 28 天内通知承包人，指出完工验收前应完成的工程缺陷修复和其他的工作内容与要求，并将完工验收申请报告同时退还给承包人。承包人应在具备完工验收条件后重新申报。

（2）监理人审核后对上述报告及报告中所列的工作项目和工作内容持有异议时，应在收到报告后的 28 天内将意见通知承包人，承包人应在收到上述通知后的 28 天内重新提交修改后的完工验收申请报告，直至监理人同意为止。

（3）监理人审核后认为工程已具备完工验收条件，应在收到完工验收申请报告后的 28 天内提请发包人进行工程验收。发包人应在收到完工验收申请报告后的 56 天内签署工程移交证书，颁发给承包人。

（4）在签署移交证书前，应由监理人与发包人和承包人协商核定工程的实际完工日期，并在移交证书中写明。

四、监理施工进度控制的几项重要工作

尽管施工进度的控制工作是施工单位的一项重要工作，但其进度控制工作所顾及的事情或考虑的问题与业主并不完全相同，即他们都有各自的利益出发点，所以，作为业主的委托管理者的施工进度控制工作当然也是必要的，并且是重要的。

（一）对总进度计划的调整工作

工作项目系统庞大而复杂，施工计划执行过程中的意外因素干扰是难免的，因此，实际进度进展也难免会出现与计划不一致的情况，对于重大的进度偏差，如果出现不可补救情况也必然导致对原进度计划的调整和修改。

施工进度调整的方法常用的有两种：一种是通过压缩关键工作的持续时间来缩短工期；另一种是通过改变某些工作间的逻辑关系来缩短工期。

1．缩短关键工作的持续时间

这种方法是通过采取增加资源投入、提高劳动效率等措施来缩短某些工作的持续时间，使工程进度加快，以保证工期按计划工期完成。这些被压缩持续时间的工作是位于关键线路和超过计划工期的非线路上的工作，同时，这些工作又是其持续时间可被压缩的工作。这种调整方法通常可以在网络图上直接进行。其调整方法视限制条件及其后对后续工作的影响的不同而有所区别，一般可分为两种情况。

2134 ▶

关键线路

（1）网络计划中某项工作进度拖延时间已超过其自由时差但未超过总时差。此时该工作的实际进度不会影响总工期，而只对其后续工作产生影响。因此，在进行调整前，需要确定其后续工作允许拖延的时间限制，并以此作为进度调整的限制条件。该限制条件的确定较复杂，尤其是当后续工作由多个平行的承包单位负责实施时更是如此。后续工作如不能按原计划进行，在时间上产生的任何变化都可能使合同不能正常履行，而导致蒙受损失的一方提出索赔。因此，寻求合理的调整方案，把进度拖延对后续工作的影响减小到最低程度，是监理工程师的一项重要工作。

（2）网络计划中某项工作进度拖延的时间超过其总时差。这种情况下，无论该工作是否为关键工作，其实际进度都将对后续工作和总工期产生影响。此时，进度计划的调整方法又可分为以下两种：

1）项目总工期不允许拖延。如果工程项目必须按照原计划工期完成，则只能采取缩短关键线路上后续工作持续时间的方法来达到调整计划的目的。这种方法实质上就是工期优化的方法。

2）项目总工期允许拖延的时间有限。如果项目总工期允许拖延，但允许拖延的时间有限，则当实际进度拖延时间超过此限制时，也需要对网络计划进度调整，以便满足要求。具体的调整方法是以总工期的限制时间作为规定工期，对检查日期之后尚未实施的网络计划进行工期优化，即通过缩短关键线路上后续工作持续时间的方法来使总工期满足规定工期的要求。

缩短关键工作的持续时间通常要采取一定的措施来达到目的，具体措施包括：

a. 组织措施。增加工作面，组织更多的施工队伍；增加每天的施工时间；增加劳动力和施工机械的数量。

b. 技术措施。改进施工工艺和施工技术，缩短工艺技术间歇时间；采用更先进的施工方法，以减少施工过程的数量；采用更先进的施工机械。

c. 经济措施。实行包干奖励；提高奖金数额；对所采取的技术措施给予相应的经济补偿。

d. 其他措施。改善外部配合条件；改善劳动条件；实施强有力的高度措施等。

一般来说，不管采取哪种措施，都会增加费用。因此，在调整施工进度计划时，应利用费用最低的原理选择单位费用增加量最小的关键工作为压缩对象。

2. 改变某些工作间的逻辑关系

当工程项目实施中产生的进度偏差影响到总工期，且有关工作的逻辑关系允许改变时，可以改变关键线路和超过计划工期的非关键线路上的有关工作之间的逻辑关系，达到缩短工期的目的。例如，将按顺序进行的工作改为平行工作、搭接作业以及分段组织流水作业等，都可以有效地缩短工期。这种方法的特点是不改变工作的持续时间，而只改变工作的开始时间和完成时间。对于大型的建设工程，由于其单位工程较多且相互间的制约比较少，可调整的幅度比较大，所以容易采用平行作业的方法来调整施工进度计划。而对于单位工程项目，由于受到工作之间的工艺关系的限制，可调整的幅度比较小，所以通常采用搭接工作的方法来调整施工进度计划。但不管是搭接作业还是平行作业，建设工程在单位时间内的资源需求量都将会增加。

（二）工序控制工作

工序控制是指对施工过程中每一道工序所涉及的工作要素（如图纸及设备供应计划、劳动组织控制计划、材料供应计划、各个工种施工作业计划等）所进行的进度控制。工序控制一般包括以下几个方面。

1. 对施工机械、物资供应计划制定与落实的控制

为了实现月施工计划，对需要的施工机械、物资必须落实，主要包括机械需要计划和材料需要计划。

2. 对技术组织措施计划制定与落实的控制

合同要求编制技术组织措施方面的具体工作计划，如保证完成关键作业项目、实现案例施工等。对关键线路上的施工项目、施工工序严格控制，并随工程的进展实施动态控制；重要的分部工种的施工，承包单位在开工前，应向监理工程师提交详细方案，说明为完成该项工种的施工方法、施工机械设备及人员配备与组织、质量管理措施以及进度安排等，报请监理工程师审查认可后方能实施。

3. 对施工进度计划的控制

总体工程开工前，首先要求承包商报送施工进度总计划，监理部门审查其逻辑关系、施工程序和资源的均衡投入以及对工程施工质量和合同工期目标的影响。承包商根据监理部门批准的进度计划，结合实际工程的进展，按月向监理部门报送当月实际完成的施工进度报告和下月的施工进度计划。

4. 工程施工过程的控制

监理工程师对施工开工申请单中陈述的人员、施工机具、材料及设备到场情况，施工方法和施工环境进行检查。如：检查主要专业操作工持证上岗资料；检查对应岗位人员是否到岗；检查施工机具是否完好，能否正常运行，能否达到设计要求；检查进场材料是否与设计要求品种、规格一致，是否有出厂标签、产品合格证、出厂试验报告单等。

工程施工过程中，监理工程师应密切注意施工进度进展情况，并且通过计算机项目管理程序进行动态跟踪，如工程出现工期延误的情况，监理部门及时召开协调会议，查出原因。不管是不是由于承包商责任造成的，都应及时与建设单位协商，尽快解决存在的问题。

（三）形象进度控制工作

监理工程师应定期检查并整理的实际进度信息与项目计划进度信息进行比较，得出实际进度比计划进度拖后、超前还是一致的结论。常用的比较方法有横道图比较法、S曲线比较法、香蕉曲线比较法、前锋线比较法和列表比较法等。通过比较得出实际进度与计划进度的对比结果，进而分析产生的原因及提出补救的办法。

2135 ▶

横道图比较法

1. 横道图比较法

横道图比较法是指将在项目实施中检查实际进度收集的信息，经整理后直接用横道线并列标于原计划的横道线处，进行直观比较的方法，如图2-5所示。

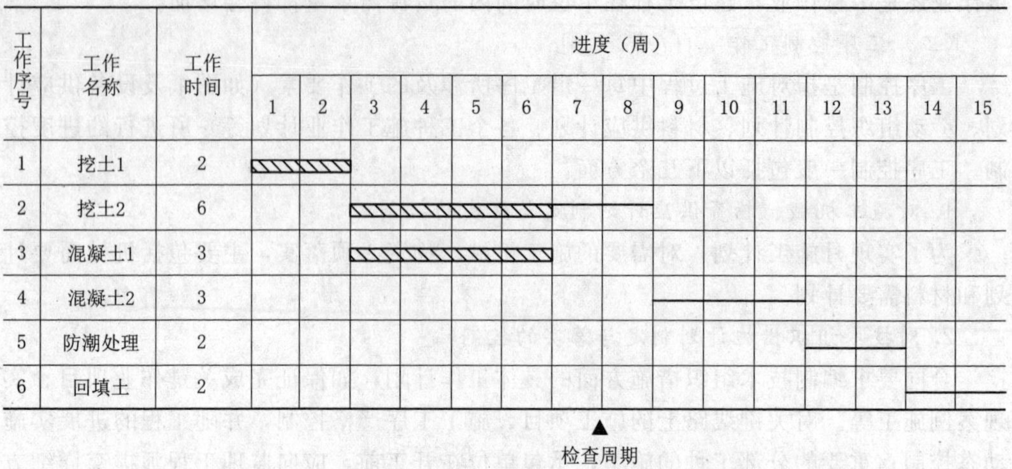

工作序号	工作名称	工作时间	进度（周）														
			1	2	3	4	5	6	7	8	9	10	11	12	13	14	15
1	挖土1	2															
2	挖土2	6															
3	混凝土1	3															
4	混凝土2	3															
5	防潮处理	2															
6	回填土	2															

▲
检查周期

图 2-5　某基础工程实际进度与计划进度比较图
（粗实线为计划进度，阴影部分为工程施工的实际进度）

该方法只适用于工作从开始到完成的整个过程中其进展速度是不变的，累计完成的任务量与时间成正比。该方法具有以下特点：

（1）优点：①能明确地表示出各项工作的开始时间、结束时间和持续时间；②一目了然，易于理解，能够被各层次的人员（上至决策指挥者，下至基层操作人员）所掌握和运用。

（2）缺点：①不能明确地反映出各项工作之间的相互关系，在计划执行过程中，某些工作的进度提前或拖延时，不便于分析其对其他工作及总工期的影响程度；②不能明确地反映出影响工期的关键工作和关键线路，不便于进度控制人员抓住主要矛盾；③不能反映出各项工作所具有的机动时间，因而不便于施工进度管理和资源调配。

2. S 曲线比较法

S 曲线进度图是以横坐标表示时间，纵坐标表示累计完成任务量，绘制一条按计划时间累计完成任务量的 S 曲线，然后将工程项目实施过程中各检查时间实际累计完成任务量的 S 曲线也绘制在同一坐标系中，进行实际进度与计划进度比较的一种方法。

实际进度与计划进度的比较同横道图比较法一样，S 曲线比较法也是在图上进行工程项目实际进度与计划进度的直观比较，如图 2-6 所示。

通过比较实际进度 S 曲线和计划进度 S 曲线，可以获得以下信息：

（1）工程项目整体实际进展状况。如果工程实际进展点落在计划 S 曲线左侧，表明此时实际进度比计划进度超前，如图 2-6 中的 a 点；如果工程实际进展点落在 S 曲线右侧，表明此时实际进度拖后，如图 2-6 中的 b 点；如果工程实际进展点正好落在 S 曲线上，则表示此时实际进度与计划进度一致。

（2）工程项目实际进度超前或拖后的时间。在 S 曲线比较图中可以直接读出实际进度比计划进度超前或拖后的时间。如图 2-6 所示，ΔT_a 表示 T_a 时刻实际进度超前的时间，ΔT_b 表示 T_b 时刻实际进度拖后的时间。

（3）工程实际超额或拖欠的任务量。在 S 曲线比较图中也可以直接读出实际进度

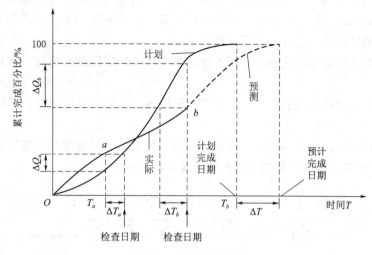

图 2-6　S曲线比较法

比计划进度超额或拖欠的任务量。如图 2-6 所示，ΔQ_a 表示 T_a 时刻超额完成的任务量，ΔQ_b 表示 T_b 时刻拖欠的任务量。

（4）后期工程进度预测。如果后期工程按原计划速度进行，则可作出后期工程计划 S 曲线，如图 2-6 中 b 点后的虚曲线所示，从而可以确定工期拖延预测值 ΔT。

3. 香蕉曲线比较法

香蕉曲线是由两条 S 曲线组合而成的闭合曲线。由 S 曲线比较法可知，工程累计完成的任务量与计划时间的关系，可以用一条 S 曲线表示。而对于一个工程项目的网络计划来说，如果以其中各项工作的最早开始时间安排进度而绘制 S 曲线，称为 ES 曲线；如果以其中各项工作的最迟开始时间安排进度而绘制 S 曲线，称为 LS 曲线。两条 S 曲线具有相同的起点和终点，因此两条曲线是闭合的。在一般情况下，ES 曲线上的其余各点均落在 LS 曲线相应点的左侧。由于该闭合曲线形似"香蕉"，故称为香蕉曲线，如图 2-7 所示。

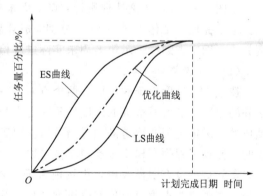

图 2-7　施工项目进度香蕉曲线比较法示意图

香蕉曲线比较法能直观地反映工程项目的实际进展情况，并可以获得比 S 曲线更多的信息。其主要作用有：合理安排施工项目进度计划，定期比较施工项目的实际进度与计划进度，预测后期工程进展趋势。在项目的实施中进度控制的理想状况是任一时刻按实际进度描出的点，应落在该香蕉曲线的区域内。

4. 前锋线比较法

前锋线比较法主要适用于时标网络计划。从检查时刻的时标点出发，将检查时刻

2136

进度前锋线
比较法

85

正在进行工作的点都依次连接起来，组成一条一般为折线的前锋线。根据前锋线与箭线交点的位置判定工程实际进度与计划进度的偏差。对某项工作来说，其实际进度与计划进度之间的关系可能存在以下 3 种情况：

（1）工作实际进展点在检查日期左侧，表明该工作实际进度拖后，拖后时间为两者之差。

（2）工作实际进展点在检查日期右侧，表明该工作实际进度超前，超前时间为两者之差。

（3）工作实际进展点与检查日期重合，表明该工作实际进度与计划进度一致。

图 2-8 为某工程施工项目进度前锋线比较法示意图。

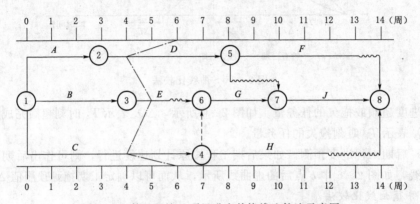

图 2-8　某工程施工项目进度前锋线比较法示意图

由图 2-8 可见，该计划执行到第 6 周末检查实际进度时，发现工作 A 和工作 B 已经全部完成，工作 D 和工作 E 分别完成计划任务量的 20％和 50％，工作 C 尚需 3 周完成。图中点划线表示第 6 周末实际进度检查结果。

（四）工期拖延补救工作

造成工程进度拖延的原因有两个方面：一是承包单位自身的原因；二是承包单位之外的原因。前者所造成的进度拖延因是自身的各种失误而称为工程延误，而后者所造成的进度拖延因非承包商的过错可以获得工期补偿而称为工程延期。当出现工程延误时，监理工程师有权要求承包单位采取有效措施加快施工进度。如果经过一段时间后，实际进度没有明显改进，仍然拖后于计划进度，而且显然影响工程按期竣工时，监理工程师应要求承包单位修改进度计划，并提交给监理工程师重新确认。工程延误通常可以采用停止付款、误期损失赔偿、取消承包资格等手段处理。

监理工程师对修改施工进度计划的确认，并不是对工程延误的批准，他只是要求承包单位在合理的状态下施工。因此，监理工程师对进度计划的确认，并不能解除承包单位应负的一切责任，承包单位需要承担赶工的全部额外开支和误期损失赔偿。

一般工程拖延经常采取的具体措施如下。

1. 在原计划范围内采取赶工措施

（1）在年度计划内调整。当月计划未完成，一般要求在下个月的施工计划中补上。如果由于某种原因（例如发生大的自然灾害，或材料、设备、资金未能按计划要求供应等）计划拖欠较多时，则要求在季度或年度的其他月份内调整。

（2）在合同工期内跨年度调整。工程年度施工计划是报上级主管部门审查批准的，大型工程还须经国家批准，因此是属于国家计划的一部分，应有其严肃性，当年计划应力争在当年内完成。只有在出现意外情况（如发生超标准洪水、造成很大损失、出现严重的不良地质情况、材料、设备、资金供应等无法保证时），承包商通过各种努力仍难以完成年度计划时，允许将部分工程施工进度后延。在这种情况下，调整当年剩余月份的施工进度计划时，应保证合同书上规定的工程控制日期不变，因为它是关键线路上的工期。例如向下一工序承包商移交工作面（或工程项目），还可能引起下一工序（或工程项目）承包商的索赔，这时，该承包商应加快进度并按原定时间完工。影响上述工程控制工期的关键线路上的施工进度应保证，非关键线路上的施工进度应尽可能保证。

当年的月（季）施工进度计划调整需跨年度时，应结合总进度计划调整考虑。

2. 超过合同工期的进度调整

当在合同规定的控制工期内调整已无法实现时，只有靠超过工期来调整进度。这种情况只有在万不得已时才允许。调整时应注意先调整投产日期外的其他控制日期。例如，电站厂房土建工期拖延可考虑以加快机电安装进度来弥补，开挖时间拖延可考虑以加快浇筑进度来弥补等。以不影响第一台机组发电时间为原则，可考虑工期后延，但应报上级主管部门审批。进度调整时应使竣工日期推迟最短。

3. 工期提前的进度调整

当控制投产日期的项目完成计划后，且根据施工总进度安排，其后续施工项目和施工进度有可能缩短时，应考虑工程提前投产的可能性。例如某发电厂工程，厂房标的计划完成较好，机组安装力量较强，工期有可能提前；而引水系统由于主客观原因拖后较多，成了控制工程发电工期的拦路虎，这时就应想办法把引水系统进度赶上来。

一般情况下，只要能达到预期目标，调整越少越好。在进行项目进度调整时，应充分考虑以下各方面因素的制约：

（1）后续施工项目合同工期的限制。

（2）进度调整后，会不会给后续施工项目造成赶工或窝工而导致其工期和经济上遭受损失。

（3）材料物资供应需求上的制约。

（4）劳动力供应需求的制约。

（5）工程投资分配计划的限制。

（6）外界自然条件的制约。

（7）施工项目之间逻辑关系的制约。

（8）后续施工项目及总工期允许拖延的幅度。

【工程案例模块】

某水利工程项目合同工程开工申请及批准报告样例。

2137 ①

监理进度控
制练习

JL01 　　　　　　　▨▨▨▨▨▨二期工程
合同工程开工通知
　　　　　　▨▨▨▨▨▨▨〔2015〕开工1号

合同名称：▨▨▨▨▨▨供水施工四标　　　　合同编号：▨▨CHGS-LC-10

致：▨▨▨▨▨▨有限公司

　　依据 ▨▨▨▨▨▨▨供水施工四标的合同协议书，现签发 ▨▨▨▨▨▨▨

▨▨▨▨四标合同工程开工通知，贵方在接到通知后，调遣主要人员进场组建施工项

目部，编制相关技术文件，完成相应的施工准备工作。该合同工程的开工日期将视施工准备

情况另行确定。

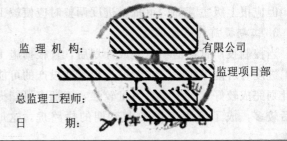

　　　　　　　　　　　　监 理 机 构：▨▨▨▨▨▨▨有限公司

　　　　　　　　　　　　　　　　　　　▨▨▨▨▨▨▨监理项目部

　　　　　　　　　　　　总监理工程师：▨▨▨▨▨▨

　　　　　　　　　　　　日　　　期：2015年▨▨▨▨

今已收到合同工程开工通知。

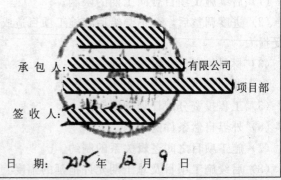

　　　　　　　　　　　　承 包 人：▨▨▨▨▨▨▨有限公司

　　　　　　　　　　　　　　　　　▨▨▨▨▨▨▨项目部

　　　　　　　　　　　　签 收 人：▨▨▨▨▨

　　　　　　　　　　　　日　　期：2015 年 12 月 9 日

　　说明：本表一式 12 份，由监理机构填写。承包人现场机构签收后，发包人 6 份、监理机构 3 份、
　　　　承包人 3 份。

合同项目开工申请报告

▨▨▨▨▨▨▨▨▨▨▨辽西北供水二期工程建设监理一标监理项目部：

我部▨▨▨▨▨▨有限公司自2015年12月4日签订▨▨▨▨▨▨

▨▨▨▨四标合同协议(合同编号：▨▨▨HGS-LC-10)后，立即安排

管理、施工、技术等各类人员组成▨▨▨▨▨▨供水施工四标项目部，目前

已完成如下准备工作：

1.承包人(投标人)单位下发的成立现场组织机构（项目部）和项目经理任命文

件及公章启用报告；

2.技术文件报审情况详见附表。

现已具备开工条件。特申请在2016年6月16日项目开工，请予以批准。

有限公司

供水施工四标项目部

2016年6月14日

CB14　　　　　　　　　　////////// 二期工程

合同项目开工申请表

////// 〔2016〕合开工1号

合同名称：////////// 工程柴河供水施工四标　　　合同编号 ////// CHGS-LC-10

致：////////// 有限公司辽西北供水二期工程建设监理一标监理项目部

　　我方承担 ////////// 施工四标 合同工程，已完成了各项施工准备工作，具备了开工条件，现申请开工，请贵方审批。

　　　　附件：合同项目开工申请报告。

　　　　　　　　　　　　　　承 包 人：////////// 工程局有限公司

　　　　　　　　　　　　　　　　　　////////// 工程柴河供水施工四标项目部

　　　　　　　　　　　　　　项 目 经 理：//////////

　　　　　　　　　　　　　　日　　　期：2016 年 6 月 15 日

监理机构将另行签发审核意见。

　　　　　　　　　　　　　　监 理 机 构：////////// 工程咨询有限公司

　　　　　　　　　　　　　　　　　　////////// 二期工程建设监理一标监理项目部

　　　　　　　　　　　　　　签 收 人：//////////

　　　　　　　　　　　　　　日　　　期：2016 年 6 月 16 日

说明：本表一式 13 份，由承包人填写。监理机构审签后，随同"合同项目开工批复"，承包人 3 份、监理机构 3 份、发包人 6 份、设代 1 份。

▨▨▨▨▨工四标开工前已批复技术文件统计表

序号	文件名称	批复情况	备注
1	总施工进度计划	已批复	—
2	2016 年施工进度计划	已批复	—
3	洞室开挖施工方案	已批复	—
4	洞室支护施工方案	已批复	—
5	施工临时工程建设方案	已批复	—
6	安全生产应急预案	已批复	—
7	施工临时用电方案	已批复	—
8	质量保证体系	已批复	—
9	试验检测计划	已批复	—
10	安全生产措施方案	已批复	—
11	文明施工措施方案	已批复	—
12	水土保持、环境保护方案	已批复	—
13	现场组织机构及主要人员报审	已批复	—
14	施工控制网复测成果报告	已批复	—
15	施工控制网复测方案	已批复	—
16	2-2 号支洞进洞方案	已批复	—
17	2-3 号支洞进洞方案	已批复	—
18	2-4 号支洞进洞方案	已批复	—
19	2-5 号支洞进洞方案	已批复	—
20	2-6 号支洞进洞方案	已批复	—
21	监控量测方案	已批复	—
22	施工组织设计	已批复	—
23	2016 年防洪度汛专项预案	已批复	—

项目二　水利工程建设监理"三管理"

【本项目的作用及意义】

> 如果说监理的"三控制"是监理的核心工作，那么监理的"三管理"就可以说是对"三控制"的服务性工作。"三控制"目标的实现，绝不单纯是做好"三控制"的工作内容，它离不开"三管理"工作的支持，因此说"三管理"工作是"三控制"工作的基础，是投资目标、进度目标和质量目标得以实现的前提。

任务一　水利工程建设监理合同管理

2211

监理的合同
管理

【任务布置模块】

学习任务

理解合同的概念、法律特征、形式、订立原则、主要内容；了解监理合同的内容及监理合同履行过程中的基本事务；掌握监理在施工阶段合同管理的主要内容。

能力目标

能够以合同为依据做好施工材料和设备的控制工作；能够以合同为依据处理简单的质量、进度及投资等控制工作中出现的问题；能在有经验的工程师的帮助下，做好竣工验收阶段的合同管理。

2212

合同的基本
知识

【教学内容模块】

一、合同管理概述

（一）合同的概念

合同是平等主体的自然人、法人、其他组织之间设立、变更、终止民事权利义务关系的协议。

任何合同都应具有三大要素，即合同的主体、合同的客体和合同的内容。

（1）合同的主体：指签约双方的当事人。合同的当事人可以是自然人、法人或其他组织，且合同当事人的法律地位平等。

（2）合同的客体：指合同主体的权利与义务共同指向的对象。如建设工程项目、货物、劳务、智力成果等。客体应规定明确，切忌含混不清。

（3）合同的内容：指签约合同双方具体的权利、义务和责任。

（二）合同的法律特征

（1）合同是一种法律行为。

（2）合同的当事人法律地位一律平等，双方自愿协商，任何一方不得将自己的观点、主张强加给另一方。

（3）合同的目的性在于设立、变更、终止民事权利义务关系。

（4）合同的成立必须有两个及以上当事人，并且不仅作出意思表示，而且意思表示是一致的。

（三）合同的形式

当事人订立合同，有书面形式、口头形式和其他形式。

法律、行政法规规定采用书面形式的，应当采用书面形式。当事人约定采用书面形式的，应当采用书面形式。

书面形式是指合同书、信件和数据电文（包括电报、电传、传真、电子数据交换和电子邮件）等可以有形地表现所载内容的形式。

（四）合同的订立原则

合同的订立，应当遵循平等、自愿、公平、诚实信用、合法等原则。

1. 平等原则

《中华人民共和国民法典》（简称《民法典》）规定：合同当事人的法律地位一律平等，一方不得将自己的意志强加给另一方。这一原则包括三个方面的内容：①合同当事人的法律地位一律平等。不论单位大小、所有制性质、经济实力强弱，其法律地位都是平等的。②合同中的权利义务对等。享有权利的同时应当承担相对应的义务，而且彼此的权利、义务是对等的。③合同当事人必须就合同条款充分协商，在互利互惠的基础上取得一致意见，合同方能成立。

任何一方都不得将自己的意志强加给另一方，更不得以强迫、命令、胁迫等手段签订合同。

2. 自愿原则

《民法典》规定：当事人依法享有自愿订立合同的权利，任何单位和个人都不得非法干预。

自愿原则体现了民事活动的基本特征，是民事法律关系区别于行政法律关系、刑事法律关系的特有原则。自愿原则贯穿于合同活动的全过程，包括订不订立合同、与谁订立合同，以及合同内容由当事人在不违法的情况下自愿约定，在合同履行过程中当事人可以协议补充、协议变更有关内容，双方也可以协议解除合同，可以约定违约责任，以及自愿选择解决争议的方式。

总之，只要不违反法律、行政法规的强制性规定，合同当事人有权自愿决定，任何单位和个人不得非法干预。

3. 公平原则

《民法典》规定：当事人应当遵循公平原则确定合同各方的权利和义务。

公平原则主要包括：

（1）订立合同时，应根据公平原则确定双方的权利和义务，不得欺诈，不得假借订立合同恶意进行磋商。

（2）根据公平原则确定风险的合理分配。

（3）根据公平原则确定违约责任。

公平原则作为合同当事人的行为准则，可以防止当事人滥用权利，保护当事人的合法权益，维护和平衡当事人之间的利益。

4. 诚实信用原则

《民法典》规定：当事人行使权利、履行义务应当遵循诚实信用原则。

诚实信用原则主要包括：①订立合同时，不得有欺诈或其他违背诚实信用的行为；②履行合同义务时，当事人应当根据合同的性质、目的和交易习惯，履行及时通知、协助、提供必要条件、防止损失扩大、保密等义务；③合同终止后，当事人应当根据交易习惯，履行通知、协助、保密等义务，也称为后契约义务。

5. 合法原则

《民法典》规定：当事人订立、履行合同，应当遵守法律、行政法规，尊重社会公德，不得扰乱社会经济秩序，损害社会公共利益。

一般来讲，合同的订立和履行，属于合同当事人之间的民事权利义务关系，只要当事人的意思不与法律规范、社会公共利益和社会公德相抵触，即承认合同的法律效力。但是，合同绝不仅仅是当事人之间的问题，有时可能会涉及社会公共利益、社会公德和经济秩序。为此，对于损害社会公共利益、扰乱社会经济秩序的行为，国家应当予以干预，但这种干预要依法进行，由法律、行政法规作出规定。

（五）合同的内容

合同的内容，即合同当事人的权利、义务，除法律规定的以外，主要由合同的条款确定。合同的内容由当事人约定，一般包括以下条款：

（1）当事人的名称或者姓名和住所。

（2）标的，如有形财产、无形财产、劳务、工作成果等。

（3）数量，应选择使用共同接受的计量单位、计量方法和计量工具。

（4）质量，国家有强制性标准的，必须按照强制性标准执行，并可约定质量检验方法、质量责任期限与条件、对质量提出异议的条件与期限等。

（5）价款或者报酬，应规定清楚计算价款或者报酬的方法。

（6）履行期限、地点和方式。

（7）违约责任，可在合同中约定定金、违约金、赔偿金额以及赔偿金的计算方法等。

（8）解决争议的方法。

（六）合同的要约与承诺

1. 合同订立与合同成立

合同订立，是指缔约人进行意思表示并达成一致意见的状态，包括缔约各方自接触、协商、达成协议前讨价还价的整个动态过程和静态协议。合同订立是交易行为的法律运作。

合同成立，是指当事人就合同主要条款达成了合意。合同成立需具备下列条件：

（1）存在两方以上的订约当事人。

（2）订约当事人对合同主要条款达成一致意见。

合同的成立一般要经过要约和承诺两个阶段。《民法典》规定：当事人订立合同，采取要约、承诺方式。

2213 ▶

合同的订立
过程

94

2. 要约

《民法典》规定：要约是希望和他人订立合同的意思表示。

发出要约的人称为要约人，接受要约的人称为受要约人。在国际贸易实务中，也称为发盘、发价、报价。要约是订立合同的必经阶段，不经过要约，合同是不可能成立的。

（1）要约的构成要件。要约是希望和他人订立合同的意思表示，该意思表示应当符合下列规定：

1）内容具体确定。所谓具体，是指要约的内容须具有足以使合同成立的主要条款。如果没有包含合同的主要条款，受要约人难以作出承诺，即使作出了承诺，也会因为双方的这种合意不具备合同的主要条款而使合同不能成立。所谓确定，是指要约的内容须明确，不能含糊不清，否则无法承诺。

2）表明经受要约人承诺，要约人即受该意思表示约束。要约须具有订立合同的意图，表明一经受要约人承诺，要约人即受该意思表示的约束。要约作为表达希望与他人订立合同的一种意思表达，其内容已经包含了可以得到履行的合同成立所需要具备的基本条件。

（2）要约邀请。《民法典》规定：要约邀请是希望他人向自己发出要约的意思表示。如寄送的价目表、拍卖公告、招标公告、招股说明书、商业广告等为要约邀请。

要约邀请可以是向特定人发出，也可以是向不特定的人发出。要约邀请只是邀请他人向自己发出要约，如果自己承诺才成立合同。因此，要约邀请处于合同的准备阶段，没有法律约束力。

在建设工程招标投标活动中，招标文件是要约邀请，对招标人不具有法律约束力；投标文件是要约，应受自己作出的与他人订立合同的意思表示的约束。

（3）要约的法律效力。《民法典》规定：要约到达受要约人时生效。如投标人向招标人发出的投标文件，自到达招标人时起生效。

要约的有效期间由要约人在要约中规定。要约人如果在要约中定有存续期间，受要约人必须在此期间内承诺。要约可以撤回，但撤回要约的通知应当在要约到达受要约人之前或者与要约同时到达受要约人。要约可以撤销，但撤销要约的通知应当在受要约人发出承诺通知之前到达受要约人。

有下列情形之一的，要约不得撤销：①要约人确定了承诺期限或者以其他形式明示要约不可撤销；②受要约人有理由认为要约是不可撤销的，并已经为履行合同做了准备工作。

3. 承诺

《民法典》规定：承诺是受要约人同意要约的意思表示。如招标人向投标人发出的中标通知书，是承诺。

（1）承诺的方式。承诺应当以通知的方式作出，但根据交易习惯或者要约表明可以通过行为作出承诺的除外。这里的行为通常是履行行为，如预付价款、工地上开始工作等。

（2）承诺的生效。承诺通知到达要约人时生效。承诺不需要通知，根据交易习惯或者要约的要求作出承诺的行为时生效。

（3）承诺的内容。承诺的内容应当与要约的内容一致。受要约人对要约的内容作出实质性变更的，为新要约。有关合同标的、数量、质量、价款或者报酬、履行期限、履行地点和方式、违约责任和解决争议方法等的变更，是对要约内容的实质性变更。

（七）无效合同和效力待定合同的规定

1. 无效合同

无效合同，是指合同内容或者形式违反了法律、行政法规的强制性规定和社会公共利益，因而不能产生法律约束力，不受法律保护的合同。

2214

无效合同

无效合同的特征包括：①具有违法性；②具有不可履行性；③自订立之时就不具有法律效力。

（1）无效合同的类型。《民法典》规定，有下列情形之一的，合同无效：

1）一方以欺诈、胁迫的手段订立合同，损害国家利益。

2）恶意串通，损害国家、集体或者第三人利益。

3）以合法形式掩盖非法目的。

4）损害社会公共利益。

5）违反法律、行政法规的强制性规定。

所谓欺诈，是指故意隐瞒真实情况或者故意告知对方虚假的情况，欺骗对方，诱使对方做出错误的意思表示而与之订立合同；所谓胁迫，是指行为人以将要发生的损害或者以直接实施损害相威胁，使对方当事人产生恐惧而与之订立合同。

所谓恶意串通，是指合同双方当事人非法勾结，为牟取私利而共同订立的损害国家、集体或者第三人利益的合同。在实践中，常见的还有代理人与第三人勾结，订立合同，损害被代理人利益的行为。

以合法形式掩盖非法目的的合同又称伪装合同，即行为人为达到非法目的以迂回的方法避开法律或者行政法规的强制性规定。

损害社会公共利益的合同，实质上是违反了社会公共道德，破坏了社会经济秩序和生活秩序。例如，与他人签订合同出租赌博场所。

法律、行政法规中包含强制性规定和任意性规定。强制性规定排除了合同当事人的意思自由，即当事人在合同中不得协议排除法律、行政法规的强制性规定，否则将构成无效合同；对于任意性规定，当事人可以约定排除，如当事人可以约定商品的价格等。

需要明确的是，法律是指全国人大及其常委会颁布的法律，行政法规是指由国务院颁布的法规。

（2）无效的免责条款。免责条款，是指当事人在合同中约定免除或者限制其未来责任的合同条款；免责条款无效，是指没有法律约束力的免责条款。

《民法典》规定，合同中的下列免责条款无效：①造成对方人身伤害的；②因故意或者重大过失造成对方财产损失的。

造成对方人身伤害就侵犯了对方的人身权，造成对方财产损失就侵犯了对方的财产权。人身权和财产权是法律赋予的权利，如果合同中的条款对此予以侵犯，该条款就是违法条款，这样的免责条款是无效的。

（3）建设工程无效施工合同的主要情形。《最高人民法院关于审理建设工程施工合同纠纷案件适用法律问题的解释》（简称《解释》）规定，建设工程施工合同具有下列情形之一的，应当根据《民法典》的规定（即违反法律、行政法规的强制性规定）认定无效：①承包人未取得建筑业企业资质或者超越资质等级的；②没有资质的实际施工人借用有资质的建筑施工企业名义的；③建设工程必须进行招标而未招标或者中标无效的。

承包人非法转包、违法分包建设工程或者没有资质的实际施工人借用有资质的建筑施工企业名义与他人签订建设工程施工合同的行为无效。

（4）无效合同的法律后果。《民法典》规定，无效的合同或者被撤销的合同自始没有法律约束力。合同部分无效，不影响其他部分效力的，其他部分仍然有效。

合同无效、被撤销或者终止的，不影响合同中独立存在的有关解决争议方法的条款的效力。

合同无效或者被撤销后，因该合同取得的财产，应当予以返还；不能返还或者没有必要返还的，应当折价补偿。有过错的一方应当赔偿对方因此所受到的损失，双方都有过错的，应当各自承担相应的责任。

（5）无效施工合同的工程款结算。《解释》规定，建设工程施工合同无效，但建设工程经竣工验收合格，承包人请求参照合同约定支付工程价款的，应予支持。

建设工程施工合同无效，且建设工程经竣工验收不合格的，按照以下情形分别处理：

（1）修复后的建设工程经竣工验收合格，发包人请求承包人承担修复费用的，应予支持。

（2）修复后的建设工程经竣工验收不合格，承包人请求支付工程价款的，不予支持。

2. 效力待定合同

效力待定合同是指合同虽然已经成立，但因其不完全符合有关生效要件的规定，其合同效力能否发生尚未确定，一般须经有权人表示承认才能生效。

《民法典》规定的效力待定合同有三种，即限制行为能力人订立的合同、无权代理人订立的合同、无处分权人处分他人的财产订立的合同。

（1）限制行为能力人订立的合同。《民法典》规定，限制民事行为能力人订立的合同，经法定代理人追认后，该合同有效，但纯获利益的合同或者与其年龄、智力、精神健康状况相适应而订立的合同，不必经法定代理人追认。

相对人可以催告法定代理人在1个月内予以追认。法定代理人未做表示的，视为拒绝追认。合同被追认之前，善意相对人有撤销的权利。撤销应当以通知的方式作出。

（2）无权代理人订立的合同。行为人没有代理权、超越代理权或者代理权终止后以被代理人名义订立的合同，未经被代理人追认，对被代理人不发生效力，由行为人承担责任。

相对人可以催告被代理人在 1 个月内予以追认。被代理人未做表示的，视为拒绝追认。合同被追认之前，善意相对人有撤销的权利。撤销应当以通知的方式作出。

（3）无权处分行为。无处分权的人处分他人财产，经权利人追认或者无处分权的人订立合同后取得处分权的，该合同有效。

（八）合同的履行、变更、转让、撤销和终止

1. 合同的履行

《民法典》规定，当事人应当按照约定全面履行自己的义务。当事人应当遵循诚实信用原则，根据合同的性质、目的和交易习惯履行通知、协助、保密等义务。

合同生效后，当事人不得因姓名、名称的变更或者法定代表人、负责人、承办人的变动而不履行合同义务。

2. 合同的变更

当事人协商一致，可以变更合同。法律、行政法规规定变更合同应当办理批准、登记等手续的，依照其规定。当事人对合同变更的内容约定不明确的，推定为未变更。

（1）合同的变更须经当事人双方协商一致。如果双方当事人就变更事项达成一致意见，则变更后的内容取代原合同的内容，当事人应当按照变更后的内容履行合同。如果一方当事人未经对方同意就改变合同的内容，不仅变更的内容对另一方没有约束力，其做法还是一种违法行为，应当承担违约责任。

（2）合同变更须遵循法定的程序。法律、行政法规规定变更合同事项应当办理批准、登记手续的，应当依法办理相应手续。如果没有履行法定程序，即使当事人已协议变更了合同，其变更内容也不发生法律效力。

（3）对合同变更内容约定不明确的推定。合同变更的内容必须明确约定。如果当事人对于合同变更的内容约定不明确，则将被推定为未变更。任何一方不得要求对方履行约定不明确的变更内容。

3. 合同权利义务的转让

（1）合同权利的转让。

1）合同权利的转让范围。《民法典》规定，债权人可以将合同的权利全部或者部分转让给第三人，但有下列情形之一的除外：

a. 根据合同性质不得转让的权利。主要是指合同是基于特定当事人的身份关系订立的，如果合同权利转让给第三人，会使合同的内容发生变化，违反当事人订立合同的目的，使当事人的合法利益得不到应有的保护。

b. 按照当事人约定不得转让的权利。当事人订立合同时可以对权利的转让作出特别约定，禁止债权人将权利转让给第三人。这种约定只要是当事人真实意思的表示，同时不违反法律禁止性规定，即对当事人产生法律的效力。债权人如果将权利转

让给他人，其行为将构成违约。

c. 依照法律规定不得转让的权利。我国一些法律中对某些权利的转让作出了禁止性规定。如《民法典》规定，最高额抵押的主合同债权不得转让。对于这些规定，当事人应当严格遵守，不得擅自转让法律禁止转让的权利。

2）合同权利的转让应当通知债务人。《民法典》规定，债权人转让权利的，应当通知债务人。未经通知，该转让对债务人不发生效力。债权人转让权利的通知不得撤销，但经受让人同意的除外。

需要说明的是，债权人转让权利应当通知债务人，未经通知的转让行为对债务人不发生效力。这一方面是尊重债权人对其权利的行使，另一方面也防止债权人滥用权利损害债务人的利益。当债务人接到权利转让的通知后，权利转让即行生效，原债权人被新的债权人替代，或者新债权人的加入使原债权人不再完全享有原债权。

3）债务人对让与人的抗辩。《民法典》规定，债务人接到债权转让通知后，债务人对让与人的抗辩，可以向受让人主张。

抗辩权是指债权人行使债权时，债务人根据法定事由对抗债权人行使请求权的权利。债务人的抗辩权是其固有的一项权利，并不随权利的转让而消灭。在权利转让的情况下，债务人可以向新债权人行使该权利。受让人不得以任何理由拒绝债务人权利的行使。

4）从权利随同主权利转让。《民法典》规定，债权人转让权利的，受让人取得与债权有关的从权利，但该从权利专属于债权人自身的除外。

（2）合同义务的转让。《民法典》规定，债务人将合同的义务全部或者部分转移给第三人的，应当经债权人同意。

合同义务转移分为两种情况：一种是合同义务的全部转移，在这种情况下，新的债务人完全取代了旧的债务人，新的债务人负责全面履行合同义务；另一种是合同义务的部分转移，即新的债务人加入到原债务中，与原债务人一起向债权人履行义务。无论是转移全部义务还是部分义务，债务人都需要征得债权人同意。未经债权人同意，债务人转移合同义务的行为对债权人不发生效力。

（3）合同中权利和义务的一并转让。《民法典》规定，当事人一方经对方同意，可以将自己在合同中的权利和义务一并转让给第三人。

权利和义务一并转让，是指合同一方当事人将其权利和义务一并转移给第三人，由第三人全部承受这些权利和义务。权利义务一并转让的后果，导致原合同关系的消灭，第三人取代了转让方的地位，产生出一种新的合同关系。只有经对方当事人同意，才能将合同的权利和义务一并转让。如果未经对方同意，一方当事人擅自一并转让权利和义务的，其转让行为无效，对方有权就转让行为对自己造成的损害，追究转让方的违约责任。

4. 可撤销合同

所谓可撤销合同，是指因意思表示不真实，通过有撤销权的机构行使撤销权，使已经生效的意思表示归于无效的合同。

（1）可撤销合同的种类。《民法典》规定，下列合同，当事人一方有权请求人民法院或者仲裁机构变更或者撤销：①因重大误解订立的；②在订立合同时显失公平的；③一方以欺诈、胁迫的手段或者乘人之危，使对方在违背真实意思的情况下订立的合同，受损害方有权请求人民法院或者仲裁机构变更或者撤销。当事人请求变更的，人民法院或者仲裁机构不得撤销。

1) 因重大误解订立的合同。所谓重大误解，是指误解者作出意思表示时，对涉及合同法律效果的重要事项存在着认识上的显著缺陷，其后果是使误解者的利益受到较大的损失，或者达不到误解者订立合同的目的。这种情况的出现，并不是由于行为人受到对方的欺诈、胁迫或者对方乘人之危而被迫订立的合同，而是由于行为人自己的大意、缺乏经验或者信息不通而造成的。

2) 在订立合同时显失公平的合同。所谓显失公平的合同，就是一方当事人在紧迫或者缺乏经验的情况下订立的使当事人之间享有的权利和承担的义务严重不对等的合同。如标的物的价值与价款过于悬殊，承担责任或风险显然不合理的合同，都可称为显失公平的合同。

3) 以欺诈、胁迫的手段或者乘人之危订立的合同。一方以欺诈、胁迫的手段订立合同，如果损害国家利益的，按照《民法典》的规定属无效合同。如果未损害国家利益，则受欺诈、胁迫的一方可以自主决定该合同有效或者请求撤销。

(2) 合同撤销权的行使。《民法典》规定，有下列情形之一的，撤销权消灭：①具有撤销权的当事人自知道或者应当知道撤销事由之日起一年内没有行使撤销权；②具有撤销权的当事人知道撤销事由后明确表示或者以自己的行为放弃撤销权。

需要注意的是，行使撤销权应当在知道或者应当知道撤销事由之日起一年内行使，并应当向人民法院或者仲裁机构申请。

(3) 被撤销合同的法律后果。《民法典》规定，无效的合同或者被撤销的合同自始没有法律约束力。合同部分无效，不影响其他部分效力的，其他部分仍然有效。合同无效、被撤销或者终止的，不影响合同中独立存在的有关解决争议方法的条款的效力。

5. 合同的终止

合同的终止，是指依法生效的合同，因具备法定的或当事人约定的情形，合同的债权、债务归于消灭，债权人不再享有合同的权利，债务人也不必再履行合同的义务。

《民法典》规定，有下列情形之一的，合同的权利义务终止：①债务已经按照约定履行；②合同解除；③债务相互抵消；④债务人依法将标的物提存；⑤债权人免除债务；⑥债权债务同归于一人；⑦法律规定或者当事人约定终止的其他情形。

(1) 合同解除的特征。合同的解除，是指合同有效成立后，当具备法律规定的合同解除条件时，因当事人一方或双方的意思表示而使合同关系归于消灭的行为。

合同解除具有以下特征：①合同的解除适用于合法有效的合同，而无效合同、可撤销合同不发生合同解除；②合同解除须具备法律规定的条件。非依照法律规定，当事人不得随意解除合同；③合同解除须有解除的行为。无论哪一方当事人享有解除合同的权利，其必须向对方提出解除合同的意思表示，才能达到合同解除的法律后果；④合同解除使合同关系自始消灭或者向将来消灭，可视为当事人之间未发生合同关系，或者合同尚存的权利义务不再履行。

（2）合同解除的种类。合同的解除分为约定解除和法定解除两大类：

1）约定解除合同。《民法典》规定，当事人协商一致，可以解除合同。当事人可以约定一方解除合同的条件。解除合同的条件成就时，解除权人可以解除合同。

2）法定解除。法定解除是法律直接规定解除合同的条件，当条件具备时，解除权人可直接行使解除权。

（3）解除合同的程序。《民法典》规定，当事人一方主张解除合同的，应当通知对方。合同自通知到达对方时解除。对方有异议的，可以请求人民法院或者仲裁机构确认解除合同的效力。法律、行政法律规定解除合同应当办理批准、登记等手续的，依照其规定。

当事人对异议期限有约定的依照约定，没有约定的，最长期3个月。

（4）施工合同的解除。

1）发包人解除施工合同。《解释》规定，承包人具有下列情形之一的，发包人请求解除建设工程施工合同的，应予支持：①明确表示后者以行为表明不履行合同主要义务的；②合同约定的期限内没有完工，且在发包人催告的合理期限内仍未完工的；③已经完成的建设工程质量不合格，并拒绝修复的；④将承包的建设工程非法转包、违法分包的。

2）承包人解除施工合同。《解释》规定，发包人具有下列情形之一的，致使承包人无法施工，且在催告的合理期限内仍未履行相应义务，承包人请求解除建设工程施工合同的，应予支持：①未按约定支付工程价款的；②提供的主要建筑材料、建筑构配件和设备不符合强制性标准的；③不履行合同约定的协助义务的。

3）施工合同解除的法律后果。《解释》规定，建设工程施工合同解除后，已经完成的建设工程质量合格的，发包人应当按照约定支付相应的工程价款；已经完成的建设工程质量不合格的，参照本解释第3条规定处理。因一方违约导致合同解除的，违约方应当赔偿因此而给对方造成的损失。

《解释》规定，建设工程施工合同无效，且建设工程经竣工验收不合格的，按照以下情形分别处理：①修复后的建设工程经竣工验收合格，发包人请求承包人承担修复费用的，应予支持；②修复后的建设工程经竣工验收不合格，承包人请求支付工程价款的，不予支持。

（九）合同担保

合同担保是合同当事人为了使合同能够得到全面按约履行，根据《民法典》和相关行政法规的规定，经协商一致而采取的一种具有法律效力的保护措施。担保的方式有保证、抵押、质押、留置或定金。监理合同、施工合同通常采用保证的担保形式，也有采用定金担保形式的。保证担保形式是指保证人和债权人约定，当被保证人不履行义务时，保证人按约定代其履行义务或承担赔偿责任的担

2215

合同担保

保行为。保证的形式有企业法人出具的担保"保证书"或银行出具的担保"保函"。

二、水利工程监理合同的管理

监理合同的标的是"监理服务"，因此招标人选择中标人的基本原则是"基于能力的原则"。监理服务是监理单位的高智能投入，服务工作完成的好坏不仅依赖于执行监理业务是否遵循了规范化管理程序，更多取决于参与监理工作人员的业务专长、经验、判断能力和创新能力，因此招标单位选择监理单位，鼓励能力竞争而不是价格竞争。

2216 ▶

保证合同

监理合同是工程发包人将项目建设过程中与第三方所签订的合同中履行的管理任务，以合同形式委托监理人负责监督、协调、管理的合同。监理合同属《民法典》规定的委托合同范畴。

监理业务的范围，可以是项目前期立项咨询、设计阶段、实施阶段、保修阶段的全部监理工作或某一阶段的监理工作。目前，我国实施施工阶段监理较普遍。施工阶段监理工作可包括：协助发包人选择承包人，组织设计、施工、设备采购等；技术监督和检查；施工管理等。

监理单位获得监理业务的方式有通过竞争或发包人直接委托两种方式。

（一）监理合同的特点

1. 服务型合同

监理人受聘于委托人，为其与其他人签订的工程合同履行负责监督、管理、协调和服务。监理人凭借自己的知识、经验和技能在项目实施过程中为委托人服务。

2217 ▶

监理合同的
特点

2. 非承包性合同

首先，监理人不向委托人承包工程造价；其次，监理合同履行期限与其他合同履行直接相关，如非监理人的责任造成工程延期或延误，监理合同的期限也将顺延；最后，对工程质量缺陷，监理人不负直接责任，监理人仅负责质量的控制和检验，保质保量按期完成工程是其他合同承包实施者的义务。

3. 非经营性合同

工程建设涉及的合同大部分都是经营性合同，即承包者履行合同以营利为目的，一方面合同承包价格内含有合理的预期利润，另一方面实施过程中通过加强管理、采用先进技术尽可能降低成本，以获取更大利润。

而监理人接受委托，不是以经营性营利为目的，而是以提供服务获得酬金，预期利润包括在签订的酬金内。

（二）监理合同的订立

2007 年，水利部和国家市场监督管理总局联合颁布《水利工程施工监理合同示范文本》（GF - 2007 - 0211）。其内容包含水利工程施工监理合同书、通用合同条款、专用合同条款、附件四个部分。

监理合同的组成文件及解释顺序如下：①监理合同书（含补充协议）；②中标通知书；③投标报价书；④专用合同条款；⑤通用合同条款；⑥监理大纲；⑦双方确认需进入合同的其他文件。

（三）监理合同的履行管理

1. 监理人的三种工作

按委托工程的范围划分，监理的任务可以分为正常监理工作、附加监理工作和额外监理工作三大类。

（1）正常监理工作。监理合同专用条款内注明的委托监理工作范围和内容，是订立合同时可以合理预见的工作，据此约定了监理工作时间和监理合同的酬金，这部分工作属于监理的正常工作。

（2）附加监理工作。附加监理工作是指与完成正常工作相关，但在委托正常监理工作以外监理人应完成的工作。一方面指增加监理工作量或工作时间，另一方面指增加监理工作的范围和内容。

（3）额外监理工作。额外监理工作是指服务内容和附加工作以外的工作，即非监理人的原因而暂停或终止监理业务，其善后工作及恢复监理业务前的准备工作。

由于附加工作和额外工作是委托正常工作之外要求监理人必须履行的业务，因此委托人在监理人完成工作后应另行支付附加监理工作酬金和额外监理工作酬金。

2. 监理人的权利和义务

《水利工程施工监理合同示范文本》（GF-2007-0211）中赋予了监理人以下相应的权利和义务。

（1）监理人的权利。

1）审查承包人拟选择的分包人和分包项目，报委托人批准。

2）审查承包人提交的施工组织设计、安全技术措施及专项施工方案等各类文件。

3）核查并签发施工图纸。

4）签发合同项目开工令、暂停施工指示，但应事前征得委托人的同意，签发进场通知、复工通知。

5）审核和签发工程计量、付款凭证。

6）核查承包人现场工作人员数量及相应岗位资格，有权要求承包人撤换不称职的现场工作人员。

7）发现承包人使用的施工设备影响工程质量或进度时，有权要求承包人增加或更换施工设备。

8）当委托人发生本合同专用条款约定的违约情形时，有权解除本合同。

9）专用合同条款约定的其他权利。

（2）监理人的义务。

1）本着"守法、诚信、公正、科学"的原则，按专用合同条款约定的监理服务内容为委托人提供优质服务。

2）在专用合同条款约定的时间内组建监理机构，并进驻现场。及时将监理规划、监理机构及其主要人员名单提交委托人，将监理机构及其人员名单、监理工程师和监理员的授权范围通知承包人；实施期间有变化的，应当及时通知承包人。更换总监理工程师和其他主要监理人员应征得委托人同意。

3）按照施工作业程序，采取旁站、巡视、跟踪检测和平行检测等方法实施监理。

需要旁站的重要部位和关键工序在专用合同条款中约定。

4）监督、检查工程施工进度。

5）发现设计文件不符合有关规定或合同约定时，应向委托人报告。

6）核验建筑材料、建筑构配件和设备质量，检查、检验并确认工程的施工质量；检查施工安全生产情况。发现存在质量、安全事故隐患，或发生质量、安全事故，应按有关规定及时采取相应的监理措施。

7）协调施工合同各方之间的关系。

8）按照委托人签订的工程保险合同，做好施工现场工程保险合同的管理。协助委托人向保险公司及时提供一切必要的材料和证据。

9）及时做好工程施工过程各种监理信息的收集、整理和归档，并保证现场记录、试验、检验、检查等资料的完整和真实。

10）编制监理日志，并向委托人提交监理月报、监理专题报告、监理工作报告。

11）按有关规定参加工程验收，做好相关配合工作。委托人委托监理主持的分部工程验收由专用合同条款约定。

12）妥善做好委托人所提供的工程建设文件资料的保存、回收和保密工作。在本合同期限内或专用合同条款约定的合同终止后的一定期限内，未征得委托人同意，不得公开涉及委托人的转移、专有技术或其他需保密的资料，不得泄露与本合同业务有关的技术、商务等秘密。

3. 委托人的权利和义务

《水利工程施工监理合同示范文本》（GF-2007-0211）中赋予了委托人以下相应的权利和义务。

（1）委托人的权利。

1）对监理工作进行监督、检查，并提出撤换不能胜任监理工作人员的建议或要求。

2）核定监理人签发的工程计量、付款凭证。

3）当监理人发生本合同专用条款约定的违约情形时，有权解除本合同。

4）对工程建设中质量、安全、投资、进度方面的重大问题的决策权。

5）要求监理人提交监理月报、监理专题报告和监理工作报告。

（2）委托人的义务。

1）工程建设外部环境的协调工作。

2）按专用合同条款约定的时间、数量、方式，免费向监理机构提供开展监理服务的有关本工程建设的资料。

3）在专用合同条款约定的时间内，就监理机构书面提交并要求作出决定的问题作出书面决定，并及时送达监理机构。当超过约定时间，监理机构未收到委托人的书面决定，且委托人未说明理由，监理机构可认为委托人对其提出的事宜已无不同意见，无须再作确认。

4）与承包人签订的施工合同中明确其赋予监理人的权限，并在工程开工前将监理单位、总监理工程师通知承包人。

5）提供监理人员在现场的工作和生活条件，具体内容在专用合同条款中明确。如果不能提供上述条件，应按实际发生费用给予监理人补偿。

6）按本合同约定及时、足额支付监理服务酬金。

7）为监理机构指定具有检验、试验资质的机构并承担检验、试验相关费用。

8）维护监理机构工作的独立性，不干涉监理机构正常开展监理业务，不擅自作出有悖于监理机构在合同授权范围内所作出的指示的决定；未经监理机构签字确认，不得支付工程款。

9）为监理人员投保人身意外伤害险和第三者责任险。如要求监理人自己投保，则应同意监理人将投保的费用计入报价中。

10）将投保工程险的保险合同提供给监理人作为工程合同管理的一部分。

11）未经监理人同意，不得将监理人用于本工程监理服务的任何文件直接或间接用于其他工程建设之中。

4．合同变更与终止

（1）由于工程建设计划调整、较大的工程设计变更、不良地质条件等非监理人原因致使合同约定的服务范围、内容和服务形式发生较大变化时，双方对监理服务酬金计取、监理服务期限等有关合同条款应当充分协商，签订监理补充协议。

（2）当发生法律或合同约定的解除合同的情形时，有权解除合同的一方要求解除合同的，应书面通知对方；若通知送达后 28 天内未收到对方的答复，可发出终止监理合同的通知，合同即行终止。因解除合同遭受损失的，除依法可以免除责任的外，应由责任方赔偿损失。

（3）在监理服务器内，由于国家政策致使工程建设计划重大调整，或不可抗力致使合同不能履行时，双方协商解决因合同终止所产生的遗留问题。

（4）合同在监理期限届满并结清监理服务酬金后即终止。

5．违约责任

（1）委托人未履行合同条款约定的义务和责任，除按专用合同条款约定向监理人支付违约金外，还应继续履行合同约定的义务和责任。

（2）委托人未按合同条款约定支付监理服务酬金，除按专用合同条款约定向监理人支付逾期付款违约金外，还应继续履行合同约定的支付义务。

（3）监理人未履行合同条款约定的义务和责任，除按专用合同条款约定向委托人支付违约金外，还应继续履行合同约定的义务和责任。

三、水利工程施工合同管理

为规范水利水电工程施工，水利部、国家电力公司、国家曾联合编制适合我国大中型水利水电工程施工的《水利水电工程施工合同和招标文件示范文本》（GF－2000－0208）。

为进一步加强水利水电工程施工招标管理，规范资格预审文件和招标文件编制工作，水利部在国家发展和改革委员会等九部委联合编制的《中华人民共和国标准施工招标资格预审文件》和《中华人民共和国标准施工招标文件（2007 年版）》基础之上，结合水利水电工程特点和行业管理需要，组织编制了《水利水电工程标准施工招标资格预审文件（2009 年版）》和《水利水电工程标准施工招标文件（2009 年版）》（简称《水利水电工程标准文件》）。

在《水利水电工程标准文件》中，第 4 章合同条款及格式由通用合同条款和专用合同条款构成。

（一）施工合同当事人的义务

1. 承包人义务

（1）遵守法律。承包人在履行合同过程中应遵守法律，并保证发包人免于承担因承包人违反法律而引起的任何责任。

（2）依法纳税。承包人应按有关法律规定纳税，应缴纳的税金包括在合同价格内。

（3）完成各项承包工作。承包人应按合同约定以及监理人作出的指示，实施、完成全部工作，并修补工程中的任何缺陷。除另有约定外，承包人应提供为完成合同工作所需的劳务、材料、施工设备、工程设备和其他物品，并按合同约定负责临时设施的设计、建造、运行、维护、管理和拆除。

（4）对施工作业和施工方法的完备性负责。承包人应按合同约定的工作内容和施工进度要求，编制施工组织设计和施工措施计划，并对所有施工作业和施工方法的完备性和安全可靠性负责。

（5）保证工程施工和人员的安全。承包人应按合同约定采取施工安全措施，确保工程及其人员、材料、设备和设施的安全，防止因工程施工造成的人身伤害和财产损失。

（6）负责施工场地及其周边环境与生态的保护工作。承包人应按照约定负责施工场地及其周边环境与生态的保护工作。

（7）避免施工对公众与他人的利益造成损害。承包人在进行合同约定的各项工作时，不得侵害发包人与他人使用公用道路、水源、市政管网等公共设施的权利，避免对临近的公共设施产生干扰。承包人占用或使用他人的施工场地，影响他人作业或生活的，应承担相应责任。

（8）为他人提供方便。承包人应按监理人的指示为他人在施工场地或临近实施与工程有关的其他各项工作提供可能的条件。除合同另有约定外，提供有关条件的内容和可能发生的费用，由监理人商定或确定。

（9）工程的维护和照管。除合同另有约定外，合同工程完工证书颁发前，承包人应负责照管和维护工程。合同工程完工证书颁发时尚有部分未完工程的，承包人还应负责该未完工程的照管和维护工作，直至完工后移交给发包人为止。

（10）其他义务。其他义务在专用合同条款中补充约定。

2. 发包人义务

（1）遵守法律。发包人在履行合同过程中应遵守法律，并保证承包人免于承担因发包人违反法律而引起的任何责任。

（2）发出开工通知。发包人应委托监理人按开工条款的约定向承包人发出开工通知。

（3）提供施工场地。

1）发包人应在合同双方签订合同协议书后的14天内，将本合同工程的施工场地范围图提交给承包人。发包人提供的施工场地范围图应标明场地范围内永久占地与临时占地的范围和界限，以及指明提供给承包人用于施工场地布置的范围和界限及其有关资料。

2）发包人提供的施工用地范围在专用合同条款中约定。

3）除专用合同条款另有约定外，发包人应按技术标准和要求（合同技术条款）的约定，向承包人提供施工场地内工程地质图纸和报告，以及地下障碍物图纸等施工场地有关资料，并保证资料的真实、准确、完整。

（4）协助承包人办理证件和批件。发包人应协助承包人办理法律规定的有关施工证件和批件。

（5）组织设计交底。发包人应根据合同进度计划，组织设计单位向承包人进行设计交底。

（6）支付合同价款。发包人应按合同约定向承包人及时支付合同价款。

（7）组织竣工验收（组织法人验收）。发包人应按合同约定及时组织法人验收。

（8）其他义务。其他义务在专用合同条款中补充约定。

（二）施工合同的组成和分类

1．施工合同文件的组成及解释顺序

施工合同文件的内容组成及解释顺序如下，排列在前的，解释顺序优先：①施工合同协议书；②中标通知书；③投标报价书；④施工合同专用条款；⑤施工合同通用条款；⑥标准、规范及有关技术文件；⑦图纸；⑧已标价的工程量清单；⑨经双方确认进入合同的其他文件。

2．以计价方式进行分类

（1）总价合同。总价合同是指在合同中确定一个完成项目的总价，承包单位据此完成项目全部内容的合同。

这类合同仅适用于工程量不太大且能精确计算、工期较短、技术不太复杂、风险不大的项目。采用这种合同类型要求建设单位必须准备详细而全面的设计图纸（一般要求施工详图）和各项说明，使承包单位能准确计算工程量。

（2）单价合同。单价合同是承包单位在投标时，按招标文件列出的工程量清单确定工程费用的合同类型。

这类合同的适用范围比较广泛，其风险可以得到合理的分担，并且能鼓励承包单位通过提高工效等手段从成本节约中提高利润。这类合同能够成立的关键在于双方对单价和工程量计算方法的确认。在合同履行中需要注意的问题则是双方对实际工程量计量的确认。

（3）成本加酬金合同。成本加酬金合同是由业主向承包单位支付工程项目的实际成本，并按事先约定的某一种方式支付酬金的合同类型。

在这类合同中，业主需要承担项目实际发生的一切费用，因此也就承担了项目的全部风险。而承包单位由于无风险，其报酬往往也较低。

这类合同的缺点是业主对工程总造价不易控制，承包商也往往不注意降低项目成本。这类合同主要适用于以下项目：

(1) 需要立即开展工作的项目，如震后的救灾工作。

(2) 新型的工程项目，或对项目工程内容及技术经济指标未确定。

(3) 风险很大的项目。

(三) 施工准备阶段的合同管理

1. 施工进度计划

《水利水电工程标准文件》规定：承包人应按技术标准和要求（合同技术条款）约定的内容和期限以及监理人的指示，编制详细的施工总进度计划及其说明提交监理人审批。监理人应在技术标准和要求（合同技术条款）约定的期限内批复承包人，否则该进度计划视为已得到批准。经监理人批准的施工进度计划称为合同进度计划，是控制合同工程进度的依据。承包人还应根据合同进度计划，编制更为详细的分阶段或单位工程或分部工程进度计划，报监理人审批。

2. 施工图纸

《水利水电工程标准文件》规定：发包人应按技术标准和要求（合同技术条款）约定的期限和数量将施工图纸以及其他图纸（包括配套说明和有关资料）提供给承包人。由于发包人未按时提供图纸造成工期延误的，承包人有权要求发包人延长工期和（或）增加费用，并支付合理利润。

设计人需要对已发给承包人的施工图纸进行修改时，监理人应在技术标准和要求（合同技术条款）约定的期限内签发施工图纸的修改图给承包人。承包人应按技术标准和要求（合同技术条款）的约定编制一份承包人实施计划提交监理人批准后执行。

承包人提供的文件应按技术标准和要求（合同技术条款）约定的期限和数量提供给监理人。监理人应按技术标准和要求（合同技术条款）约定的期限批复承包人。

3. 工程的分包

《水利水电工程标准文件》规定：承包人不得将其承包的全部工程转包给第三人，或将其承包的全部工程肢解后以分包的名义转包给第三人。承包人不得将主体工程、关键性工作分包给第三人。承包人应与分包人就分包工程向发包人承担连带责任。

分包分为工程分包和劳务作业分包。工程分包应遵循合同约定或者经发包人书面认可。禁止承包人将本合同工程进行违法分包。分包人应具备与分包工程规模和标准相适应的资质和业绩，在人力、设备、资金等方面具有承担分包工程施工的能力。分包人应自行完成所承包的任务。

在合同实施过程中，如承包人无力在合同规定的期限内完成合同中的应急防汛、抢险等危及公共安全和工程安全的项目，发包人可对该应急防汛、抢险等项目的部分工程指定分包人。因非承包人原因形成指定分包条件的，发包人的指定分包不应增加承包人的额外费用；因承包人原因形成指定分包条件的，承包人应承担指定分包所增加的费用。

由指定分包人造成的与其分包工作有关的一切索赔、诉讼和损失赔偿由指定分包人直接对发包人负责，承包人不对此承担责任。

承包人和分包人应当签订分包合同，并履行合同约定的义务。分包合同必须遵循承包合同的各项原则，满足承包合同中相应条款的要求。发包人可以对分包合同实施情况进行监督检查。承包人应将分包合同副本提交发包人和监理人。

除指定分包外，承包人对其分包项目的实施以及分包人的行为向发包人负全部责任。承包人应对分包项目的工程进度、质量、安全、计量和验收等实施监督和管理。

分包人应按专用合同条款约定设立项目管理机构组织管理分包工程的施工活动。

4. 支付工程预付款

《水利水电工程标准文件》规定：预付款用于承包人为合同工程施工购置材料、工程设备、施工设备、修建临时设施以及组织施工队伍进场等。预付款的额度和预付办法在专用合同条款中约定。预付款必须专用于合同工程。

除专用合同条款另有约定外，承包人应在收到预付款的同时向发包人提交预付款保函，预付款保函的担保金额应与预付款金额相同。保函的担保金额可根据预付款扣回的金额相应递减。

预付款在进度付款中扣回，扣回办法在专用合同条款中约定。在颁发工程接收证书前，由于不可抗力或其他原因解除合同时，预付款尚未扣清的，尚未扣清的预付款余额应作为承包人的到期应付款。

5. 开工

《水利水电工程标准文件》规定：监理人应在开工日期7天前向承包人发出开工通知。监理人在发出开工通知前应获得发包人同意。工期自监理人发出的开工通知中载明的开工日期起计算。承包人应在开工日期后尽快施工。

承包人应按约定的合同进度计划，向监理人提交工程开工报审表，经监理人审批后执行。开工报审表应详细说明按合同进度计划正常施工所需的施工道路、临时设施、材料设备、施工人员等施工组织措施的落实情况以及工程的进度安排。

若发包人未能按合同约定向承包人提供开工的必要条件，承包人有权要求延长工期。监理人应在收到承包人的书面要求后，按有关条款约定，与合同双方商定或确定增加的费用和延长的工期。

承包人在接到开工通知后的14天内未按进度计划要求及时进场组织施工，监理人可通知承包人在接到通知后7天内提交一份说明其进场延误的书面报告，报送监理人。书面报告应说明不能及时进场的原因和补救措施，由此增加的费用和工期延误责任由承包人承担。

（四）施工过程的合同管理

在《水利水电工程标准文件》中，涉及以下相关施工过程中的合同管理内容。

1. 对材料和设备的控制

（1）发包人提供的材料和工程设备。

1）发包人提供的材料和工程设备，应在专用合同条款中写明材料和工程设备的名称、规格、数量、价格、交货方式、交货地点和计划交货日期等。

2）承包人应根据合同进度计划的安排，向监理人报送要求发包人交货的日期计划。发包人应按照监理人与合同双方当事人商定的交货日期，向承包人提交材料和工程设备。

3）发包人应在材料和工程设备到货 7 天前通知承包人，承包人应会同监理人在约定的时间内，赴交货地点共同进行验收。发包人提供的材料和工程设备运至交货地点验收后，由承包人负责接收、卸货、运输和保管。

4）发包人要求向承包人提前交货的，承包人不得拒绝，但发包人应承担承包人由此增加的费用。

5）承包人要求更改交货日期或地点的，应事先报请监理人批准。由于承包人要求更改交货时间或地点所增加的费用和（或）工期延误由承包人承担。

6）发包人提供的材料和工程设备的规格、数量或质量不符合合同要求，或由于发包人原因发生交货日期延误及交货地点变更等情况的，发包人应承担由此增加的费用和（或）工期延误，并向承包人支付合理利润。

（2）承包人提供的材料和工程设备。

1）除约定由发包人提供的材料和工程设备外，承包人负责采购、运输和保管完成本合同工作所需的材料和工程设备。承包人应对其采购的材料和工程设备负责。

2）承包人应按专用合同条款的约定，将各项材料和工程设备的供货人及品种、规格、数量和供货时间等报送监理人审批。承包人应向监理人提交其负责提供的材料和工程设备的质量证明文件，并满足合同约定的质量标准。

3）对承包人提供的材料和工程设备，承包人应会同监理人进行检验和交货验收，查验材料合格证明和产品合格证书，并按合同约定和监理人指示，进行材料的抽样检验和工程设备的检验测试，检验和测试结果应提交监理人，所需费用由承包人承担。

（3）材料和工程设备专用于合同工程。

1）运入施工场地的材料、工程设备，包括备品备件、安装专用工器具与随机资料，必须专用于合同工程，未经监理人同意，承包人不得运出施工场地或挪作他用。

2）随同工程设备运入施工场地的备品备件、专用工器具与随机资料，应由承包人会同监理人按供货人的装箱单清点后共同封存，未经监理人同意不得启用。承包人因合同工作需要使用上述物品时，应向监理人提出申请。

（4）禁止使用不合格的材料和工程设备。

1）监理人有关拒绝承包人提供的不合格材料或工程设备，并要求承包人立即进行更换。监理人应在更换后再次进行检查和检验，由此增加的费用和（或）工期延误由承包人承担。

2）监理人发现承包人使用了不合格的材料和工程设备，应即时发出指示要求承包人立即改正，并禁止在工程中继续使用不合格的材料和工程设备。

3）发包人提供的材料或工程设备不符合合同要求的，承包人有权拒绝，并可要求发包人更换，由此增加的费用和（或）工期延误由发包人承担。

2. 施工进度管理

不论何种原因造成工程的实际进度与合同进度计划不符时，承包人均应在 14 天内向监理人提交修订合同进度计划的申请报告，并附有关措施和相关资料，报监理人审批，监理人应在收到申请报告后的 14 天内批复。当监理人认为需要修订合同进度计划时，承包人应按监理人的指示，在 14 天内向监理人提交修订的合同进度计划，并附调整计划的相关资料，提交监理人审批。监理人应在收到进度计划后的 14 天内批复。

不论何种原因造成施工进度延迟，承包人均应按监理人的指示，采取有效措施赶上进度。承包人应在向监理人提交修订合同进度计划的同时，编制一份赶工措施报告提交监理人审批。

3. 施工质量管理

(1) 工程质量要求。

1) 工程质量验收按合同约定验收标准执行。

2) 因承包人原因造成工程质量达不到合同约定验收标准的，监理人有权要求承包人返工直至符合合同要求为止，由此造成的费用增加和（或）工期延误由承包人承担。

3) 因发包人原因造成工程质量达不到合同约定验收标准的，发包人应承担由于承包人返工造成的费用增加和（或）工期延误，并支付承包人合理利润。

(2) 承包人的质量管理。

1) 承包人应在施工现场设置专门的质量检查机构，配备专职质量检查人员，建立完善的质量检查制度。承包人应按技术标准和要求（合同技术条款）约定的内容和期限，编制工程质量保证措施文件，包括质量检查机构的组织和岗位责任、质量检查人员的组成、质量检查程序和实施细则等，提交监理人审批。监理人应在技术标准和要求（合同技术条款）约定的期限内批复承包人。

2) 承包人应加强对施工人员的质量教育和技术培训，定期考核施工人员的劳动技能，严格执行规范和操作规程。

(3) 承包人的质量检查。承包人应按合同约定对材料、工程设备以及工程的所有部位及其施工工艺进行全过程的质量检查和检验，并做详细记录，编制工程质量报表，报送监理人审查。

(4) 监理人的质量检查。监理人有权对工程的所有部位及其施工工艺、材料和工程设备进行检查和检验。承包人应为监理人的检查和检验提供方便，包括监理人到施工场地，或制造、加工地点，或合同约定的其他地方进行查看和查阅施工原始记录。承包人还应按监理人指示，进行施工场地取样试验、工程复核测量和设备性能检测，提供试验样品、提交试验报告和测量成果以及监理人要求进行的其他工作。监理人的检查和检验，不免除承包人按合同约定应负的责任。

(5) 隐蔽部位的检查。

1) 通知监理人检查。经承包人自检确认的工程隐蔽部位具备覆盖条件后，承包人应通知监理人在约定的期限内检查。承包人的通知应附有自检记录和必要的检查资料。监理人应按时到场检查。经监理人检查确认质量符合隐蔽要求，并在检查记录上签字后，承包人才能进行覆盖。监理人检查确认质量不合格的，承包人应在监理人指示的时间内修整返工后，由监理人重新检查。

2）监理人未到场检查。监理人未按约定的时间进行检查的，除监理人另有指示外，承包人可自行完成覆盖工作，并作相应记录报送监理人，监理人应签字确认。监理人事后对检查记录有疑问的，可按约定重新检查。

3）监理人重新检查。承包人按有关约定覆盖工程隐蔽部位后，监理人对质量有疑问的，可要求承包人对已覆盖的部位进行钻孔探测或揭开重新检验，承包人应遵照执行，并在检验后重新覆盖恢复原状。经检验证明工程质量符合合同要求的，由发包人承担由此增加的费用和（或）工期延误，并支付承包人合理利润；经检验证明工程质量不符合合同要求的，由此增加的费用和（或）工期延误由承包人承担。

4）承包人私自覆盖。当承包人未通知监理人到场检查，私自将工程隐蔽部位覆盖的，监理人有权指示承包人钻孔探测或揭开检查，由此增加的费用和（或）工期延误由承包人承担。

（6）清除不合格工程。

1）承包人使用不合格材料、工程设备，或采用不适当的施工工艺，或施工不当，造成工程不合格的，监理人可以随时发出指示，要求承包人立即采取措施进行补救，直至达到合同要求的质量标准，由此增加的费用和（或）工期延误由承包人承担。

2）由于发包人提供的材料或工程设备不合格造成的工程不合格，需要承包人采取措施补救的，发包人应承担由此增加的费用和（或）工期延误，并支付承包人合理利润。

（7）质量评定。

1）发包人应组织承包人进行工程项目划分，并确定单位工程、主要分部工程、重要隐蔽单元工程和关键部位单元工程。

2）工程实施过程中，单位工程、主要分部工程、重要隐蔽单元工程和关键部位单元工程的项目划分需要调整时，承包人应报发包人确认。

3）承包人应在单元（工序）工程质量自评合格后，报监理人核定质量等级并签证认可。

4）除专用合同条款另有约定外，承包人应在重要隐蔽单元工程和关键部位单元工程质量自评合格及监理人抽检后，由监理人组织承包人等单位组成的联合小组，共同检查核定其质量等级并填写签证表。发包人按有关规定完成质量结论报工程质量监督机构核备手续。

5）承包人应在分部工程质量自评合格后，报监理人复核和发包人认定。发包人负责按有关规定完成分部工程质量结论报工程质量监督机构核备（核定）手续。

6）承包人应在单位工程质量自评合格后，报监理人复核和发包人认定。发包人负责按有关规定完成单位工程质量结论报工程质量监督机构核定手续。

7）除专用合同条款另有约定外，工程质量等级分为合格和优良，应分别达到约定的标准。

（8）质量事故处理。

1）发生质量事故时，承包人应及时向发包人和监理人报告。

2）质量事故调查处理由发包人按相关规定履行手续，承包人应配合。

3）承包人应对质量缺陷进行备案。发包人委托监理人对质量缺陷备案情况进行监督检查并履行相关手续。

4）除专用合同条款另有约定外，工程竣工验收时，发包人负责向竣工验收委员会回报并提交历次质量缺陷处理的备案资料。

4. 工程量计量

计量采用国家法定的计量单位。结算工程量应按工程量清单中约定的方法计量。除专用合同条款另有约定外，单价子目已完成工程量按月计量，总价子目的计量周期按批准的支付分解报告确定。

（1）单价子目的计量。

1）已标价工程量清单中的单价子目工程量为估算工程量。结算工程量是承包人实际完成的，并按合同约定的计量方法进行计量的工程量。

2）承包人对已完成的工程进行计量，向监理人提交进度付款申请单、已完成工程量报表和有关计量资料。

3）监理人对承包人提交的工程量报表进行复核，以确定实际完成的工程量。对数量有异议的，可要求承包人按施工测量条款约定进行共同复核和抽样复测。承包人应协助监理人进行复核并按监理人要求提供补充计量资料。承包人未按监理人要求参加复核的，监理人复核或修正的工程量视为承包人实际完成的工程量。

4）监理人认为有必要时，可通知承包人共同进行联合测量、计量，承包人应遵照执行。

5）承包人完成工程量清单中每个子目的工程量后，监理人应要求承包人派员共同对每个子目的历次计量报表进行汇总，以核实最终结算工程量。监理人可要求承包人提供补充计量资料，以确定最后一次进度付款的准确工程量。承包人未按监理人要求派员参加的，监理人最终核实的工程量视为承包人完成该子目的准确工程量。

6）监理人应在收到承包人提交的工程量报表后的 7 天内进行复核，监理人未在约定时间内复核的，承包人提交的工程量报表中的工程量视为承包人实际完成的工程量，据此计算工程价款。

（2）总价子目的计量。总价子目的分解和计量按照下述约定进行：

1）总价子目的计量和支付应以总价为基础，不因物价波动的因素而进行调整。承包人实际完成的工程量，是进行工程目标管理和控制进度支付的依据。

2）承包人应按工程量清单的要求对总价子目进行分解，并在签订协议书后的 28 天内将各子目的总价支付分解表提交监理人审批。分解表应标明其所属子目和分阶段需支付的金额。承包人应按批准的各总价子目支付周期，对已完成的总价子目进行计量，确定分项的应付金额列入进度付款申请单中。

3）监理人对承包人提交的上述资料进行复核，以确定分阶段实际完成的工程量和工程形象目标。对其有异议的，可要求承包人按施工测量条款约定进行共同复核和抽样复测。

4）除按照有关条款约定的变更外，总价子目的工程量是承包人用于结算的最终工程量。

5. 工程进度款的支付

（1）付款周期同计量周期。

（2）承包人应在每个付款周期末，按监理人批准的格式和专用合同条款约定的份数，向监理人提交进度付款申请单，并附相应的支持性证明文件。除专用合同条款另有约定外，进度付款申请单应包括下列内容：

1）截至本次付款周期末已实施工程的价款。

2）应增加和扣减的变更金额。

3）应增加和扣减的索赔金额。

4）应支付的预付款和扣减的返还预付款。

5）应扣减的质量保证金。

6）根据合同应增加和扣减的其他金额。

（3）进度付款证书和支付时间。

1）监理人在收到承包人进度付款申请单以及相应的支持性证明文件后的 14 天内完成核查，提出发包人到期应支付给承包人的金额以及相应的支持性材料，经发包人审查同意后，由监理人向承包人出具经发包人签认的进度付款证书。监理人有权扣发承包人未能按照合同要求履行任何工作或义务的相应金额。

2）发包人应在监理人收到进度付款申请单后的 28 天内，将进度应付款支付给承包人。发包人不按期支付的，按专用合同条款的约定支付逾期付款违约金。

3）监理人出具进度付款证书，不应视为监理人已同意、批准或接受了承包人完成的该部分工作。

4）进度付款涉及政府投资资金的，按照国库集中支付等国家相关规定和专用合同条款的约定办理。

（4）工程进度付款的修正。在对以往历次已签发的进度付款证书进行汇总和复核中发现错、漏或重复的，监理人有权予以修正，承包人也有权提出修正申请。经双方复核同意的修正，应在本次进度付款中支付或扣除。

6. 变更管理

（1）变更的范围和内容。除专用合同条款另有约定外，在履行合同中发生以下情形之一，应按照约定进行变更。

1）取消合同中任何一项工作，但被取消的工作不能转由发包人或其他人实施。

2）改变合同中任何一项工作的质量或其他特性。

3）改变合同工程的基线、标高、位置或尺寸。

4）改变合同中任何一项工作的施工时间或改变已批准的施工工艺或顺序。

5）为完成工程需要追加的额外工作。

（2）变更权。在履行合同过程中，经发包人同意，监理人可按约定的变更程序向承包人作出变更指示，承包人应遵照执行。没有监理人的变更指示，承包人不得擅自变更。

（3）变更程序。

1）变更的提出。

a. 在合同履行过程中，可能发生约定情形的，监理人可向承包人发出变更意向书。变更意向书应说明变更的具体内容和发包人对变更的时间要求。并附必要的图纸和相关资料。变更意向书应要求承包人提交包括拟实施变更工作的计划、措施和竣工时间等内容的实施方案。发包人同意承包人根据变更意向书要求提交变更实施方案的，由监理人按约定发出变更指示。

b. 在合同履行过程中，发生约定情形时，监理人应向承包人发出变更指示。

c. 承包人收到监理人按合同约定发出的图纸和文件，经检查认为其中存在约定情形的，可向监理人提出书面变更建议。变更建议应阐明要求变更的依据，并附必要的图纸和说明。监理人收到承包人书面建议后，应与发包人共同研究，确认存在变更的，应在收到承包人书面建议后的 14 天内作出变更指示。经研究后不同意作为变更的，应由监理人书面答复承包人。

d. 若承包人收到监理人的变更意向书后认为难以实施此项变更，应立即通知监理人，说明原因并附详细依据。监理人与承包人和发包人协商后确定撤销、改变或不改变原变更意向书。

2）变更估价。

a. 除专用合同条款对期限另有约定外，承包人应在收到变更指示或变更意向书后的 14 天内，向监理人提交变更报价书，报价内容应根据约定的估价原则，详细开列变更工作的价格组成及其依据，并附必要的施工方法说明和有关图纸。

b. 变更工作影响工期的，承包人应提出调整工期的具体细节。监理人认为有必要时，可要求承包人提交要求提前或延长工期的施工进度计划或相应施工措施等详细资料。

c. 除专用合同条款对期限另有约定外，监理人收到承包人变更报价书后的 14 天内，根据约定的估价原则，商定或确定变更价格。

3）变更指示。

a. 变更指示只能由监理人发出。

b. 变更指示应说明变更的目的、范围、变更内容以及变更的工程量及其进度和技术要求，并附有关图纸和文件。承包人收到变更指示后，应按变更指示进行变更工作。

（4）变更的估价原则。除专用合同条款另有约定外，因变更引起的价格调整按照本款约定处理。

1）已标价工程量清单中有适用于变更工作的子目的，采用该子目的单价。

2）已标价工程量清单中无适用于变更工作的子目，但有类似子目的，可在合理范围内参照类似子目的单价，由监理人商定或确定变更工作的单价。

3）已标价工程量清单中无适用或类似子目的单价，可按照成本加利润的原则，由监理人商定或确定变更工作的单价。

（5）承包人的合理化建议。

1）在履行合同过程中，承包人对发包人提供的图纸、技术要求以及其他方面提出的合理化建议，均应以书面形式提交监理人。合理化建议书的内容应包括建议工作的详细说明、进度计划和效益以及与其他工作的协调等，并附必要的设计文件。监理人应与发包人协商是否采纳建议。建议被采纳并构成变更的，应按约定向承包人发出变更指示。

2）承包人提出的合理化建议降低了合同价格、缩短了工期或者提高了工程经济效益的，发包人可按国家有关规定在专用合同条款中约定给予奖励。

（6）暂列金额。暂列金额只能按照监理人的指示使用，并对合同价格进行相应调整。

（7）计日工。

1）发包人认为有必要时，由监理人通知承包人以计日工方式实施变更的零星工作。其价款按列入已标价工程量清单中的计日工计价子目及其单价进行计算。

2）采用计日工计价的任何一项变更工作，应从暂列金额中支付，承包人应在该项变更的实施过程中，每天提交以下报表和有关凭证报送监理人审批：

a. 工作名称、内容和数量。

b. 投入该工作所有人员的姓名、工种、级别和耗用工时。

c. 投入该工作的材料类别和数量。

d. 投入该工作的施工设备型号、台数和耗用台时。

e. 监理人要求提交的其他资料和凭证。

3）计日工由承包人汇总后，按约定列入进度付款申请单，由监理人复核并经发包人同意后列入进度付款。

（8）暂估价。

1）发包人在工程量清单中给定暂估价的材料、工程设备和专业工程属于依法必须招标的范围并达到规定的规模标准的，若承包人不具备承担暂估价项目的能力或具备承担暂估价项目的能力但明确不参与投标的，由发包人和承包人组织招标；若承包人具备承担暂估价项目的能力且明确参与投标的，由发包人组织招标。暂估价项目中标金额与工程量清单中所列金额差及相应的税金等其他费用列入合同价格。必须招标的暂估价项目招标组织形式、发包人和承包人组织招标时双方的权利义务关系在专用合同条款中约定。

2）发包人在工程量清单中给定暂估价的材料和工程设备不属于依法必须招标的范围或未达到规定的规模标准的，应由承包人按约定提供。经监理人确认的材料、工程设备的价格与工程量清单中所列的暂估价的金额差以及相应的税金等其他费用列入合同价格。

3）发包人在工程量清单中给定暂估价的专业工程不属于依法必须招标的范围或未达到规定的规模标准的，由监理人进行估价，但专用合同条款另有约定的除外。经估价的专业工程与工程量清单中所列的暂估价的金额差以及相应的税金等其他费用列人合同价格。

7. 不可抗力

（1）不可抗力的确认。

1）不可抗力是指承包人和发包人在订立合同时不可预见，在工程施工过程中不可避免发生并不能克服的自然灾害和社会性突发事件，如地震、海啸、瘟疫、水灾、骚乱、暴动、战争和专用合同条款约定的其他情形。

2）不可抗力发生后，发包人和承包人应及时认真统计所造成的损失，收集不可抗力造成损失的证据。合同双方对是否属于不可抗力或其损失的意见不一致的，由监理人按有关条款商定或确定。发生争议时，按有关条款的约定办理。

（2）不可抗力的通知。

1）合同一方当事人遇到不可抗力事件，使其履行合同义务受到阻碍时，应立即通知合同另一方当事人和监理人，书面说明不可抗力和受阻碍的详细情况，并提供必要的证明。

2）如不可抗力持续发生，合同一方当事人应及时向合同另一方当事人和监理人提交中间报告，说明不可抗力和履行合同受阻的情况，并于不可抗力事件结束后28天内提交最终报告及有关资料。

（3）不可抗力后果及其处理。

1）不可抗力造成损害的责任。除专用合同条款另有约定外，不可抗力导致的人员伤亡、财产损失、费用增加和（或）工期延误等后果，由合同双方按以下原则承担：

a. 永久工程，包括已运至施工场地的材料和工程设备的损害，以及因工程损害造成的第三者人员伤亡和财产损失由发包人承担。

b. 承包人设备的损坏由承包人承担。

c. 发包人和承包人各自承担其人员伤亡和其他财产损失及其相关费用。

d. 承包人的停工损失由承包人承担，但停工期间应按监理人要求照管工程和清理、修复工程的金额由发包人承担。

e. 不能按期竣工的，应合理延长工期，承包人不需支付逾期竣工违约金。发包人要求赶工的，承包人应采取赶工措施，赶工费用由发包人承担。

2）延迟履行期间发生的不可抗力。合同一方当事人延迟履行，在延迟履行期间发生不可抗力的，不免除其责任。

3）避免和减少不可抗力损失。不可抗力发生后，发包人和承包人均应采取措施尽量避免和减少损失的扩大，任何一方没有采取有效措施导致损失扩大的，应对扩大的损失承担责任。

4）因不可抗力解除合同。合同一方当事人因不可抗力不能履行合同的，应当及时通知对方解除合同。合同解除后，承包人应按照有关条款约定撤离施工场地。已经订货的材料、设备由订货方负责退货或解除订货合同，不能退还的货款和因退货、解除订货合同发生的费用，由发包人承担，因未及时退货造成的损失由责任方承担。合同解除后的付款，参照有关条款约定，由监理人按有关条款商定或确定。

（五）竣工验收阶段的合同管理

1. 验收工作分类

验收工作按主持单位分为法人验收和政府验收。法人验收和政府验收的类别在专用合同条款中约定。除专用合同条款另有约定外，法人验收由发包人主持。承包人应完成法人验收和政府验收的配合工作，所需费用应含在已标价工程量清单中。

2. 分部工程验收

（1）分部工程具备验收条件时，承包人应向发包人提交验收申请报告，发包人应在收到验收申请报告之日起10个工作日内决定是否同意进行验收。

（2）除专用合同条款另有约定外，监理人主持分部工程验收，承包人应派符合条件的代表参加验收工作组。

（3）分部工程验收通过后，发包人向承包人发送分部工程验收鉴定书。承包人应及时完成分部工程验收鉴定书载明应由承包人处理的遗留问题。

3. 单位工程验收

（1）单位工程具备验收条件时，承包人应向发包人提交验收申请报告，发包人应在收到验收申请报告之日起10个工作日内决定是否同意进行验收。

（2）发包人主持单位工程验收，承包人应派符合条件的代表参加验收工作组。

（3）单位工程验收通过后，发包人向承包人发送单位工程验收鉴定书。承包人应及时完成单位工程验收鉴定书载明应由承包人处理的遗留问题。

（4）需提前投入使用的单位工程应在专用合同条款中明确。

4. 合同工程完工验收

（1）合同工程具备验收条件时，承包人应向发包人提交验收申请报告，发包人应在收到验收申请报告之日起20个工作日内决定是否同意进行验收。

（2）发包人主持合同工程完工验收，承包人应派代表参加验收工作组。

（3）合同工程完工验收通过后，发包人向承包人发送合同工程完工验收鉴定书。承包人应及时完成合同工程完工验收鉴定书载明应由承包人处理的遗留问题。

（4）合同工程完工验收通过后，发包人与承包人应在30个工作日内组织专人负责工程交接，双方交接负责人应在交接记录上签字。承包人应按验收鉴定书约定的时间及时移交工程及其档案资料。工程移交时，承包人应向发包人递交工程质量保修书。在承包人递交了工程质量保修书、完成施工场地清理以及提交有关资料后，发包人应在30个工作日内向承包人颁发合同工程完工证书。

5. 阶段验收

（1）工程建设具备阶段验收条件时，发包人负责提出阶段验收申请报告。承包人应派代表参加阶段验收，并作为被验收单位在验收鉴定书上签字。阶段验收的具体类别在专用合同条款中约定。

（2）承包人应及时完成阶段验收鉴定书载明应由承包人处理的遗留问题。

6. 专项验收

（1）发包人负责提出专项验收申请报告。承包人应按专项验收的相关规定参加专项验收。专项验收的具体类别在专用合同条款中约定。

（2）承包人应及时完成专项验收成果性文件载明应由承包人处理的遗留问题。

7. 竣工验收

（1）申请竣工验收前，发包人组织竣工验收自查，承包人应派代表参加。

（2）竣工验收分为竣工技术预验收和竣工验收两个阶段。发包人应通知承包人派代表参加技术预验收和竣工验收。

（3）专用合同条款约定工程需要进行技术鉴定的，承包人应提交有关资料并完成配合工作。

（4）竣工验收需要进行质量检测的，所需费用由发包人承担，但因承包人原因造成质量不合格的除外。

（5）工程质量保修期满以及竣工验收遗留问题和尾工处理完成并通知验收后，发包人负责将处理情况和验收成果报送竣工验收主持单位，申请领取工程竣工证书，并发送承包人。

【工程案例模块】

2218 ⓣ

监理合同管理练习

案例一：

1. 背景资料

甲水利建筑工程公司（以下简称"甲公司"）拟向乙建筑材料供货商（以下简称"乙公司"）购买一批钢材。双方经过口头协商，约定购买钢材150t，单价3800元/t，并拟订了准备签字盖章的买卖合同文本。乙公司签字盖章后，交给了甲公司准备签字盖章。由于工期紧张，在甲公司催促下，乙公司在未收到甲公司签字盖章的合同文本情形下，将150t钢材送到甲公司施工现场。甲公司接收了并投入工程使用。后因拖欠货款，双方产生了纠纷。

2. 问题

甲、乙公司的买卖合同是否成立？

3. 案例分析

《民法典》规定，"当事人采用合同书形式订立合同的，自双方当事人签字或者盖章时合同成立"。还规定，"采用合同书形式订立合同，在签字或者盖章之前，当事人一方已经履行主要义务，对方接受的，该合同成立"。

双方当事人在合同中签字盖章十分重要。如果没有双方当事人的签字盖章，就不能最终确认当事人对合同的内容协商一致，也难以证明合同的成立有效。但是，如果一个以书面形式订立的合同已经履行，仅仅是没有签字盖章，就认定合同不成立，则违背了当事人的真实意思。当事人既然已经履行，合同当然依法成立。

案例二：

1. 背景资料

甲建筑公司挂靠于一资质较高的乙建筑公司，以乙建筑公司名义承揽了一项工程，并与建设单位丙公司签订了施工合同。但在施工过程中，由于甲建筑公司的实际施工技术力量和管理能力都较差，造成了工程进度的延误和一些工程质量缺陷。丙建设单位以此为由，不予支付余下的工程款。甲建筑公司以乙建筑公司名义将丙建设单位告上了法庭。

2．问题

（1）甲建筑公司以乙建筑公司名义与丙建设单位签订的施工合同是否有效？

（2）丙建设单位是否应当支付余下的工程款？

3．案例分析

问题1：《最高人民法院关于审理建设工程施工合同纠纷案件适用法律问题的解释》第4条规定："承包人非法转包、违法分包建设工程或者没有资质的实际施工人借用有资质的建筑施工企业名义与他人签订建设工程施工合同的行为无效。"甲建筑公司以乙建筑公司名义与丙建设单位签订的施工合同，是没有资质的实际施工人借用有资质的建筑施工企业名义签订的合同，属无效合同，不具有法律效力。

问题2：丙建筑公司是否应当支付余下的工程款要视该工程竣工验收的结果而定。《最高人民法院关于审理建设工程施工合同纠纷案件适用法律问题的解释》规定："建设工程施工合同无效，但建设工程经竣工验收合格，承包人请求参照约定支付工程价款的，应予支持。建设工程施工合同无效，且建设工程经竣工验收不合格的，按照以下情形分别处理：①修复后的建设工程经竣工验收合格，发包人请求承包人承担修复费用的，应予支持；②修复后的建设工程经竣工验收不合格的，承包人请求支付工程价款的，不予支持。"

任务二　水利工程建设监理信息管理

【任务布置模块】

学习任务

了解信息、信息系统、信息管理、监理信息分类的基本概念，掌握建设监理档案管理要求，熟悉建设监理文件资料的立卷归档内容。

能力目标

能运用信息管理相关知识完成基本的监理信息管理、档案管理工作任务。

【教学内容模块】

一、信息管理概述

（一）信息管理相关概念

1．信息

信息就是对客观事物的反映，从本质上看信息是对社会、自然界的事物特征、现象、本质及规律的描述。

2．信息管理

信息管理，是指对信息的收集、加工整理、储存、传递与应用等一系列工作的总

2221

监理的信息管理

2222

信息管理与档案管理

2223

信息管理的内容

称。信息管理的目的就是通过有组织的信息流通，使决策者能及时、准确地获得相应的信息。根据《水利工程施工监理规范》（SL 288—2014）规定，监理机构建立的信息管理体系应包括下列内容：

（1）配置信息管理人员并制定相应岗位职责。

（2）制定包括文档资料收集、分类、保管、保密、查阅、复制、整编、移交、验收和归档等制度。

（3）制定包括文件资料签收、送阅程序，制定文件起草、打印、校核、签发等管理程序。

（4）文件、报表格式应复核下列规定：①常用报告、报表格式宜采用《水利工程施工监理规范》（SL 288—2014）所列的和国务院水行政主管部门引发的其他标准格式。②文件格式应遵守国家及有关部门发布的公文管理格式，如文号、签发、标题、关键词、主送与抄送、密级、日期、纸型、版式、字体、份数等。

（5）建立信息目录分类清单、信息编码体系，确定监理信息资料内部分类归档方案。

（6）建立计算机辅助信息管理系统。

3. 信息系统

信息系统是由计算机硬件、网络和通信设备、计算机软件、信息资源、信息用户和规章制度组成的以处理信息流为目的的人机一体化系统。

4. 监理信息系统

监理信息系统是建设工程信息系统的一个组成部分，建设工程信息系统由建设单位、勘察设计单位、施工承包单位、工程监理单位、建设行政主管部门、建设材料设备供应单位等各自的信息系统组成，监理信息系统是建设工程信息系统的一个子系统，也是监理单位整个信息系统的一个子系统。

（二）监理信息分类

按照一定的方式与标准将建设信息予以分类，可便于进行信息资料的归档管理与查询、建立信息联系、进行信息统计以及在监理工作中高效利用信息。建设监理过程中，涉及大量的信息，可依据不同角度划分。

1. 按建设监理信息的来源划分

按建设监理信息的来源，可将建设信息分为以下几种：

（1）发包人来函。如发包人的通知、指示、确认等。

（2）承包人来函。如承包人的请示、报批的技术文件、报告等。

（3）监理人发函。如监理人的请示、通知、指示、批复、报告等。

（4）监理机构内部技术文件、管理制度、通知、报告现场记录、调查表、监测数据、会议纪要等。

（5）主管部门文件。

（6）其他单位来函。

2. 按建设监理的目标划分

按建设监理的目标，可将监理信息分为以下几种：

（1）投资控制信息。投资控制信息是指与投资控制直接有关的信息，如各种估算指标、类似工程造价、物价指数、概算定额、预算定额、工程项目投资估算、设计概预算、合同价、施工阶段的支付账单、原材料价格、机械设备台时费、人工费、运杂费等。

（2）进度控制信息。进度控制信息是指与工程项目进度控制直接有关的信息。如工程项目建设总进度计划、施工定额、进度控制的工作流程和工作制度、进度目标的分解图表、材料和设备的到货计划、进度记录等。

（3）质量控制信息。质量控制信息是指与工程建设质量控制直接有关的信息。如国家或地方政府部门颁布的有关质量政策、法令、法规和标准等，质量目标的分解图表、质量控制的工作流程和工作制度、质量保证体系的组成、质量抽样检查的数据，各种材料设备的合格证、质保书、检测报告等。

3. 按信息的形式划分

按信息的形式，可将监理信息分为以下几种：①纸质（文字、图表）；②声像；③图片；④电子文档。

4. 按信息的功能划分

按信息的功能，可将监理信息分为以下几种：①监理日志、记录、会议纪要等；②监理月报、年报、监理专题报告和监理工作报告等；③申请与批复等；④通知、指示等；⑤检查与检测记录及验收报告；⑥合同文件、设计文件、监理规划、监理实施细则、监理制度、施工组织设计、施工措施计划、进度计划等技术文件和管理文件。

5. 按其他标准划分

（1）按照信息范围的大小不同，可以把建设监理信息分为精细的信息和摘要的信息两类。精细的信息比较具体详尽，摘要的信息比较概括抽象。

（2）按照信息发生的时间不同，可以把建设监理信息分为历史性的信息和预测性的信息两大类。历史性的信息是有关过去的信息，预测性的信息是有关未来的信息。

（3）按照监理阶段的不同，可以把建设监理信息分为计划的、作业的、核算的及报告的信息。在监理开始时，要有计划的信息；在监理过程中，要有作业的信息和核算的信息；在某一工程项目的监理结束时，要有报告的信息。

（4）按照对信息的期待性不同，可以把建设监理信息分为预知的信息和突发的信息两类。预知的信息是监理工程师可以估计的，它发生在正常情况下；突发的信息是监理工程师难以预计的，它发生在特殊情况下。

（5）按照信息的稳定程度划分，可以把建设监理信息分为固定信息和流动信息。

（6）按信息的层次划分，可以把建设监理信息分为战略性信息、策略性信息和业务性信息。

二、建设监理档案管理

《水利工程建设项目档案管理规定》（水办〔2005〕480 号）指出，水利工程档案是指水利工程在前期、实施、竣工验收等各建设阶段过程中形成的，具有保存价值的文字、图表、声像等不同形式的历史记录。水利工程档案工作是水利工程建设与管理工作的重要组成部分。

勘察设计、监理、施工等参建单位，应明确本单位相关部门和人员的归档责任，切实做好职责范围内水利工程档案的收集、整理、归档和保管工作；属于向项目法人等单位移交的应归档文件材料，在完成收集、整理、审核工作后，应及时提交项目法人。项目法人应认真做好有关档案的接收、归档和向流域机构档案馆的移交工作。

水利工程文件材料的收集、整理应符合《科学技术档案案卷构成的一般要求》（GB/T 11822—2008）。归档文件材料的内容与形式均应满足档案整理规范要求。即内容应完整、准确、系统；形式应字迹清楚、图样清晰、图表整洁，竣工图及声像材料须标注的内容清楚、签字（章）手续完备，归档图纸应按《技术制图　复制图的折叠方法》（GB/T 10609.3—2009）的要求统一折叠。电子文档的整理归档，参照《电子文件归档与管理规范》（GB/T 18894—2002）执行。

（一）建设监理档案管理要求

《水利工程施工监理规范》（SL 288—2014）对监理档案管理提出以下要求。

1. 监理文件应符合的规定

（1）应按规定程序起草、打印、校核、签发。

（2）应表述明确、数字准确、简明扼要、用语规范、引用依据恰当。

（3）应按规定格式编写，紧急文件宜注明"急件"字样，有保密要求的文件应注明密级。

2. 监理日志、报告与会议纪要应符合的规定

（1）现场监理人员应及时、准确完成监理日志。由监理机构指定专人按照规定格式与内容填写监理日志并及时归档。

（2）监理机构应在每月的固定时间，向发包人、监理单位报送监理月报。

（3）监理机构可根据工程进展情况和现场施工情况，向发包人报送监理专题报告。

（4）监理机构应按照有关规定，在工程验收前，提交工程建设监理工作报告，并提供监理备查资料。

（5）监理机构应安排专人负责各类监理会议的记录和纪要编写。会议纪要应经与会各方签字确认后实施，也可由监理机构依据会议决定另行发文实施。

3. 书面文件的传递应符合的规定

（1）除施工合同另有约定外，书面文件应按下列程序传递：

1）承包人向发包人报送的书面文件均应报送监理机构，经监理机构审核后转报发包人。

2）发包人关于工程施工中与承包人有关事宜的决定，均应通过监理机构通知承包人。

（2）所有来往的书面文件，除纸质文件外还宜同时发送电子文档。当电子文档与纸质文件内容不一致时，应以纸质文件为准。

（3）不符合书面文件报送程序规定的文件，均视为无效文件。

4. 通知与联络应符合的规定

（1）监理机构发出的书面文件，应由总监理工程师或其授权的监理工程师签名、

加盖本人执业印章，并加盖监理机构章。

（2）监理机构与发包人和承包人以及与其他人的联络应以书面文件为准。在紧急情况下，监理工程师或监理员现场签发的工程现场书面通知可不加盖监理机构章，作为临时书面指示，承包人应遵照执行，但事后监理机构应及时以书面文件确认；若监理机构未及时发出书面文件确认，承包人应在收到上述临时书面指示后 24 小时内向监理机构发出书面确认函，监理机构应予以答复。监理机构在收到承包人的书面确认函后 24 小时内未予以答复的，该临时书面指示视为监理机构的正式指示。

（3）监理机构应及时填写发文记录，根据文件类别和规定的发送程序，送达对方指定联系人，并由收件方指定联系人签收。

（4）监理机构对所有来往书面文件均应按施工合同约定的期限及时发出和答复，不得扣压或拖延，也不得拒收。

（5）监理机构收到发包人和承包人的书面文件，均应按规定程序办理签收、送阅、收回和归档等手续。

（6）在监理合同约定期限内，发包人应就监理机构书面提交并要求其作出决定的事宜予以书面答复；超过期限，监理机构未收到发包人的书面答复，则视为发包人同意。

（7）对于承包人提出要求确认的事宜，监理机构应在合同约定时间内作出书面答复，逾期未答复，则视为监理机构已确认。

5. 档案资料管理应符合的规定

（1）监理机构应要求承包人安排专人负责工程档案资料的管理工作，监督承包人按照有关规定和施工合同约定进行档案资料的预立卷和归档。

（2）监理机构对承包人提交的归档材料应进行审核，并向发包人提交对工程档案内容与整编质量情况审核的专题报告。

（3）监理机构应按有关规定及监理合同约定，安排专人负责监理档案资料的管理工作。凡要求立卷归档的资料，应按照规定及时预立卷和归档，妥善保管。

（4）在监理服务期满后，监理机构应对要求归档的监理档案资料逐项清点、整编、登记造册，移交发包人。

（二）建设监理文件资料的立卷归档

为加强水利工程建设项目档案管理工作，充分发挥档案在水利工程建设与管理中的作用，应将建设项目参建各方的文件资料立卷归档。

《水利工程建设项目档案管理规定》指出，水利工程档案的归档工作，一般由产生文件材料的单位或部门负责。总包单位对各分包单位提交的归档材料负有汇总责任。各参建单位技术负责人应对其提供档案的内容及质量负责；监理工程师对施工单位提交的归档材料应履行审核签字手续，监理单位应向项目法人提交对工程档案内容与整编质量情况的专题审核报告。

水利工程档案的保管期限分为永久、长期、短期三种。长期档案的实际保存期限，不得短于工程的实际寿命。

1. 应归档的建设监理资料

在《水利工程建设项目档案管理规定》中，监理方面应归档并长期保存的文件资料包括：

（1）监理合同协议，监理大纲，监理规划、细则、采购方案，监造计划及批复文件。

（2）设备材料审核文件。

（3）监理通知，协调会审纪要，监理工程师指令、指示，来往信函。

（4）开（停、复、返）工令、许可证等。

（5）施工进度、延长工期、索赔及付款报审材料。

（6）工程材料监理检查、复检、试验记录、报告。

（7）各项控制、测量成果及复核文件。

（8）监理日志、监理周（月、季、年）报、备忘录。

（9）质量检测、抽查记录。

（10）施工质量检查分析评估、工程质量事故、施工安全事故等报告。

（11）工程进度计划实施的分析、统计文件。

（12）单元工程检查及开工签证，工程分部分项质量认证、评估。

（13）变更价格审查、支付审批、索赔处理文件。

（14）设备采购市场调查、考察报告。

（15）主要材料及工程投资计划、完成报表。

（16）设备制造的检验计划和检验要求、检验记录及试验、分包单位资格报审表。

（17）原材料、零配件等的质量证明文件和检验报告。

（18）会议纪要。

（19）监理工程师通知单、监理工作联系单。

（20）有关设备质量事故处理及索赔文件。

（21）设备验收、交接文件，支付证书和设备制造结算审核文件。

（22）设备采购、监造工作总结。

（23）监理工作声像材料。

（24）其他有关的重要来往文件。

2. 建设监理常用表格

《水利工程施工监理规范》（SL 288—2014）附录给出了 104 个常用表格，其中承包人常用表格（以 CB＊＊表示）57 个、监理机构常用表格（以 JL＊＊表示）47 个。在实施监理过程中，监理机构可根据施工项目的规模和复杂程度，采用其中部分或全部表格，如果表格种类不能满足工程实际需要，可按照表格的设计原则另行增加。

3. 立卷归档的要求

（1）编制案卷类目。案卷类目也称为"立卷类目"或"归档类目"，它是为了便于立卷而事先拟定的分类提纲。建设监理文件资料可以按照工程建设的实施阶段以及工程内容的不同进行分类。根据监理文件资料的数量及存档要求，每一卷文档还可再分为若干分册，文档的分册可以按照工程建设内容以及围绕工程建设进度控制、质量控制、投资控制和合同管理等内容进行划分。

（2）案卷的整理。案卷的整理一般包括清理、拟题、编排、登录、书封、装订、编目等工作。

1）清理。即对所有的监理文件进行彻底地整理。它包括收集所有的文件资料，并根据工程技术档案的有关规定，剔除不归档的文件资料。同时，要对归档的文件资料进行一次全面的分类整理，通过修正、补充，乃至重新组合，使立卷的文件资料符合实际需要。

2）拟题。文件归入案卷后，应在案卷封面上写上卷名，以备检索。

3）编排。即编排文件的页码。卷内文件的排列要符合事物的发展过程，保持文件的相互关系。

4）登录。每个案卷都应该有自己的目录，以便于查找。目录的项目一般包括顺序号、发文字号、发文机关、发文日期、发文内容、页号等。

5）书封。即按照案卷封皮上印好的项目填写，一般包括机关名称、立卷单位名称、标题（卷名）、类目条款号、起止日期、文件总页数、保管期限，以及由档案室填写的目录号、案卷号。

6）装订。立成的案卷应当装订，每卷的厚度一般不得超过规定厚度。

7）编目。案卷装订成册后，需要进行案卷目录的编制，以便统计、查考和移交。目录项目一般包括案卷顺序号、案卷类目号、案卷标题、卷内文件起止日期、卷内页数、保管期限、备注等。

（3）案卷的移交。案卷目录编成后，立卷工作即告结束，然后按照有关规定进行案卷移交。

2224 ⊤

监理信息管理练习

【工程案例模块】

1. 背景资料

某工程将要竣工，为了通过竣工验收，质检部门要求先进行工程档案验收，建设单位要求监理单位组织工程档案验收，施工单位提出请监理工程师告知，应该如何准备档案验收。

2. 问题

（1）工程档案应该由谁主持验收？

（2）工程档案由谁编制？由谁进行审查？

（3）工程档案如何分类？

（4）工程档案应该准备几套？

（5）分包单位如何形成工程文件？向谁移交？

3. 案例分析

问题1：在组织工程竣工验收前，工程档案由建设单位汇总后，应由建设单位主持，监理、施工单位参加，提请水行政主管部门对工程档案进行预验收，并取得工程档案验收认可文件。

问题2：工程档案由参建各单位自形成有关的工程档案，并向建设单位归档。建设单位根据上级档案管理机构要求，按照《建设工程文件归档整理规范》对档案文件完整、准确、系统情况和案卷质量进行审查，并接受上级档案管理机构的监督、检查和指导。

问题3：工程档案按照《建设工程文件归档整理规范》附录A的要求可分为工程准备阶段文件、监理文件、施工文件、竣工图、验收文件五类。

问题4：工程档案一般不宜少于两套，具体由建设单位与勘察、设计、施工、监理等单位签订协议、合同时，对套数、费用、质量、移交时间等提出明确要求。

问题5：分包单位应独立完成所分包部分工程的工程文件，把形成的工程档案交给总承包单位，由总承包单位汇总并检查后，向建设单位移交。

任务三　水利工程建设监理安全管理

【任务布置模块】

学习任务

了解工程建设安全、建设安全管理的基本概念，熟悉工程安全生产管理的方针、原则及法律依据，掌握工程监理的安全生产管理责任，掌握工程监理在施工阶段"三大职责"的具体事项。

能力目标

能处理简单的监理安全管理事务；能在施工阶段进行日常的安全检查工作；能在老监理工程师的帮助下处理常见的安全事故。

2231

监理的安全
管理

【教学内容模块】

一、安全管理概述

（一）建设工程安全生产管理的重要性

2232

监理的安全
管理

建设工程的安全问题直接关系到人的生命与经济的损失，生命重于一切，利润又是商业经营所追求的目标，但从社会经营活动中却有着诸多不注重安全管理的现象及出现的事故，究其原因主要是对安全管理认识不足，把安全管理当成一个孤立的、附属的工作，但事实上建设工作的安全管理工作并不是孤立的，它与质量、进度、投资控制工作的各个环节相辅相成。

（1）安全管理是质量控制的基础。一项工程的施工质量越好，其产生的安全效应就越高。同样，只有良好的安全措施作为保证，施工人员才能较好地发挥技术水平。可以说质量是"本"安全是"标"，两者密不可分。只有标本兼治，才能使工作项目达到设计标准要求。

（2）安全管理是进度控制的前提。安全事故的发生，势必影响到施工现场的正常秩序，加之对安全事故的处理等一系列后续工作，施工进度必然产生影响。

（3）安全管理与投资控制有着直接的关系。一旦安全事故发生，必然导致事后的大量的处理工作而产生费用，而安全事故更多的是质量问题所导致的，对于质量问题的处理甚至返工也将产生额外费用，加之进度的停滞与带来的一系列生产其他环节的影响又会产生一笔费用。工程施工中大的安全事故所产生的费用对投资的增加是不可忽视的。

（二）建设工程安全监理的依据

建设工程安全监理的依据包括有关安全生产、劳动保护、环境保护、消防等的法律法规和标准规范、建设工程批准文件和设计文件、建设工程委托监理合同和有关的建设工程合同等。

1. 有关安全生产、劳动保护等的法律法规和标准规范

有关安全生产、劳动保护等的法律法规和标准规范包括《中华人民共和国民法典》《中华人民共和国安全生产法》《建设工程安全生产管理条例》《中华人民共和国劳动法》《中华人民共和国环境保护法》《中华人民共和国消防法》等法律法规，《水利工程质量管理规定》《水利工程建设安全生产管理规定》《水利工程建设监理规定》等部门规章以及地方法规等，也包括《水利工程施工监理规范》（SL 288—2014）以及有关的工程安全技术标准、规范、规程。

2. 建设工程批准文件

建设工程批准文件包括批准的项目建议书、可行性研究报告、初步设计文件、施工图设计文件等。

3. 委托监理合同和有关的建设工程合同

工程监理单位应当根据两类合同进行安全监理。一类是监理单位与建设单位签订的建设工程监理委托合同；另一类是建设单位与施工承包单位，材料、设备供应单位签订的有关合同。

（三）我国建设工程项目安全管理的方针及原则

1. 安全管理的方针

"安全第一，预防为主。""安全第一"体现了"以人为本"的理念，在进行生产和其他活动时把安全放在一切工作的首要位置。当生产和其他工作与安全发生矛盾时，要以安全为主，生产和其他工作要服从安全。"预防为主"是强调在生产中要做好预防工作，把事故消灭在发生之前，防患于未然，是实现安全生产的基础。作为监理单位应加强监理过程中的安全管理，以前提到监理的主要任务时讲"三控两管一协调"，现在变为"三控三管一协调"，增加了"安全管理"。

2. 安全管理的原则

（1）"管生产必须管安全"原则。从事生产管理和企业经营的领导者和组织者，必须明确安全和生产是一个有机的整体，生产工作和安全工作的计划、布置、检查、总结、评比要同时进行，决不能重生产轻安全。

（2）"三同时"原则。"三同时"原则是指建设工程项目中的职业安全、卫生技术和环境保护等措施和设施，必须与主体工程同时设计、同时施工、同时投产使用的法律制度。

（3）"四不放过"原则。"四不放过"原则是指当安全事故一旦发生，对事故处理的"四不放过"，即事故原因未查清不放过，当事人和周围群众没有受到教育不放过，事故责任人未受到处理不放过，整改及预防措施未落实不放过。

2233 ▶

"四不放过"
原则

（4）"安全一票否决权"原则。当施工过程中碰到安全问题时应先解决安全问题，再安排生产；对于涉及安全问题的管理体系或制度、施工方案、工艺流程等内容，安全方面不满足要求，整体方案均不予通过。

（四）水利工程建设安全管理的特点

水利工程与一般建筑工程不同，在施工中存在更多、更大的安全隐患，总体说来主要有以下几个方面：

（1）工程规模较大，施工单位多，往往现场工地分散，工地之间的距离较大，往往形成了一个相对封闭的环境，交通联系多有不便，系统的安全管理难度大。

（2）涉及施工对象纷繁复杂，单项管理形式多变，如有的涉及土石方爆破工程，具有爆破安全问题；有的涉及洪水期间的季节施工，必须保证洪水侵袭情况下的施工安全；有的关于基坑开挖处理（如大型闸室基础）时基坑边坡的安全支撑；大型机械设施和运输车辆的使用，更应保证架设及使用期间的安全；有引水发电隧洞，施工导流隧洞施工时洞室施工开挖衬砌、封堵的安全问题。

（3）施工现场均为"敞开式"施工，无法进行有效的封闭隔离，对施工对象、工地设备、材料、人员的安全管理增加了很大的难度。

（4）水利工地招用的部分农民工文化层次较低，加之分配工种的多变，使其安全应变能力相对较差，增加了安全隐患。

（5）现代水利施工，机械设备多，且越来越向自动化、大型化、复杂化方向发展，加之在有限的场地条件下，现场的快速施工，使有效控制安全的工作难度增大。

（6）水利工程项目施工现场多在野外，自然环境差，施工单位多居住在临时建筑里，抵御自然灾害能力差；而且各种生活条件，比如饮食、通风、御寒和卫生等条件差；安全设施，比如灭火器等消防器材配备不到位，在野外环境下，自救能力有限，一旦发生问题，都会危及职工的生命安全。

（7）施工过程中外部环境也是多变的。比如天气的变化、交通的变化、地质的不同、治安环境等多种因素，使生产过程更加复杂，也极易在施工中引发安全事故。

（8）建设工程生产用到的材料是多种多样的。不同的材料由不同的人员使用，这样施工过程所涉及的专业就多、工序也多、立体交叉作业也多、形成了一个纷繁复杂的局面。大量的建筑材料、工作人员、机械设备、施工工序汇聚在一起，不同工序工作的时间范围上的交叉，要让这样一个复杂的、时刻变化的、庞大的工程不发生意外的事故是比较困难的。

二、安全生产许可证制度

《安全生产许可证条例》（2004年1月13日中华人民共和国国务院令第397号发布，2013年第一次修订，2014年第二次修订）规定：国家对矿山企业、建筑施工企业和危险化学品、烟花爆竹、民用爆炸物品生产企业（以下统称"企业"）实行安全生产许可制度。未取得安全生产许可证的，不得从事生产活动。

省、自治区、直辖市人民政府建设主管部门负责建筑施工企业安全生产许可证的颁发和管理，并接受国务院建设主管部门的指导和监督。

企业取得安全生产许可证，应当具备下列安全生产条件：

（1）建立健全安全生产责任制，制定完备的安全生产规章制度和操作规程。

（2）安全投入符合安全生产要求。

（3）设置安全生产管理机构，配备专职安全生产管理人员。

（4）主要负责人和安全生产管理人员经考核合格。

（5）特种作业人员经有关业务主管部门考核合格，取得特种作业操作资格证书。

（6）从业人员经安全生产教育和培训合格。

（7）依法参加工伤保险，为从业人员缴纳保险费。

（8）厂房、作业场所和安全设施、设备、工艺符合有关安全生产法律、法规、标准和规程的要求。

（9）有职业危害防治措施，并为从业人员配备符合国家标准或者行业标准的劳动防护用品。

（10）依法进行安全评价。

（11）有重大危险源检测、评估、监控措施和应急预案。

（12）有生产安全事故应急救援预案、应急救援组织或者应急救援人员，配备必要的应急救援器材、设备。

（13）法律、法规规定的其他条件。

安全生产许可证的有效期为3年。安全生产许可证有效期满需要延期的，企业应当于期满前3个月向原安全生产许可证颁发管理机关办理延期手续。

企业在安全生产许可证有效期内，严格遵守有关安全生产的法律法规，未发生死亡事故的，安全生产许可证有效期届满时，经原安全生产许可证颁发管理机关同意，不再审查，安全生产许可证有效期延期3年。

三、建设各方安全生产管理的责任

《建设工程安全生产管理条例》规定，建设单位、勘察单位、设计单位、施工承包单位、工程监理单位及其他与建设工程安全生产有关的单位，对土木工程、建筑工程、线路管道和设备安装工程及装修工程进行新建、扩建、改建和拆除等有关活动及实施安全生产监督管理时，必须遵守安全生产法律、法规的规定，保证建设工程安全生产，依法承担建设工程安全生产责任。

（一）建设单位的安全责任

建设单位是工程安全生产管理的重要主体，根据《建设工程安全生产管理条例》，建设单位的安全责任包括：

（1）选择符合资质条件的设计、监理、勘察与施工承包单位，这是确保建筑生产安全的首要环节。

（2）项目安全措施备案。建设单位在申请领取施工许可证时，应当提供建设工程有关安全施工措施的资料；依法批准开工报告的建设工程，建设单位应当自开工报告批准之日起15日内，将保证安全施工的措施报送建设工程所在地的县级以上地方人民政府建设行政主管部门或者其他有关部门备案。

（3）生产安全并重的原则。建设单位不得对勘察、设计、施工、工程监理等单位提出不符合建设工程安全生产法律、法规和强制性标准规定的要求，不得压缩合同约定的工期；建设单位在编制工程概算时，应当确定建设工程安全作业环境及安全施工措施所需费用；建设单位不得明示或者暗示施工承包单位购买、租赁、使用不符合安全施工要求的安全防护用具、机械设备、施工机具及配件、消防设施和器材。

（4）其他安全生产责任。建设单位应当向施工承包单位提供施工现场及毗邻区域内供水、排水、供电、供气、供热、通信、广播电视等地下管线资料，气象和水文观测资料，相邻建筑物和构筑物、地下工程的有关资料，并保证资料的真实、准确、完整；建设单位应当将拆除工程发包给具有相应资质等级的施工承包单位；建设单位应当在拆除工程施工 15 日前，将施工承包单位资质等级证明，拟拆除建筑物、构筑物及可能危及毗邻建筑的说明，拆除施工组织方案，堆放、清除废弃物的措施等资料报送建设工程所在地的县级以上地方人民政府建设行政主管部门或者其他有关部门备案；拆除工程除了需要将相应资料备案外，实施爆破作业的，应当遵守国家有关民用爆炸物品管理的规定。

（二）施工承包单位的安全责任

建筑工程施工是建筑活动的关键环节，建筑施工承包单位要承担重要的安全管理责任。根据《建设工程安全生产管理条例》，施工承包单位的安全责任包括：

（1）在资质等级许可的范围内承揽工程。施工承包单位从事建设工程的新建、扩建、改建和拆除等活动，应当具备国家规定的注册资本、专业技术人员、技术装备和安全生产等条件。依法取得相应等级的资质证书，并在其资质等级许可的范围内承揽工程，这是施工承包单位进行安全生产的前提。

（2）建立健全安全生产责任制度。施工承包单位主要负责人要依法对本单位的安全生产工作全面负责，应当建立健全安全生产责任制度和安全生产教育培训制度，制定安全生产规章制度和操作规程，保证本单位安全生产条件所需资金的投入，对所承担的建设工程进行定期专项安全检查，并做好安全检查记录；施工承包单位的项目负责人应当由取得相应执业资格的人员担任，项目负责人对建设工程项目的安全施工负责，落实安全生产责任制度、安全生产规章制度和操作规程，确保安全生产费用的有效使用，并根据工程的特点组织制定安全施工措施，消除安全事故隐患，及时、如实报告建设工程生产安全事故。

（3）安全费用不许挪用。施工承包单位对列入建设工程概算的安全作业环境及安全施工措施所需费用，应当用于施工安全防护工具及设施的采购和更新、安全施工措施的落实、安全生产条件的改善，不得挪作他用。

（4）配备专职安全生产管理人员。施工承包单位应当设立安全生产管理机构，配备专职安全生产管理人员。专职安全生产管理人员负责对安全生产进行现场监督检查，发现安全事故隐患，应当及时向项目负责人和安全生产管理机构报告，对违章指挥、违章操作的，应当立即制止。

（5）施工总承包单位、分包单位安全责任划分。建设工程实行施工总承包的，由总承包单位对施工现场的安全生产负总责。总承包单位应当自行完成建设工程主体结构的施工；总承包单位依法将建设工程分包给其他单位的，分包合同中应当明确各自在安全生产方面的权利、义务，总承包单位和分包单位对分包工程的安全生产承担连带责任；分包单位应当服从总承包单位的安全生产管理，分包单位不服从管理导致生产安全事故的，由分包单位承担主要责任。

（6）持证上岗。垂直运输机械作业人员、安装拆卸工、爆破作业人员、起重信号工、登高架设作业人员等特种作业人员，必须按照国家有关规定经过专门的安全作业培训，并取得特种作业操作资格证书后，方可上岗作业。

（7）编制专项施工方案。施工承包单位应当在施工组织设计中编制安全技术措施和施工现场临时用电方案，对基坑支护与降水工程、土方开挖工程、模板工程、起重吊装工程、脚手架工程、拆除工程、爆破工程、国务院建设行政主管部门或者其他有关部门规定的其他危险性较大的工程要编制专项施工方案，经施工承包单位技术负责人、总监理工程师签字后实施，由专职安全生产管理人员进行现场监督。

（8）安全交底。建设工程施工前，施工承包单位负责项目管理的技术人员应当对有关安全施工的技术要求向施工作业班组、作业人员作出详细说明，并由双方签字确认。

（9）施工现场安全警示防护。施工承包单位应当在施工现场入口处、施工起重机械、临时用电设施、脚手架、出入通道口、楼梯口、电梯井口、孔洞口、桥梁口、隧道口、基坑边沿、爆破物及有害危险气体和液体存放处等危险部位设置明显的安全警示标志。安全警示标志必须符合国家标准；施工承包单位应当根据不同施工阶段和周围环境及季节、气候的变化，在施工现场采取相应的安全施工措施；施工现场暂时停止施工，施工承包单位应当做好现场防护，所需费用由责任方承担，或者按照合同约定执行。

2234 ▶

物和环境的
不安全因素

（10）施工现场分区。施工承包单位应当将施工现场的办公、生活区与作业区分开设置，并保持安全距离；办公、生活区的选址应当符合安全性要求；职工的膳食、饮水、休息场所等应当符合卫生标准；施工承包单位不得在尚未竣工的建筑物内设置员工集体宿舍；施工现场临时搭建的建筑物应当符合安全使用要求；施工现场使用的装配式活动房屋应当具有产品合格证。

（11）专项安全防护措施。施工承包单位对因建设工程施工可能造成损害的毗邻建筑物、构筑物和地下管线等，应当采取专项防护措施；施工承包单位应当遵守有关环境保护法律、法规的规定，在施工现场采取措施，防止或者减少粉尘、废气、废水、固体废物、噪声、振动和施工照明对人和环境的危害和污染；在城市市区内的建设工程，施工承包单位应当对施工现场实行封闭围挡。

（12）建立消防安全责任制度。施工承包单位应当在施工现场建立消防安全责任制度，确定消防安全责任人，制定用火、用电、使用易燃易爆材料等各项消防安全管理制度和操作规程。设置消防通道、消防水源，配备消防设施和灭火器材，并在施工现场入口处设置明显标志。

2235 ▶

人的不安全
行为

（13）施工人员安全管理。施工承包单位应当向作业人员提供安全防护用具和安全防护服装，并书面告知危险岗位的操作规程和违章操作的危害；作业人员有权对施工现场的作业条件、作业程序和作业方式中存在的安全问题提出批评、检举和控告，有权拒绝违章指挥和强令冒险作业；在施工中发生危及人身安全的紧急情况时，作业人员有权立即停止作业或者在采取必要的应急措施后撤离危险区域。

（14）作业人员应当遵守安全施工的强制性标准、规章制度和操作规程，正确使用安全防护用具、机械设备等。

（15）专人管理安全用具。施工承包单位采购、租赁的安全防护用具、机械设备、施工机具及配件，应当具有生产（制造）许可证、产品合格证，并在进入施工现场前进行查验；施工现场的安全防护工具、机械设备、施工机具及配件必须由专人管理，定期进行检查、维修和保养，建立相应的资料档案，并按照国家有关规定及时报废。

（16）施工设备验收合格方能使用。施工承包单位在使用施工起重机械和整体提升脚手架、模板等自升式架设设施前，应当组织有关单位进行验收，也可以委托具有相应资质的检验检测机构进行验收；使用承租的机械设备和施工机具及配件的，由施工总承包单位、分包单位、出租单位和安装单位共同进行验收，验收合格的方可使用；《特种设备安全监察条例》规定的施工起重机械，在验收前应当经有相应资质的检验检测机构监督检验合格；施工承包单位应当自施工起重机械和整体提升脚手架、模板等自升式架设设施验收合格之日起 30 日内，向建设行政主管部门或者其他有关部门登记，登记标志应当置于或者附着于该设备的显著位置。

（17）管理人员定期进行安全生产教育培训教育。施工承包单位的主要负责人、项目负责人、专职安全生产管理人员应当经建设行政主管部门或者其他有关部门考核合格后方可任职；施工承包单位应当对管理人员和作业人员每年至少进行一次安全生产教育培训，其教育培训情况记入个人工作档案；安全生产教育培训考核不合格的人员不得上岗。

（18）作业人员施工前，要进行安全生产教育培训。作业人员进入新的岗位或者新的施工现场前，应当接受安全生产教育培训，未经教育培训或者教育培训考核不合格的人员不得上岗作业；施工承包单位在采用新技术、新工艺、新设备、新材料时，应当对作业人员进行相应的安全生产教育培训。

（19）为危险作业人员办理意外伤害保险。施工承包单位应当为施工现场从事危险作业的人员办理意外伤害保险。意外伤害保险费由施工承包单位支付；实行施工总承包的，由总承包单位支付意外伤害保险费。

（三）工程监理单位的安全责任

监理单位是接受建设单位委托，对项目施工进行监督管理的单位，监理单位夏监理工程师对安全承担监理责任，根据《建设工程安全生产管理条例》，监理单位的安全责任包括：

（1）工程监理单位和监理工程师应当按照法律、法规和工程建设强制性标准实施监理，并对建设工程安全生产承担监理责任。

（2）工程监理单位应当审查施工组织设计中的安全技术措施或者专项施工方案是

否符合工程建设强制性标准。

（3）工程监理单位在实施监理过程中，发现存在安全事故隐患的，应当要求施工承包单位整改；情况严重的，应当要求施工承包单位暂时停止施工，并及时报告建设单位；施工承包单位拒不整改或者不停止施工的，工程监理单位应当及时向有关主管部门报告。

四、建设工程安全监理的三大职责

2003 年 11 月 24 日，国务院颁布了《建设工程安全生产管理条例》，正式提出了监理单位在工程建设中应承担的安全监理责任以及相关法则。明确了监理单位对建设工程安全生产承担的三大职责：审核查验职责、安全检查职责和督促整改职责。监理的审核查验工作主要是针对施工单位提交上来的安全生产组织机构、安全管理责任及制度、安全资质和证明文件、施工组织设计中的安全技术措施或者专项施工方案等进行的审查，这项工作一般是在动土开工之前要进行的；监理的安全检查职责主要是指施工过程中施工现场安全要素的检查；而监理的督促整改职责是指一旦发现安全隐患或安全事故发生后监理所做的工作。

五、施工阶段项目监理机构的安全管理

（一）开工前的安全管理

《水利工程施工监理规范》（SL 288—2014）对监理机构在开工前的安全管理作出以下规定。

1. 监理机构内部安全管理

（1）对安全管理文件具备性的审查：监理机构编制的监理规划应包括安全监理方案，明确安全监理的范围、内容、制度和措施，以及人员配备计划和职责。监理机构对中型及以上项目、危险性较大的分部工程或单元工程应编制安全监理实施细则，明确安全监理的方法、措施和控制要点，以及对承包人安全技术措施的检查方法。

（2）对安全防护用具的检查：根据施工现场监理工作需要，监理机构应为现场监理人员配备必要的安全防护用具。

2. 对施工单位的安全管理

（1）审查承包人编制的施工组织设计中的安全技术措施、施工现场临时用电方案，以及灾害应急预案、危险性较大的分部工程或单元工程专项施工方案是否符合工程建设标准强制性条文（水利工程部分）及相关规定的要求。

（2）核查承包人的安全生产管理机构，以及安全生产管理人员的安全资格证书和特种作业人员的特种作业操作资格证书，并检查安全生产教育培训情况。

（二）施工过程的安全管理

《水利工程施工监理规范》（SL 288—2014）对监理机构在施工过程中的安全管理作出以下规定：

（1）施工过程中对承包人的安全检查。

1）督促承包人对作业人员进行安全交底，监督承包人按照批准的施工方案组织施工，检查承包人安全技术措施的落实情况，及时制止违规施工作业。

2）定期和不定期巡视检查施工过程中危险性较大的施工作业情况。

2236 ▶

监理的安全
职责

2237 ▶

安全技术操作
规程中关于安
全方面的规定

2238 ▶

施工中常见
的引起安全
事故的因素

3）定期和不定期巡视检查承包人的用电安全、消防措施、危险品管理和场内交通管理等情况。

4）核查施工现场施工起重机械、整体提升脚手架和模板等自升式架设设施和安全设施的验收等手续。

5）检查承包人的度汛方案中对洪水、暴雨、台风等自然灾害的防护措施和应急措施。

6）检查施工现场各种安全标志和安全防护措施是否符合工程建设标准强制性条文（水利工程部分）及相关规定的要求。

7）督促承包人进行安全自查工作，并对承包人自查情况进行检查。

8）参加发包人和有关部门组织的安全生产专项检查。

9）检查灾害应急救助物资和器材的配备情况。

10）检查承包人安全防护用品的配备情况。

（2）监理机构发现施工安全隐患时，应要求承包人立即整改；必要时，可指示承包人暂停施工，并及时向发包人报告。

（3）当发生安全事故时，监理机构应指示承包人采取有效措施防止损失扩大，并按有关规定立即上报，配合安全事故调查组的调查工作，监督承包人按调查处理意见处理安全事故。

（4）监理机构应监督承包人将列入合同安全施工措施的费用按照合同约定专款专用。

六、安全事故应急预案审查及安全事故处理

安全事故发生后，为了在最短的时间内达到救援、逃生、防护的目的，要提前编制切实可行的生产安全事故应急预案并进行模拟训练，在事故发生后，应急救援工作才会更有效，才能最大限度地减少损失。

（一）建设工程生产安全事故应急预案的编制、演练

工程开工前，总承包单位应根据工程的特点、范围对施工现场易发生重大事故的部位、环节统一组织编制建设工程生产安全事故救援预案，内容包括：

（1）应急指挥和组织机构。

（2）施工场内应急计划、事故应急处理程序和措施。

（3）施工场外应急计划和向外报警程序及方式。

（4）安全装置、报警装置、疏散口装置、避难场所等。

（5）有足够数量并符合规格的安全进出通道。

（6）应急设备（担架、氧气瓶、防护用品、冲洗设施等）。

（7）通信联络与报警系统。

（8）与应急服务机构（医院、消防等）建立联系渠道。

（9）定期进行事故应急训练和演习。

（二）建设工程生产安全事故应急预案审查内容

（1）施工承包单位基本情况及施工现场周边环境概况。

（2）危险源风险分析与应急能力评估。

（3）应急预案的编制、评审、发布。

（4）应急预案体系构成（综合预案、专项预案、现场处置方案、送医救治路径）。

（5）应急组织体、应急救援队伍或应急救援人员。

（6）预防预警和危险源监控的方式、方法及采取的措施。

（7）应急响应、事故报告与后期处置。

（8）经费、通信与其他保障（交通运输、治安、技术、医疗、后勤）的措施。

（9）应急器材、装备的类型、用途、数量性能、存放位置、责任人及联系方式。

（10）应急培训计划、方式和要求，应急演练的规模、方式、频次、范围内容、组织、评估等内容。

（11）有关法律、法规规定的相关内容。

工程总承包单位和分包单位应按照批复的应急救援预案各自建立应急救援组织或者配备应急救援人员，配备必要的应急救援器材、设备，并定期组织演练。

（三）建设工程生产安全事故的应急救援措施

建设工程生产安全事故发生后，监理工程师积极协助、督促施工承包单位按照应急救援预案进行紧急救助，以最大限度地减少损失，挽救事故受伤人员的生命。

（四）建设工程生产安全事故报告制度

监理单位在生产安全事故发生后，应督促施工承包单位及时、如实地向有关部门报告，应下达停工令，并报告建设单位，防止事故的进一步扩大和蔓延；施工承包单位发生安全事故，应当按照国家有关伤亡事故报告和调查处理的规定，及时、如实地向负责安全生产的监督管理部门、建设行政主管部门或者其他有关部门报告；特种设备发生事故的，还应当同时向特种设备安全监督管理部门报告。

（五）生产安全事故的分级

根据生产安全事故（以下简称"事故"）造成的人员伤亡或者直接经济损失，事故一般分为以下等级：

（1）特别重大事故，是指造成30人以上死亡，或者100人以上重伤（包括急性工业中毒，下同），或者1亿元以上直接经济损失的事故。

（2）重大事故，是指造成10人以上30人以下死亡，或者50人以上100人以下重伤，或者5000万元以上1亿元以下直接经济损失的事故。

（3）较大事故，是指造成3人以上10人以下死亡，或者10人以上50人以下重伤，或者1000万元以上5000万元以下直接经济损失的事故。

（4）一般事故，是指造成3人以下死亡，或者10人以下重伤，或者1000万元以下直接经济损失的事故。

说明：所称的"以上"包括本数，所称的"以下"不包括本数。

（六）生产安全事故的处理

（1）安全事故处理程序：报告安全事故；处理安全事故；抢救伤员，排除险情，防止事故蔓延扩大；做好标识，保护好现场等；进行安全事故调查；对事故责任者进行处理；编写调查报告并上报。

（2）伤亡事故处理规定：事故调查组提出的事故处理意见和防范措施建议，由发生事故的企业及其主管部门负责处理；因忽视安全生产、违章指挥、违章作业、玩忽职守或者发现事故隐患、危害情况而不采取有效措施以致造成伤亡事故的，由企业主管部门或者企业按照国家有关规定，对企业负责人和直接责任人员给予行政处分；构成犯罪的，由司法机关依法追究刑事责任；在伤亡事故发生后隐瞒不报、谎报、故意延迟不报、故意破坏事故现场，或者以不正当理由拒绝接受调查以及拒绝提供有关情况和资料的，由有关部门按照国家有关规定，对有关单位负责人和直接责任人员给予行政处分。构成犯罪的，由司法机关依法追究刑事责任；伤亡事故处理工作应当在 90 日内结案，特殊情况不得超过 180 日，伤亡事故处理结案后，应当公开宣布处理结果。

【工程案例模块】

2239 ⑦

监理安全管理练习

1. 背景资料

某拦河大坝主坝为混凝土重力坝，最大坝高 75m。为加强工程施工的质量与安全控制，项目法人组织成立了质量与安全应急处置指挥部，施工单位项目经理任指挥，项目监理部、设计代表处的安全分管人员为副指挥。同时施工单位制定了应急救援预案。

在施工过程中，额定起重量为 1t 的升降机中的预制件突然坠落，致使 1 人当场死亡、2 人重伤、1 人轻伤。项目经理立即向项目法人做了报告。项目在事故调查中发现，升降机操作员没有相应的资格证书。

2. 问题

（1）根据《水利工程建设重大质量与安全事故应急预案》，指出质量与安全应急处置指挥部组成上的不妥之处。

（2）施工单位的应急救援预案应包括哪些主要内容？

（3）根据《水利工程建设安全生产管理规定》，发生本例的安全事故后，项目经理还应立即向哪些部门或机构报告？

（4）根据《水利工程建设安全生产管理规定》，哪些人员应取得特种设备操作资格证书？

3. 案例分析

问题 1：根据《水利工程建设重大质量与安全事故应急预案》，质量与安全应急处置指挥部应由项目法人主要负责人任指挥，各参建单位（包括施工单位、监理单位、设计单位）的主要负责人任副指挥。

问题 2：施工单位的应急救援预案应主要包括：应急救援组织，救援人员，救援器材、设备。

问题 3：项目经理还应立即向安全生产监督管理部门、水行政主管部门或流域机构、特种设备安全监督管理部门报告。

问题 4：垂直运输机械作业人员、安装拆卸工、爆破作业人员、起重信号工、登高架设作业人员应取得特种设备操作资格证书。

项目三　水利工程建设监理的组织协调

【本项目的作用及意义】

水利工程项目的建设一般都会有业主方、施工承包方及监理方，而对于承包方来说又可能会有若干个承包单位，因此，若要使工程建设行为顺利开展，使整个参与单位成为一个有机的整体高效运行，协调工作必不可少且极其重要。

作为协调工作的主角，监理人员必须具有较高的专业技术水平、良好的职业道德与极强的协调能力，这也是一项优质工程诞生的前提和保证。

任务一　监理组织协调的作用及内容

【任务布置模块】

2311

监理协调的
作用与内容

2312

组织协调的
概念及作用

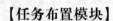

学习任务
了解监理协调工作的相关事宜；明确监理协调工作的作用与意义。

能力目标
能清晰阐述监理组织协调的作用，并能明确判断哪些内容属于监理在组织协调方面的工作。

【教学内容模块】

协调是现代管理理论中的一个重要理念。矛盾无处不在、无时不有，有矛盾就需要协调。协调又称协调管理，它是指通过协商、沟通、调度，联合所有力量，使各项活动衔接有序地正常展开，以实现预定目标。

在水利工程项目建设的不同阶段之间、同一阶段不同参与单位之间或不同管理层次之间，存在着大量的界面和结合部，协调的作用就是沟通和理顺这些结合部的关系，化解各种矛盾，排除各种时空上的干扰，组织好各种工艺、工序之间的衔接，使工程总体建设活动能有机地交叉进行，实现质量高、投资省、工期短的建设目标。

一、监理组织协调的作用

监理单位受项目法人委托对项目进行计划、组织、协调、控制，直接与项目其他参与方发生关系，是最佳的协调人。

总体来说，协调的作用可以归纳为以下三种。

（1）协调可以纠偏和预控错位。在水利工程施工中，经常出现作业行为偏离合同和规范的标准，工期超前和滞后、后续工序脱节、由于设计修改和材料代换使用给下阶段施工带来影响的变更，以及水文、地质突然变化带来的影响，或人为因素对工期和质量带来的影响等，这些都会造成计划与实际的偏离。监理协调的重要作用之一就是及时纠偏，或采取预控措施事前调整错位。

（2）协调是控制进度的关键。在建设工程施工中，有许多单位工程或分部工程是由不同的专业化的施工队伍完成的，这就存在着不同专业施工队伍间的相互衔接和相互协调的问题。无论哪一专业施工队伍出现工期延误，都会直接影响建设总工期，这就需要监理工程师进行组织与协调。由此可以看出，进度控制的关键是协调。

（3）协调是平衡的手段。在工程施工中，一些大中型的建设项目往往由许多施工队伍进行施工，加上设计单位、土建单位、安装单位、设备材料供应单位等，既有纵向的串接又有横向的联合，各自又有不同的作业计划、质量目标，这就存在着与各单位之间的协调问题。监理工程师应当从工程内部分析，既要进行各子系统之间的平衡协调，又要进行队伍之间、上下之间和内外之间的协调，发挥监理机构的核心作用，突出协调功能。

多年的工程监理实践证明，一个工程建设项目的顺利完成是多方配合和相互合作的共同成果。

二、监理组织协调的工作内容

根据协调管理的范围，项目监理机构协调分为系统内部的协调和系统外部的协调。

（一）项目系统内部协调

1. 项目监理机构内部的协调

（1）项目监理机构内部人际关系的协调。

1）人员安排要量才录用。对各种人员，要根据每个人的专长进行安排，做到人尽其才。人员的搭配要注意能力和性格的互补，少而精干。

2）工作分工要职责分明。对组织内的每一个岗位，都应订立明确的目标和岗位责任，使管理职能不重不漏，做到事事有人管、人人有专责。

3）效率评价要实事求是。每个人员都希望自己的工作出成绩，并得到组织肯定。但工作成绩的取得不仅需要主观努力，而且需要有一定的工作条件和相互配合。评价一个人的成绩应实事求是，以免无功自傲或有功受委屈，这样才能使每个人都热爱自己的工作，并对工作充满信心和希望。

4）矛盾调解要恰到好处。人员之间的矛盾是难免的，一旦出现矛盾就应当进行调解。调解要注意工作方法，如果通过及时沟通、个别谈话和必要的批评，还无法解决矛盾，应采取必要的岗位变动措施。对上下级矛盾要区别对待，是上级的问题就做自我批评，是下级的问题应启发引导，对无原则的争论应当批评制止，这样才能使人们处于团结、和谐、热情的气氛中。

（2）项目监理机构内部组织关系的协调。

1）要在职能和分工的基础上设置组织机构。

2）要明确规定每个机构的目标职责、权限，形成制度。

3）要事先确定各个机构在工作中的相互关系，防止出现脱节等贻误工作的现象。

4）建立信息沟通制度，如采用工作例会、业务碰头会、发会议纪要、计算机网络信息传递等方式来沟通信息，这样才能使局部了解全局，服从全局的需要。

5）及时消除工作中的矛盾和冲突，解决矛盾的方法应根据具体情况而定。如配合不佳导致的矛盾和冲突，应从配合关系入手来消除；争功夺利导致的矛盾和冲突，应从考核评价标准入手来消除；奖罚不公导致的矛盾和冲突，应从明确奖罚制度入手来解决；过高要求导致的矛盾和冲突，应从领导的思想方法和工作方法入手来消除等。

2. 监理机构与建设单位的协调

监理实践证明，监理目标能否顺利实现与建设单位协调的好坏有很大的关系。

建设单位在建设过程中拥有主导地位，这可能使其在工程建设过程中存在履行合同意识差、随意性大，主要体现在：一是对监理工作干涉多，并插手监理人员应做的具体工作；二是不把合同中规定的权力交给监理单位，致使监理工程师有职无权，发挥不了作用；三是科学管理意识差，在建设工程目标确定上压工期、压造价，在建设工程实施过程中变更多或时效不按要求，给监理工作的质量、进度、投资控制带来困难。因此，与建设单位的协调是监理工作的重点和难点。监理机构应从以下几方面加强与建设单位的协调：

（1）监理机构首先要理解建设工程总目标，理解建设单位的意图。对于未能参加项目决策过程的监理机构，必须了解项目构思的基础、起因、出发点，否则可能对监理目标及完成任务有不完整的理解，会给其监理工作造成很大的困难。

（2）利用工作之便做好监理宣传工作，增进建设单位对监理工作的理解，特别是对建设工程管理各方职责及监理程序的理解；主动帮助建设单位处理建设工程中的事务性工作，以自己规范化、标准化、制度化的工作去影响和促进双方工作的协调一致。

（3）尊重建设单位，与建设单位一起投入建设工程全过程的管理。尽管有预定的控制目标，但建设工程实施必须执行建设单位的指令，使建设单位满意。对建设单位提出的某些不适当的要求，只要不属于原则问题，都可先执行，然后利用适当时机，采用适当方式加以说明或解释；对于原则性问题，可采用书面报告等方式说明原委，尽量避免发生误解，以使建设工程顺利实施。

3. 监理机构与承包商关系的协调

2313 ▶

监理与各方
关系

监理机构对质量、进度和投资的控制都是通过承包商的工作来实现的，所以做好与承包商的协调工作是监理机构组织协调工作的重要内容。

（1）监理机构在监理工作中应强调各方面利益的一致性和建设工程总目标；监理机构应鼓励承包商将建设工程实施状况、实施结果和遇到的困难及意见向他汇报，以寻找对目标控制可能的干扰。双方了解得越多、越深刻，监理工作中的对抗和争执就越少。

（2）协调不仅是方法、技术问题，更多的是语言艺术、感情交流和用权适度问题，有时尽管协调意见是正确的，但由于方式或表达不妥，反而会激化矛盾。而高超的协调能力则往往能起到事半功倍的效果，令各方面都满意。

（3）施工阶段的协调工作，包括解决进度、质量、中间计量和支付签证、合同纠纷等一系列问题，主要有下列协调问题：

1）与承包商项目经理关系的协调。从承包商项目经理及其工地工程师的角度来说，他们最希望监理机构是公正、通情达理并容易理解别人的；希望从监理机构处得到明确而不是含糊的指示，并且能够对他们所询问的问题给予及时的答复；希望监理机构的指示能够在他们工作之前发出。他们可能对本本主义及工作方法僵硬的监理机构最为反感。这些心理现象，作为监理机构来说，应该非常清楚。一个既懂得坚持原则，又善于理解承包商项目经理的意见，工作方法灵活，随时可能提出或愿意接受变通办法的监理机构肯定是受欢迎的。

2）进度问题的协调。由于影响进度的因素错综复杂，因而进度问题的协调工作也十分复杂。实践证明，有两项协调工作很有效：一是建设单位和承包商双方共同商定一级网络计划，并由双方主要负责人签字，作为工程施工合同的附件；二是设立提前竣工奖，由监理机构按一级网络计划节点考核，分期支付阶段工期奖，如果整个工程最终不能保证工期，由建设单位从工程款中将已付的阶段工期奖扣回并按合同规定予以罚款。

3）质量问题的协调。在质量控制方面应实行监理机构质量签字认可制度。对没有出厂证明、不符合使用要求的原材料、设备和构件，不准使用；对工序交接实行报验签证；对不合格的工程部位不予验收签字，也不予计算工程量，不予支付工程款。在建设工程实施过程中，设计变更或工程内容的增减是经常出现的，有些是合同签订时无法预料和明确规定的。对于这种变更，监理机构要认真研究，合理计算价格，与有关方面充分协商，达成一致意见，并实行监理机构签证制度。

4）对承包商违约行为的处理。在施工过程中，监理机构对承包商的某些违约行为进行处理是一件很慎重而又难免的事情。当发现承包商采用一种不适当的方法进行施工，或是使用了不符合合同规定的材料时，监理机构除立即制止外，可能还要采取相应的处理措施。遇到这种情况，监理机构应该考虑的是自己的处理意见是否在监理权限以内，根据合同要求，自己应该怎么做等。在发现质量缺陷并需要采取措施时，监理机构必须立即通知承包商。监理机构要有时间期限的概念，否则承包商有权认为监理机构对已完成的工程内容是满意或认可的。

5）合同争议的协调。对合同纠纷，首先应协商解决，协商不成时再向合同管理机关申请调解和仲裁。如合同约定由法院裁决时，应按照《中华人民共和国民法典》的有关规定向人民法院提起诉讼。只有当对方严重违约而使自己的利益受到重大损失而不能得到补偿时，才使用诉讼手段来保护自己的利益。

6）对分包单位的管理。主要是对分包单位明确合同管理范围，分层次管理。将总包合同作为一个独立的合同单元进行投资、进度、质量控制和合同管理，不直接和分包合同发生关系。对分包合同中的工程质量、进度进行直接跟踪监控，通过总包商进行调控、纠偏。分包商在施工中发生的问题，由总包商负责协调处理，必要时，监理机构帮助协调。当分包合同条款与总包合同发生抵触，以总包合同条款为准。此外，分包合同不能解除总包商对总包合同所承担的任何责任和义务。分包合同发生的索赔问题，一般由总包商负责，涉及总包合同中建设单位义务和责任时，由总包商通过监理机构向建设单位提出索赔，由监理机构进行协调。

7）处理好人际关系。在监理过程中，监理机构处于一种十分特殊的位置。建设单位希望得到独立、专业的高质量服务，而承包商则希望监理单位能对合同条件有一个公正的解释。因此，监理机构必须善于处理各种人际关系，既要严格遵守职业道德，礼貌而坚决地拒收任何礼物，以保证行为的公正性，也要利用各种机会增进与各方面人员的友谊和合作，以利于工程的进展；否则，便有可能引起建设单位或承包商对其可信赖程度的怀疑。

4. 监理机构与设计单位关系的协调

监理单位必须协调好设计单位的有关工作，以加快工程进度，确保质量，降低消耗。

（1）真诚尊重设计单位的意见。例如，组织设计单位向承包商介绍工程概况、设计意图、技术要求、施工难点等，把设计遗漏、图纸差错等问题解决在施工之前；施工阶段，严格按图施工；分部工程验收、单位工程验收、合同工程完工验收等工作，约请设计代表参加；若发生质量事故，认真听取设计单位的处理意见等。

（2）施工中发现设计问题，应及时向设计单位提出，以免造成大的直接损失。

（3）注意信息传递的及时性和程序性。

（二）项目系统外部协调

参与项目建设的单位和部门，除作为建设市场主体的建设、设计、施工和监理单位外，还有各级行政主管部门、各级地方政府、当地有关部门、金融机构、新闻媒体及其他社会团体等。协调好项目系统外部的关系，争取各方面的支持，改善建设环境，对于实现项目目标具有十分重要的意义。

1. 监理机构与政府部门的协调

（1）工程质量监督站是由政府授权的工程质量监督的实施机构，它主要是核查勘察设计、承包商、监理单位的资质和工程质量检查。监理单位在进行工程质量控制和质量问题处理时，要做好与工程质量监督站的交流和协调。

（2）对于重大质量事故，在承包商采取急救、补救措施的同时，应敦促承包商立即向政府有关部门报告情况，接受检查和处理。

（3）建设工程合同应送公证机关公证，并报政府建设管理部门备案；征地、拆迁、移民要争取政府有关部门支持和协作；现场消防设施的配置，宜请消防部门检查认可；要督促承包商在施工中注意防止环境污染，坚持做到文明施工。

2. 监理机构与社会各团体关系的协调

一些大中型建设工程建成后，不仅会给建设单位带来效益，还会给该地区的经济发展带来好处，同时也会给当地人民的生活带来方便，因此必然会引起社会各界关注。建设单位和监理单位应把握机会，争取社会各界对建设工程的关心和支持。这是一种争取良好社会环境的协调。

根据目前工程监理的实践，对项目系统外部环境的协调，主要是建设单位负责主持，监理单位仅参与其中一些技术性工作协调。

2314 ①

协调的作用
练习

2321

组织协调的方式方法

任务二　监理组织协调的方式和方法

【任务布置模块】

学习任务

基本掌握监理过程中常用的组织协调方式和方法。

【教学内容模块】

一、监理组织协调的方式

工程建设项目协调最常用的方式是召开协调会议，通过工地会议便于监理工程师对施工进度、投资和质量的矛盾进行协调，同时方便各种信息在业主单位、施工单位、设计单位及监理单位之间传递，使矛盾和问题及时得到解决。通过对执行合同的情况和施工技术问题的讨论，及时发现问题，也为监理工程师决策提供依据。工地协调会议还可以集思广益，对施工中出现的问题采取积极、建设性的措施，因此，工地协调会议是监理工程师的一项重要工作。

（一）第一次工地会议

第一次工地会议是承包商、监理人进入工地后的第一次会议，是建设工程尚未全面展开前，履约各方相互认识、确定联络方式的会议，也是检查开工前各项准备工作是否就绪并明确监理程序的会议。第一次工地会议应在项目总监理工程师下达开工令之前举行，会议由建设单位主持召开。监理单位和总承包单位的授权代表参加，也可邀请分包单位参加，必要时邀请有关设计单位人员参加。

2322 ▶

第一次工地
会议

1. 会议内容

《建设工程监理规范》（GB/T 50319—2013）对第一次工地会议的主要内容做了规定，主要内容如下：

（1）参建各方介绍。由业主、承包商和监理单位分别介绍各自入驻现场的组织机构、人员及其分工，就有关细节作出说明，并以书面文件提交给各方。

（2）业主单位宣布授权。业主根据委托监理合同宣布对总监的授权，并委以授权书。

（3）工程开工准备情况介绍。业主代表应就工程占地、临时用地、临时道路、征地拆迁及其他与开工条件有关的问题予以说明。

（4）施工准备情况介绍。承包商介绍施工准备情况时的主要陈述内容如下：

1）主要施工人员的进场情况，并提交进场人员名单及进场计划。

2）材料、机械、仪器和设施的进场情况，并提交进场计划和清单。

3）施工驻地及临时工程建设进展情况，并提交临时工程计划和平面布置图。

4）施工测量、工地实验室的准备及进展情况。

5）其他与开工条件有关的内容与事项等。

（5）总监理工程师评述。

1）总监理工程师应根据批准的或正在审批的施工进度计划，说明施工进度计划可于何日批准或哪些分项已获批准。根据已获批准或将要批准的施工进度计划，说明承包商何时可以开始哪些施工，有无其他条件限制。

2）对承包商介绍的施工准备情况逐项予以澄清、检查和评述，提出意见和要求。

3）对业主的施工准备情况提出建议或要求。

　　4）对监理规划主要内容的介绍。

　　5）明确工地例会：研究确定各方在施工过程中参加工地例会的主要人员以及召开工地例会周期、地点及主要议题。

　　2．第一次工地会议的作用

　　第一次工地会议的主要作用在于以下三个方面：

　　（1）相互认识，相互沟通。参加工程建设的各方，通过第一次工地会议分别介绍各自驻现场的项目组织机构、人员及其分工以及通信方式等，以便增强了解，相互配合与沟通。

　　（2）委托授权明确职责。

　　（3）检查落实开工准备。

　　第一次工地会议纪要应由项目监理机构根据会议记录整理、起草，经建设单位审核，与会各方代表会签后发至各有关单位。会议记录应有固定的模式，由记录人签名，记录仅对建设单位、施工单位和监理工程师起约束作用。会议中决定执行的有关问题，仍应按规定的程序办理必要的手续。

　　为了做好开工前的各项准备工作，必要时可在第一次工地会议前召开第一次工地会议预备会议，部署和落实开工前各项准备工作。该预备会议的具体时间可以由建设单位确定。

　　（二）工地例会

　　工地例会也称例行现场会议，其主要目的是对在施工中发现的各种问题，如工程质量问题、工程进度延误或承包人提出工期延长或费用索赔的申请等有关的一些重要事项进行讨论，并作出决定。

　　《建设工程监理规范》规定，例会的时间、地点和参加人员、会议程序和内容均应在第一次工地会议中由各方协商确定。其普遍情况如下。

　　1．工地例会的时间

　　一般以一周为适宜，如果工程规模较小或工种较单调，可以适当调整为每两周一次或每半个月一次，但不应再减少。

　　2．工地例会的参加人员

　　（1）监理工程师：一般为总监理工程师或其指定的代表、与会议主题有关的其他监理工程师或监理人员。

　　（2）承包人：一般为承包人项目经理、技术负责人及会议主题有关的其他人员。

　　（3）业主人员（不是必须参加）：一般为业主代表及有关人员，视具体议题情况而定。

　　（4）其他相关人员：如设计人员、专家等。

　　3．工地例会的地点

　　按照惯例，一般均将工程现场会议室作为工地例会的召开地点，但特殊情况下，为解决某一主要问题，可以选择施工现场甚至材料供应地等有关地点召开例会。

　　4．工地例会议程及内容

　　（1）承包单位发言。

　　1）汇报由上次例会至今的工程进展情况，对工程的进度、质量和安全工作进行总结，并分析进度超前或滞后的原因。

2）质量、安全方面以及资料上报等方面存在的问题，所采取的措施。

3）汇报下一阶段进度计划安排，克服现阶段进度、质量、安全问题的措施。

4）提出需要建设单位和监理单位解决的问题。

（2）监理单位发言。

1）对照上次例会的会议纪要，逐条分析入会各方是否已实施了承诺。

2）对承包单位分析的进度和质量、安全等情况作出评价。

3）就安全生产、文明施工等施工单位存在的问题进行分析。

4）对工程量核定和工程款支付情况进行阐述。

5）对承包单位提出的需要监理方答复的问题进行明确答复。

6）提出需要建设单位或承包单位解决的问题。

（3）建设单位发言。建设单位指出承包单位和监理单位工作中需要改正的问题，并对承包单位和监理单位提出的问题给予明确答复。

5. 会议纪要

会议纪要应由监理机构负责整理，是监理工作指令文件的一种。基于会议纪要的重要性，整理纪要时需注意以下问题：

（1）注明例会的期数、召开的时间、地点、主持人，并附会议签到名单。

（2）用词准确、简略、严谨，书写清楚，避免歧义。

（3）分清问题的主次，条理分明。

需要指出的是：当会议上对有关问题有不同意见时，监理工程师应站在公正的立场上作出决定。但对一些比较复杂的技术问题或难度较大的问题，不宜在工地例会上详细研究讨论，可以由监理工程师作出决定，另行安排专题会议研究。

（三）现场协调会

在整个建设工程施工期间，应根据具体情况，不定期地召开不同层次的施工现场协调会。召开现场协调会的目的在于监理人对日常或经常性的施工活动进行检查、协调和落实，使监理工作和施工活动密切配合。现场协调会以协调工作为主，讨论和证实有关问题，对发现的施工问题及时予以纠正。对其他重大问题只是提出而不进行讨论或作出决议，会通过另行召开专门会议或在工地例会上进行研究处理。

现场协调会的重点是对日常工作发出指令。监理人和承包商通过现场协调会彼此交换意见，交流信息，促使监理人和承包商双方保持良好的关系，以利于工程建设活动的开展。

二、组织协调的常用方法

1. 交谈协调法

在实践中，并不是所有问题都需要开会来解决，有时可采用"交谈"这一方法，包括面对面的交谈和电话交谈两种形式。

无论是内部协调还是外部协调，这种方法使用频率都是相当高的。其原因在于：

（1）它是一条保持信息畅通的最好渠道。由于交谈本身没有合同效力，且方便、及时，所以建设工程参与各方之间及监理机构内部都愿意采用这一方法进行。

2323 ▶

组织协调的
方法

（2）它是寻求协作和帮助的最好方法。在寻求别人帮助和协作时，往往要及时了解对方的反应和意见，以便采取相应的对策。另外，相对于书面寻求协作，人们更难于拒绝面对面的请求。因此，采用交谈方式请求协作和帮助比采用书面方法实现的可能性要大。

（3）它是正确及时地发布工程指令的有效方法。在实践中，监理人一般都采用交谈方式先发布口头指令，这样，一方面可以使对方及时的执行指令，另一方面可以和对方进行交流，了解对方是否正确理解了指令。随后，再以书面形式加以确认。

2. 书面协调法

当会议或者交谈不方便或不需要时，或者需要精确地表达自己的意见时，就会用到书面协调的方法。书面协调方法的特点是具有合同效力，一般常用于以下几个方面：

（1）不需双方直接交流的书面报告、报表、指令和通知等。

（2）需要以书面形式向各方提供详细信息和情况通报的报告、信函和备忘录等。

（3）事后对会议记录、交谈内容或口头指令的书面确认。

3. 访问协调法

访问协调法主要用于外部协调中，有走访和邀访两种形式。这项工作的开展往往以建设单位为主，监理单位参与其中。走访是指在建设工程施工前或施工过程中，对与工程施工有关的各政府部门、公共事业机构、新闻媒介或工程毗邻单位等进行访问，向他们解释工程的情况，了解他们的意见。邀访是指邀请上述各单位代表到施工现场对工程进行指导性巡视，了解现场工作。因为在很多情况下，他们并不了解工程，不清楚现场的实际情况，如果进行一些不恰当的干预，会对工程产生不利影响。这个时候，采用访问法可能是一个相当有效的协调方法。

4. 情况介绍法

情况介绍法通常是与其他协调方法紧密结合在一起的，它可能是在一次会议前，或是在一次交谈前，或是一次走访或邀访前向对方进行的情况介绍。形式上主要是口头的，有时也伴有书面的。介绍往往作为其他协调的引导，目的是使别人首先了解情况。因此，监理人应重视任何场合下的每一次介绍，要使别人能够理解你介绍的内容、问题和困难、你想得到的协助等。

总之，组织协调是一种管理艺术和技巧，监理人员尤其是总监理工程师需要掌握领导科学、心理学、行为科学方面的知识和技能，如激励、交际、表扬和批评的艺术、开会的艺术、谈话的艺术、谈判的技巧等，只有这样，监理人员才能进行有效的组织协调。

三、监理组织协调的基本原则

（1）坚持以合同为依据。协调不等于无原则的调和，对产生不协调的双方应分清责任予以解决，并使双方在新的基础上达到工作上的协调一致。

（2）公平公正，有权威性，以理服人。监理人本着监督、服务的宗旨，通过充分协商实现参建各方的协调一致，不能怕担责任，要学会抓主要矛盾，要敢于以事实为依据，以工程建设相关法律、法规、技术规范及合同为准绳，决策科学合理。

（3）要做合作协调的表率。对于有些矛盾，除原则性的问题外，做出适当的让步是一门艺术，也是解决问题的一种办法。

【工程案例模块】

2324　①

协调的方法
练习

××工程项目监理协调工作案例分析

1.背景资料

××工程为高标准农田建设项目，监理单位受项目法人单位委托负责监理工作。该项目依法以 3 个标段分别进行招标，并分别由 A、B、C 公司中标。A 公司投中一标段工程为农用排水设施类，包括农用桥 10 座、农用涵 36 座；B 公司投中二标段为农用道路工程，新修砂石路 17 条，共计 15km；C 公司投中三标段的工程项目为渠道的疏浚及其石笼护坡加固处理，17 条渠道总长为 15km。工期为 6 个月，施工时间为该年的 3 月 5 日至 9 月 5 日。

2.在协调工作方面的工程特点分析

（1）施工单位较多，必须合理地排该项目的施工过程。

（2）存在交叉施工，即路边有沟渠、沟渠上有桥涵，所以必须合理地协调好施工过程，否则施工用料的运输会影响整个工期。

（3）因为工程本身为农业服务，从工期来看施工顺序和时间安排必须要把春播、秋收等农时工作放在首位，绝不能影响农民正常的农业生产作业。

3.监理单位工作协调的结果

在 A、B、C 三个中标单位成立项目部及人员设备入场后，监理单位主持召开了监理协调会，并做出了如下协调：

（1）依据设计图纸对建筑物的高程及坐标点进行复核，为避免交叉施工对高程点产生的影响，首先由 C 公司进行施工。

（2）要求 C 公司首先选择有 A 公司的工程农用桥、涵的工段进行施工，待该工段可以满足 C、A 两个单位同时施工时 A 公司进驻现场开始施工。工程进展一段时期后，该工段能够满足 A、B 两个单位同时施工时 B 公司进驻现场开始施工，对路面进行基层处理、底料铺设、碾压，并确保在短时间内能够保证农用车辆通行，确保春播耕种。

（3）凡不涉及交叉施工之处，A、B、C 三个公司均可按照各自情况的合理性制定进度计划。

（4）根据以上协调，A、B、C 三个公司将做好施工计划报监理单位审核。

4.监理单位的协调达到的效果

（1）保证了建筑物上坐标点及高程点的精度，达到了设计标准要求。

（2）A、B、C 三个公司在施工过程中未出现误工情况；减少了交叉施工造成的成本增加。

（3）未出现三项施工内容相互破坏对方已完建筑物的情况，保证了工程项目的整体性。

（4）在合同约定时间内完工，未影响到农民正常的生产作业。

5. 结语

监理单位对待此类工程，尤其是几个施工队伍在空间上交叉施工作业或在时间上因工序的限制产生相互干扰时，必须要科学、合理、公正地作出判断与裁定，现场的监理工程师必须有足够的经验完成科学的统筹和协调；否则会因同时存在几个施工单位相互干扰施工而延长工期，甚至造成对已完成工程的损坏，同时也造成不团结的局面，给业主单位带来额外的负担，由此可见监理单位的协调工作是非常重要的。

模块三 监理文件与编制

模块学习引导

学习意义

工程建设监理工作是监理人员运用丰富的专业知识和实践经验以多种方式开展的,有现场检查与监督、有对各类技术文件的审查与审批、有各类会议形式的问题研究与协调,还有各类性质的文件编制,这也是从事智能型技术工作的特点。所以,文件编制对监理工作来说不可或缺,它需要扎实的技术功底做支承,也可通过专门的训练得到提升。

知识目标

(1)熟悉各类监理文件编制流程及要求。

(2)理解各类监理文件的性质及作用。

(3)掌握几类典型监理文件的内容要求及编写要点。

能力目标

(1)能在监理工程师的指导下编制监理投标文件。

(2)能在监理工程师的指导下编写监理规划及监理实施细则。

(3)会做好监理日记的记录及所负责工作的工作总结。

(4)辅助监理工程师完成项目监理工作总结的编写。

项目一 争取工程项目的监理文件

【本项目的作用及意义】

一个水利工程项目,从立项到投入使用,大多需要进行项目的监理招标与投标,方能进行施工的招标与投标,再经过监理单位的控制、管理与协调,由中标施工单位完成工程项目的建设工作。一般情况下,监理单位对工程项目的监理要通过公开竞争而获得。对于监理单位来说,取得工程项目的监理权是赢得利润的唯一途径,可见获得监理任务对公司的生存与发展是至关重要的。

3111

业主的监理招标

任务一 监理招标与招标文件

【任务布置模块】

学习任务

了解实行监理制的工程范围;掌握项目监理招标应具备的条件及招标方式,掌握监理招投标程序；明确监理招标文件的主要内容。

能力目标

能读懂招标文件的专业名词及术语，能够准确领会监理招标文件的精神。

3112 ►

业主的监理招标及招标文件

【教学内容模块】

一、必须实行监理制的建设工程范围

工程项目的建设从程序上讲是划分为多个阶段的。建设工程监理适用于工程建设投资决策阶段和实施阶段，但目前主要是在建设工程施工阶段进行。

以《中华人民共和国建筑法》为根据制定的《建设工程质量管理条例》第十二条规定：实行监理的建设工程，建设单位应当委托具有相应资质等级的工程监理单位进行监理，也可以委托具有工程监理相应资质等级并与被监理工程的施工承包单位没有隶属关系或者其他利害关系的该工程的设计单位进行监理。

《水利工程建设监理规定》所称的水利工程建设监理，是指具有相应资质的水利工程建设监理单位，受项目法人（建设单位）委托，按照监理合同对水利工程建设项目实施中的质量、进度、资金、安全生产、环境保护等进行的管理活动，包括水利工程施工监理、水土保持工程施工监理、机电及金属结构设备制造监理、水利工程建设环境保护监理。

水利工程建设项目依法实行建设监理。

总投资 200 万元以上且符合下列条件之一的水利工程建设项目，必须实行建设监理：

（1）关系社会公共利益或者公共安全的。

（2）使用国有资金投资或者国家融资的。

（3）使用外国政府或者国际组织贷款、援助资金的。

铁路、公路、城镇建设、矿山、电力、石油天然气、建材等开发建设项目的配套水土保持工程，符合前款规定条件的，应当按照本规定开展水土保持工程施工监理。

二、监理招标

（一）项目监理招标应当具备的条件

（1）项目可行性研究报告或者初步设计已经批复。

（2）监理所需资金已经落实。

（3）项目已列入年度计划。

（二）项目监理招标方式

业主采用竞争方式委托监理时，可采用公开招标和邀请招标两类。

1. 公开招标

公开招标又称无限竞争性招标。招标人通过报刊、信息网络或其他媒介向社会公开发布招标公告。凡具备相应资质、符合招标条件的法人或组织均可自愿参加投标。其优点是能充分体现公开、公平、公正、竞争择优的原则，招标人选择范围广，有利于提高工程质量，缩短工期，降低造价，得到合理的利益回报。其缺点是投标人多，招标人审查投标人的资格、投标文件及评标工作量大，时间长，耗资多。

2. 邀请招标

邀请招标又称有限竞争招标或选择性招标。招标人根据对监理市场的了解，选择一定数目的监理企业（不少于 3 家），向它们发出投标邀请，被邀请方可自愿参与投标竞争。这种招标方式的优点是不需要发布招标公告和设置资格预审程序，节约招标费用与时间。由于招标人对投标人以往的业绩和履约能力比较了解，减小了合同履行过程中的风险。其缺点是邀请范围小、选择面窄，竞争的激烈程度相对较差。目前，业主多采用此种方式选择监理单位。

三、监理的招投标程序

招标是招标人选择中标人并与其签订合同的过程，而投标则是投标人力争获得实施合同的竞争过程。招标人和投标人均需遵循招投标法律和法规的规定进行招标投标活动。监理招标应按下列程序进行：

（1）招标单位自行办理招标事宜的，到当地招标办办理备案手续。

（2）编制招标文件。

（3）发布招标公告或发出邀标通知书。

（4）向投标单位发出投标资格预审通知书，对投标单位进行资格预审。

（5）向投标单位发出招标文件。

（6）组织必要的答疑、现场勘察，解答投标单位提出的问题，编写答疑文件或补充投标文件等。

（7）接受投标书。

（8）组织开标、评标、决标。

（9）招标单位自确定中标单位之日起 15 日内向当地招标办提交招标投标情况的书面报告。

（10）向投标单位发出中标或未中标通知书。

（11）与中标单位订立书面委托监理合同。

四、监理招标文件

（一）监理的工作范围

监理委托合同的标的，是监理单位为发包人提供的监理服务。委托监理业务的范围非常广泛，从工程建设各阶段来说，可以包括项目前期立项咨询、设计阶段监理、施工招标阶段、施工阶段监理、保修期阶段监理。在每一阶段内，又可以进行投资、质量、工期的三大控制及安全管理、合同管理和信息管理。

项目监理招标宜在相应的工程勘察、设计、施工、设备和材料招标活动开始前完成。

项目建设不同阶段的委托监理工作如下。

1. 建设前期的工作

（1）对项目的投资机会研究，包括确定投资的优先性和部门方针。

（2）对建设项目的可行性研究，确定项目的基本特征及其可行性。

（3）为了顺利实施开发计划和投资项目，并充分发挥其作用，提出经营管理和机构方面所需的变更和改进意见。

（4）参与设计任务书的编制。

2．设计阶段的工作

（1）提出设计要求，参与评选方案。

（2）参与选择勘察、设计单位，协助发包人签订勘察、设计合同。

（3）监督初步设计和施工图设计工作的执行，控制设计质量，并对设计成果进行审核。

（4）控制设计进度以满足进度要求，并监督设计单位实施。

（5）审核概（预）算，实施或协助实施投资控制。

（6）参与工程主要设备选型。

3．施工招标阶段的工作

（1）编制招标文件和评标文件。

（2）协助评审投标书，提出决标评估意见。

（3）协助发包人与承建单位签订承包合同。

4．施工阶段的工作

（1）协助发包人编写开工报告。

（2）审查承建单位各项施工准备工作，发布开工通知。

（3）督促承建单位建立、健全施工管理制度和质量保证体系，并监督其实施。

（4）审查承建单位提交的施工组织设计、施工技术方案和施工进度计划，并督促其实施。

（5）组织设计交底及图纸会审，审查设计变更。

（6）审核和确认承建单位提出的分包工程项目及选择的分包单位。

（7）复核已完工程量，签署工程付款证书，审核竣工结算报告。

（8）检查工程使用的原材料、半成品、成品、构配件和设备的质量，并进行必要的测试和监控。

（9）监督承建单位严格按技术标准和设计文件施工，控制工程质量。重要工程要督促承建单位实施预控措施。

（10）监督工程施工质量，对隐蔽工程进行检验签证，参与工程质量事故的分析及处理。

（11）分阶段进行进度控制，及时提出调整意见。

（12）调解合同纠纷和处理索赔事宜。

（13）督促检查安全生产、文明施工。

（14）组织工程阶段验收及竣工验收，并对工程施工质量提出评估意见。

5．保修期阶段的工作

（1）协助组织和参与检查项目正式运行前的各项准备工作。

（2）对保修期间发现的工程质量问题，参与调查研究，弄清情况，鉴定工程质量问题的责任，并监督保修工作。

（二）招标文件的主要内容

招标文件的主要内容包括以下部分：

（1）投标公告（邀请书）。一般包括：招标单位名称；建设项目资金来源；工程项目概况和本次招标工作范围的简要介绍；购买资格预审文件的地点、时间和价格；投标单位考察现场的时间；投标截止时间；投标文件递送时间；开标时间、开标地点等有关事项。

（2）投标人须知。应当包括招标项目概况，监理范围、内容和监理服务期，招标人提供的现场工作及生活条件（包括交通、通信、住宿等）和试验检测条件，对投标人和现场监理人员的要求，投标人应当提供的有关资格和资信证明文件，投标文件的编制要求，提交投标文件的方式、地点和截止时间，开标日程安排，投标有效期等。

（3）书面合同书格式。大、中型项目的监理合同书应当使用《工程建设监理合同示范文本》，小型项目可参照使用。合同的标准条件部分不得改动，结合委托监理任务的工程特点和项目地域特点，双方可针对标准条件中的要求予以补充、细化或修改。在编制招标文件时，为了能使投标人明确义务和责任，专用条件的相应条款内容均应写明。然而招标文件专用条款的内容只是编写投标书的依据，如果通过投标、评标和合同谈判，发包人同意接受投标书中的某些建议，双方协商达成一致修改专用条款的约定后再签订合同。

（4）投标报价书、投标保证金和授权委托书、协议书和履约保函的格式。

（5）工程技术文件。是投标人完成委托监理任务的依据，应包括以下内容：①工程项目建议书；②工程项目批复文件；③可行性研究报告及审批文件；④应遵守的有关技术规定；⑤必要的设计文件、图纸和有关资料。

（6）投标报价要求及其计算方式。

（7）评标标准与方法。

（8）投标文件格式。包括投标文件格式、监理大纲的主要内容要求、投标单位对投标负责人的授权书格式、履约保函格式。

（9）其他辅助资料。拟用于本工程监理工作的主要人员汇总表，拟用于本工程的主要监理人员简历表，拟用于本工程的办公、检测设备及仪器清单。

【工程案例模块】

3113　⑦
监理招标练习

《×××工程项目》监理招标文件（目录部分）

×××工程项目　　　　　　　　　　　　　　　　　　　　　　工程监理招标文件

目　　录

×××咨询有限公司

×××咨询有限公司

×××工程项目　　　　　　　　　　　　　　　　　　　　　　　　　　**工程监理招标文件**

×××咨询有限公司

任务二　监理投标文件的编制

【任务布置模块】

学习任务

　　了解投标人应具备的条件；掌握项目监理投标文件的内容，充分理解编制投标文件时的注意事项及编写要点。

能力目标

　　能基本完成监理投标文件的编制工作。

【教学内容模块】

一、投标人应具备的条件

投标人必须具有水利部颁发的水利工程建设监理资质证书，并具备下列条件：

（1）具有文件要求的资质等级和类似项目的监理经验与业绩。

（2）与招标项目要求相适应的人力、物力和财力。

（3）其他条件。

《水利工程建设项目监理招标投标管理办法》规定：两个以上监理单位可以组成一个联合体，以一个投标人的身份投标。联合体各方签订共同投标协议后，不得再以自己名义单独投标，也不得组成新的联合体或参加其他联合体在同一项目中投标。招标人不得强制投标人组成联合体共同投标。

3121
监理投标文件的编制

3122
监理投标文件的编制

3123
获取监理任务的途径

二、监理投标文件的组成

（一）性质组成

监理投标文件从性质上通常可分为商务标（财务文件）和技术标（技术建议书）两大部分。财务标主要是监理项目报价及支持报价合理性的相关文件（有时会根据业主在招标书的要求将报价书单独提出作为单列项目）；技术标主要为监理单位的经验、拟完成委托监理任务的实施方案（监理大纲）和人员配备三个主要方面。

（二）内容组成

水利工程施工监理投标文件一般由投标书、投标人业绩和资信评审、项目总监理工程师的素质和能力、资源配置、监理大纲、投标报价等六部分组成。

（1）投标书。包括投标承诺书，授权委托书，投标保证金。

（2）投标人业绩和资信评审。包括投标人企业简介，投标人基本情况表，监理单位资格等级证书、企业法人营业执照、企业法人代码证、质量管理体系认证证书等证书复印件，投标人近三年财务状况，已完成或正在承担的类似工程监理情况及证明文件，投标人以往履约情况，项目法人及质量监督部门对投标人以往监理项目的评价意见，已完工程监理项目的获奖情况。

（3）项目总监理工程师的素质和能力。包括总监理工程师资格及简历，总监理工程师主持或参与监理的类似工程项目监理业绩及证明文件、业主评价意见，总监理工程师拟驻工地的时间及总监承诺书，项目总监理工程师陈述。

（4）资源配置。包括项目监理机构设置，项目副总监、部门负责人的工作简历及监理资格，相关专业监理人员和管理人员的数量、专业配置、监理资格、年龄结构、人员进场计划，拟派监理部人员汇总表，可为该工程配备的检测及办公设备，随时可调用的后备资源。

（5）监理大纲。包括项目监理实施依据、工作范围及内容，项目监理控制目标，对本工程项目控制难点与重点的理解及监理对策，监理服务质量体系的建立，监理机构职责及工作制度，监理控制程序与措施，保修期的监理工作。

（6）投标报价。包括投标报价书，监理取费报价依据说明，投标报价汇总表。

三、监理投标文件的编制

《中华人民共和国招标投标法》规定，投标人应当按照招标文件的要求编制投标文件。投标人要到指定的地点购买招标文件，并准备投标文件。投标人编制投标文件时必须按照招标文件的要求编写。投标人应认真研究、正确理解招标文件的全部内容，并按要求编制投标文件。投标文件应当对招标文件提出的实质性要求和条件作出响应。实质性要求和条件是指招标文件中有关招标项目的价格、项目的计划、技术规范、合同的主要条款等，投标文件必须对这些条款作出响应。这就要求投标人必须严格按照招标文件填报，不得对招标文件进行修改，不得遗漏或者回避招标文件中的问题，更不能提出任何附带条件。

（一）监理投标文件编制的几项重要内容

1. 监理经验

（1）监理一般经验。投标人提供的最近几年所承担的工作项目一览表，内容包括

3124 ▶

监理费用
的计算

数量、规模、专业性质、监理工作内容、监理效果等。

（2）特殊工程项目经验。对此应根据工程项目的专业特点，看其是否具有所要求的监理经验。一方面其所监理过的工程是否有与本工程同类的项目；另一方面还要根据本工程特殊要求的专业特点，如复杂地基的处理、特殊施工工艺要求（特殊焊接工艺、大型专业设备安装）等，看其监理经验是否能满足要求。

2. 监理实施方案

（1）监理工作的指导思想和工作目标。理解发包人对该项目的建设意图，工作目标在内容上包括了全部委托的工作任务，监理目标与投资目标和建设意图要一致。

（2）项目监理班子的组织结构。在组织形式、管理模式等方面合理，结合了项目实施的具体特点，发包人的组织关系和承包人的组织关系相协调等。

（3）工作计划。在工程进展中各个阶段的工作实施计划合理、可行，在每个阶段中如何控制项目目标，以及组织协调的方法。

（4）对工期、质量、投资进行控制的方法。应用经济、合同、技术、组织措施保证目标的实现，方法科学、合理、有效。

（5）计算机的管理软件。所拥有和准备使用的管理软件的类型、功能满足项目监理工作的需要。

（6）提出的管理方案富有创造性。监理服务的技术手段独特先进，既有对替代方案有独特实用价值的详细说明，又有技术转让的内容及其采用价值分析等。

3. 项目监理机构的人员结构

合理的人员结构包括以下两方面的内容。

（1）合理的专业结构。项目监理机构应由监理的工程性质及业主对工程监理的要求相适应的各专业人员组成，也就是各专业人员要配套。应根据项目特点和被委托监理任务的工作范围，考虑包括经济师、机械工程师等是否能够满足开展监理工作的需要，专业是否覆盖项目实施过程中的各种专业，以及高级、中级职称和年龄结构组成的合理性。

（2）合理的技术职务和职称结构。为了提高管理效率和经济性，项目监理机构的监理人员应根据建设工程的特点和建设工程监理工作的需要确定其技术职务职称结构。合理的技术职称结构表现在高级职称、中级职称和初级职称有与监理工作要求相称的比例。

1）总监理工程师人选。我国实行的是工程项目总监理工程师负责制。因此，总监理工程师人选合适，是执行监理任务成功的关键。主要根据项目本身的特点，看其学历、专业、现任职务、年龄、健康状况、以往的工作成就等一般条件是否符合要求。此外，还要看他在以往年监理工程中担任的职务，与本项目类似工程的工作经验，对项目的理解和熟悉程度，应变与决策能力、对项目实施监理的具体设想，专业水平和管理能力，责任心，以及能否与发包人顺利交流及是否善于与被监理单位交往等。

2）从事监理工作的其他人员。参与监理工作的人员除总监理工程师外，还包括专业监理工程师和其他监理人员。从投标书中所提供的拟派驻项目人员名单中，看主要监理人员的学历、专业成就、责任职称或职务，参与过哪些工程的监理工作。

（二）监理投标文件编制要点

监理投标文件是监理单位响应建设单位招标文件要求，全面、真实、客观地反映监理单位实力的载体，是评标时评委打分的依据。在实行工程项目监理制的今天，任何需要进行招标的工程项目都必须通过对投标文件的评比来确定中标单位。

（1）深刻领会招标文件精神，抓住关键环节，体现自身特点。监理招标文件是工程建设单位根据工程建设内容需要，对监理单位提出的具体要求是投标单位编制投标文件的依据。因此投标单位必须对招标文件详细研究，深刻领会文件精神，在投标文件中给予全面的、实质性的、最大限度的响应。如对招标文件有疑问需要解释的，按招标文件规定的时间和方式，及时向招标代理机构提出询问。招标文件的补遗文件也是招标文件的组成部分，投标单位也应予以重视。监理投标文件编制的关键内容是编写具有针对性监理实施方案和技术措施的监理大纲。投标单位应在了解工程概况、工期、监理工作范围与内容、监理目标的基础上，制定出具有企业自身特点的监理方案和有针对性的技术措施，获得评委认可。

（2）全面响应招标文件的要求。监理投标文件在形式上和内容上都要响应招标文件，满足招标文的要求。在形式上必须按照招标文件规定的格式进行编制，例如监理投标书的编制和密封必须按招标文件规定的格式和密封条件执行，必须按招标文件的规定签字、盖章，投标书封面必须标明"正本""副本"字样，投标文件不得涂改，行间插字或删除必须在改动处盖更正章，投标书密封包装的所有接缝、骑缝处加盖密封章，投标文件的份数和送达时间、送达地点符合规定；在内容上必须实质响应招标文件的要求。

（3）拟建强有力的监理机构。拟建的项目监理机构应选派优秀的总监理工程师，同时配备专业齐全、结构合理的现场监理人员。监理服务质量的优劣，不仅依赖于监理人员是否遵循规范化的监理程序和方法，更取决于监理人员的业务素质、监理经验以及分析问题、判断问题、解决问题的能力和风险意识。因此，组件有能力的监理机构至关重要。

（4）制定相应的检测、检验方法。根据工程建设内容，对需要检测、检验的项目，提出检测、检验的手段与方法，对现场不能检测、检验的项目，提出具有相关资质的委托单位。在投标文件中还需列出拟在项目中使用的主要检测、检验设备、仪器的清单。

（5）精心编制监理大纲。监理大纲是针对投标项目阐明如何进行监理并赢得建设方对投标方信任的关键文件。其内容应重点放在"为什么做"，同时兼顾"做什么"。编制监理大纲应做到内容完善、层次分明、措施齐全。在质量、进度、投资控制上目标明确、程序规范，监理服务质量体系健全，服务宗旨、管理职责明确、措施有力，对招标项目关键点、难点理解全面、分析合理、措施得当。安全监督方案可行，合同、信息管理内容完整、方法手段先进，组织协调内容周到。

（6）合理确定监理费用投标报价。总的来讲，对监理单位的资质、业绩的考评，对总监理工程师及监理工程师的业务专长、经验、资格的考评，对监理机构资源配备，对监理大纲的考评占总分的 80％ 左右，占主要部分。所以，应把重点放在上述各项内容上。监理费用投标报价原则上是按有关文件的规定计取的，报价时主要考虑浮动率、额外工资报酬、附加工资酬金的计取及监理单位提供自有设备的取费方面。监理投标费用的报价占总分的 20％ 左右，也应引起重视。要重点研究招标文件的投标报价评分办法，结合企业自身的具体情况，同时加强对竞争对手的了解，做到知彼知己地报价。

　　总之，投标文件直接关系到中标与否，其重要性不言而喻，投标文件的编制是一项重用的工作，要力求条理清晰、重点突出、一目了然。让业主和评委很容易找到感兴趣的内容，同时也要注意投标文件的排版、格式、美工等细节内容，这也能体现出公司的企业文化及对工作的态度。

3125 ⊤

监理投标
练习

【工程案例模块】

案例：×××工程项目监理投标文件（部分样例）

×××工程项目 　　　　　　　　　　　　　　　　　　　　　　　　**工程监理投标文件**

目　　录

×××咨询有限公司

第一卷　商　务　部　分

分页

投　标　书

致：＿＿＿＿＿（招标人全称）

我方收到并认真研究了《×××××水利工程建设工程》监理招标文件（含补遗书）后，决定对该工程进行投标。

1. 我方提供招标文件中要求的所有资料并按投标书附录内写明的金额提交投标保证金，如果我方违背了招标文件有关的规定，贵方有权不退还投标保证金。

2. 我方承认根据招标原则综合评定的结果，不强调因某一因素的优势而必须中标，也不要求解释未中标的原因，同时也承认贵方不承担我方的任何投标费用。

3. 我们承诺，如中标，按规定交纳履约保证金××××（大写）万元（人民币），并按规定时间内签订监理委托合同。

4. 我们承诺，如中标，将履行招标文件中规定的每一项要求并按投标文件中的承诺进行本工程的施工和保修期阶段的全部监理工作，按期保质保量完成监理任务。

5. 有关招标投标的函件，请按下列指定的事项联系：

地址：＿＿＿＿＿＿＿　　　　　联系人：＿＿＿＿＿＿＿＿＿＿

邮编：＿＿＿＿＿＿＿　　　　　投标人：＿＿＿＿＿＿＿＿＿＿

电话：＿＿＿＿＿＿＿　　　　　法定代表人或委托代理人：（签字）

传真：＿＿＿＿＿＿＿　　　　　日期：＿＿＿年＿＿＿月＿＿＿日

分页

投标保证金收据复印件

（略）

分页

授 权 委 托 书

致：(招标人全称)

　　本授权书宣告：(投标单位名称) 监理公司 (职务) 总经理 (姓名) ×××合法地代表我单位，授权(投标单位或其下属单位全称) 监理公司的(职务) 业务员 (姓名) ×××××为我单位代理人，该代理人有权在(项目名称) 某水利工程监理的投标活动中，以我单位的名义签署投标书和投标文件，与招标单位 (或业主) 协商、签订合同协议书以及执行一切与此有关的事项。

投标单位：(投标单位全称并加盖公章)

法定代表人：(签　字)

委托代理人：(签　字)

日　　期：　　年　　月　　日

分页

法定代表人身份证复印件

　　(略)

分页

委托代理人身份证复印件

　　(略)

　　注：如法定代表人不委托代理人参加投标活动则投标文件中不附法定代表授权书及其身份证复印件。

分页

加盖投标人公章的企业营业执照和资质证书副本复印件

　　(略)

分页

一、营业执照复印件

　　(略)

分页

二、资质证书复印件

（略）

分页

财 务 状 况 统 计 表

1	资本	注册资本： 万元	固定资产： 万元	负债 总额	长期负债： 万元 流动负债： 万元	
		已发行股本： 万元	流动资金： 万元	所有者权益： 万元		

	过去三年每年承担的监理工程的价值，以及当年承担的项目：		
2	年度	项目	金额

3	目前承担的工程大概价值：×××万元
4	年最大监理能力：×××万元
5	公司近两年账目的损益表附后
6	公司近两年资产负债表附后
7	今后一年的财务预测：××××××万元监理合同额
8	资信证明的银行名称：×××××
	地址：×××××

投标人：（投标人全称并加盖公章）

法定代表人或委托代理人：（签字）

日期：＿＿年＿＿月＿＿日

分页

近三年违法（违约）统计表

详细说明贵公司最近三年违法、违约和介入诉讼案件情况

我公司最近三年所监理的项目无违法、违约和介入诉讼案件情况。

投标人：（投标人全称并加盖公章）

法定代表人或委托代理人：（签字）

日期：＿＿＿年＿＿月＿＿日

注：如无违法、违约和介入诉讼案件情况，投标人也需做出承诺。

分页

投标人在建监理项目统计表

1	工程名称	××××水电站	
2	企业名称	×××××水电开发有限公司	
3	业主地址	××××××	
4	监理工作范围：质量、进度、造价控制、合同、信息、安全管理		
5	工程的性质和特点：一级水电站		
6	合同工期：××个月		合同金额：×××××元
7	开工日期：××××年××月		竣工日期：××××年××月
8	参与本项目监理人员		
	总监理工程师　×××		
	专业监理工程师		
	①×××　②×××		
	其他监理人员：		
	①×××　②×××		

投标人：（投标人全称并加盖公章）

法定代表人或委托代理人：（签字）

日期：＿＿＿年＿＿月＿＿日

分页

投标人在本工程拟设立的项目监理组织机构框图

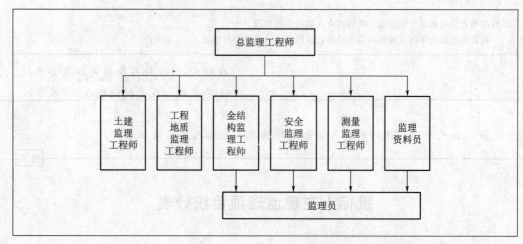

投标人：（投标人全称并加盖公章）

法定代表人或委托代理人：（签字）

日期：2008 年×× 月×× 日

分页

近三年完成与本工程同类工程统计表

（略）

分页

拟派往本工程监理人员汇总表

（略）

分页

拟派往本工程监理人员简介表

（略）

分页

监理工程师注册证复印件

（略）

——分页

拟投入本工程的主要设备及仪器表

（略）

——分页

拟派往本工程的总监、监理人员执业资格证书、职称证书、身份证复印件

（略）

——分页

第二卷　技　术　部　分

技

术

建

议

书

（以下略）

任务三 监理大纲的编写

【任务布置模块】

3131

监理大纲的
编写

3132

监理大纲的
编写

学习任务

理解监理大纲在投标文件中的重要作用；掌握监理大纲的内容及组成。

能力目标

能在指导教师的指导下，通过参考已编制的其他工程项目的监理大纲，完成投标项目监理大纲的编制。

【教学内容模块】

一、监理大纲的作用

监理大纲又称监理方案，它是监理单位为取得监理业务而编写的投标书中重要的组成部分。建设单位在进行监理招标时，一般要求投标监理单位提交监理技术标书和监理费用标书两部分，其中监理技术标书即监理大纲。建设单位通过对所有投标单位的监理大纲和监理费用的综合评比，最终评出中标监理单位并与之签订委托监理合同。投标单位若想获得建设单位的信任而中标，必须要在监理大纲中展现出自己的监理经验和能力，表达出对所要监理的工程项目的准确理解和先进的工作理念。

监理单位一旦中标，在签订建设工程委托监理合同后，以总监理工程师为首的监理队伍必须提出项目监理规划，在总监理工程师主持下编写的监理规划必须依据工程监理单位投标时的监理大纲。因为监理大纲是建设工程委托监理合同的重要组成部分，也是工程监理单位对建设单位所提技术要求的认同和答复，而监理规划就是对当初签订合同时承诺的第一步履行。

简言之，监理大纲的作用主要有两个：一是为争取监理业务；二是编制监理规划的依据。

二、监理大纲的编写

（一）监理大纲编写的依据

（1）国家有关建设工程方面的法律、法规。

（2）建设单位提供的勘察、设计文件。

（3）建设单位的工程监理招标文件。

（4）适用于本工程的国家规范、规程、技术标准和政府建设及水行政主管部门的文件。

（二）监理大纲的主要内容

监理大纲的内容应当根据监理招标文件的具体要求制定，主要内容如下：

（1）工程项目概况。

（2）监理工作的范围及监理目标。

（3）监理机构的组织形式。

（4）拟派监理机构和人员。

（5）质量、进度、投资控制。

（6）安全、合同和信息管理。

（7）建设工程监理组织协调。

（8）监理工作程序。

（9）监理工作的主要任务。

（10）安全文明施工管理。

（11）对业主的合理化建议。

（12）投标综合说明。

（三）监理大纲编写注意事项

（1）监理大纲作为监理投标文件的组成部分，应从实质上响应招标文件的要求，否则会被视为废标处理。

（2）监理大纲要充分展示监理单位在过去监理工作中的业绩，在类似工程项目上有过的好的经验，要真实而有说服力。

（3）监理大纲要充分表明监理单位对竞标项目监理范围内提出的任务的理解，要针对招标文件、项目特点和规模，结合自身的条件及优势编写监理大纲。

（4）监理大纲要特别提出自己认为能够给建设单位节约投资、缩短工期、保证工程质量的具体合理化建议。这是展示监理单位丰富工作经验和工作能力的最有力内容。

（5）拟派到项目上的总监理工程师资历、业绩及其在业内的影响力等方面也是监理大纲具有竞争性的重要内容。

【工程案例模块】

3133 ⊤

监理大纲编写练习

监 理 大 纲

第一章　监 理 项 目 概 况

一、监理项目概况

（1）项目名称：某水利工程。

（2）项目业主：××××。

（3）建设地点：××××。

（4）建设规模：××××。

（5）项目投资：A 标段××元，B 标段××元，C 标段××元。

（6）工期要求：××××年××月××日开工，××××年××月××日完工。

（7）质量要求：合格。

二、监理工作目标

业主的目标就是监理控制的目标。通过风险预测，重点、难点分析，事前控制等动态管理措施，我单位保证本工程实现以下目标：

（1）质量控制目标：单元工程合格率100％，优良率85％以上；分部工程合格率100％，优良率80％以上；单位工程外观得分率85％以上。工程质量等级为合格，争创优良标准。

（2）投资控制目标：在满足质量和进度要求的前提下，严格合同管理，控制设计变更和现场签证，防止索赔现象发生，认真把好工程计量关，做到预算按投标价、定额，调整按投标承诺、合同、政策，付款有凭据，索赔按合同，达到计划目标，确保业主满意。

（3）进度控制目标：严格按照总进度计划，对照实际进度进行分析解剖，提出监理措施并监督落实，确保工程达到业主要求的工期。

（4）安全控制目标：强化安全意识，重视和加强安全文明施工的管理工作，严格执行国家、××省、××县有关安全文明施工的法规、条例及规定，督促承包单位完善安全保证体系和工作制度，使安全文明施工规范化、标准化和制度化；坚决杜绝重大事故，减少一般安全事故。

（5）合同管理目标：根据监理合同的要求对工程承包合同的签订、履行、变更和解除进行监理。对合同双方的争议进行调解和处理，以保证合同的依法签订和全面履行。

（6）信息管理目标：全面及时、准确地收集、整理、处理、存储、传递和应用工程信息，为整个工程的目标控制打好基础。

（7）组织协调目标：做好调合和联系工作，包括监理机构与项目业主、设计单位、施工单位之间的协调，使大家在实现工程项目总目标上做到步调一致，达到运行一体化。

第二章 监理工作范围

监理工作范围：自施工准备期至施工期的投资控制、进度控制、质量控制、安全控制、合同管理、信息管理和工作协调，对缺陷责任期的工作承担连带责任。

第三章 监理组织机构

一、监理机构设置

我司根据招标文件确定的工程建设目标、监理工作任务和范围，结合在水电水利工程建设方面多年积累的监理经验，经对本工程的建设监理任务分解、分类和归纳。系统分析了本工程的地质条件、环境条件、施工条件和可能采用的施工方法等基本资料，制定了针对本工程建设而建立的监理组织机构和人员配置方案，初步设置了直线职能结构形式的监理部（组织机构图略）。我司在实施过程中，将在此基础上根据具体情况进一步优化监理组织机构，为委托人提供与工程要求相适应的优质的和高水平的建设监理服务。

二、监理岗位设置与岗位职责

（一）管理层次

本工程的机构设置采用总监理工程师负责制下的项目管理机制，总监理工程师由具有总监理工程师资格、高级技术职称以上、有丰富的工程施工和监理经验的人员担任。为充分发挥监理人员作用，保证指令及反馈信息的快速传递，保证监理工作的时效性及快速反应能力，通过配置足够的有充分监理经验的监理人员，以及辅助强大的技术保障，计划设置三个管理层次，即决策层（总监），执行层（责任工程师）和操作层（专业监理工程师和监理员），设1名总监理工程师主管监理部全面工作，1名副总监理工程师协助总监理工程师工作，自工程开工时进场，至工程竣工时退场，确保在整个监理服务期限内所监理的工程始终处于总监理工程师控制之中。

我司为本工程项目配备的项目责任工程师，均从事过类似工程项目并具有与本工程项目相关的建设监理经验，具有较强的独立处理问题和决策能力。

此外，我司针对本工程设置了专家技术咨询组，作为现场监理部的技术支持系统，将根据工程需要，定期、不定期来现场协助现场监理人员解决重大工程技术难题。

在工程实际监理工作中，我司还将根据工程实际情况变化以及委托人的要求，对监理组织机构及人员进行相应的调整和补充。

（二）各级人员职责描述

根据监理服务的范围和内容，本项目监理组织机构各级人员的大致分工如下：

（1）总监。负责整个工程项目建设监理的全部工作。

（2）副总监。协助总监工作，在总监暂时离开工地期间，按照总监的授权进行工作。

（3）合同责任工程师。负责项目监理部的合同管理、计划控制、计量支付及处理变更索赔等。

（4）各标段责任工程师。负责本标段监理范围内协调、质量评价、计量及参与处理变更索赔等相关工作。

（5）安全环保责任工程师。负责安全生产、文明施工、环境保护等工作及信息、文档管理和后勤服务。

（6）地质测量责任工程师。负责地质预报、地质鉴定、施工测量等工作，参与处理变更索赔等相关工作。

（7）专业监理工程师。负责各自施工标段的现场工作，参与处理变更索赔等相关工作。

（8）现场监理员。负责现场施工质量安全监督、检查，中间产品的检查、验收、关键工序旁站工作。

（9）专家技术咨询组。负责对重大技术方案、关键工序及关键技术的指导和咨询工作。

（三）岗位职责

1.总监理工程师岗位职责

（1）主持编制监理规划，制定监理部规章制度，审批监理实施细则。签发监理部内部文件。确定监理部各部门职责分工及各级监理人员职责权限，协调监理部内部工作。

（2）指导责任工程师开展监理工作。负责本监理部中监理人员的工作考核，调换不称职的监理人员，根据工程建设进展情况，调整监理人员。

（3）协助委托人与勘测设计、科研单位签订勘测设计、科研试验协议，管理委托人与设计单位签订的有关合同、协议，协助委托人编制年度施工图供图计划并签订供图协议，督促设计单位按合同和协议要求及时供应合格的设计文件。

（4）代表委托人审查设计文件和各项设计变更，及时签发设计文件，协助委托人会同设计单位对重大技术问题和优化设计进行专题讨论；组织人员审核图纸工程量，组织或授权责任工程师进行测量交桩、设计交底，做好设计协调工作，签发施工图纸。

（5）协助委托人进行设备和重要材料采购招标，并对采购计划进行监督与控制。

（6）协助委托人进行工程的招标及合同签订工作，主持审核承包人提出的分包项目和分包人，报委托人批准。

（7）审批承包人提交的施工组织设计、施工措施计划、施工进度计划、资金流计划。组织审核施工付款申请，签发各类付款证书。

（8）主持第一次工地会议，主持或授权责任工程师主持监理例会和监理专题会议。

（9）签发进场通知、合同项目开工令、分部工程开工通知、暂停施工通知和复工通知等重要监理文件。

（10）主持处理合同违约、变更和索赔等事宜，在得到发包人批准后，签发变更和索赔等有关文件。

（11）主持施工合同实施中的协调工作，调解合同争议，必要时对施工合同条款做出解释。

（12）要求承包人撤换不称职或不宜在本工程工作的现场施工人员或技术、管理人员。

（13）审核承包人的质量保证体系文件并监督其实施情况；审批工程质量缺陷的处理方案；协助委托人组织处理工程质量问题及安全事故。

（14）组织或协助委托人组织工程项目的分部工程验收、单位工程完工验收、合同项目完工验收，参加阶段验收、单位工程投入使用验收和工程竣工验收。

（15）签发工程移交证书和保修责任终止证书。

（16）检查监理日志；组织编写并签发监理月报、监理专题报告、监理工作报告；组织整理监理合同文件和档案资料。

（17）对各部门的工作进行指导、监督和检查。

2. 副总监理工程师岗位职责

协助总监理工程师工作，在总监理工程师离开工地时，代表总监理工程师行使总监理工程师职责和权力，负责组织实施、监督施工现场的监理工作。

3. 各责任工程师岗位职责

（1）各责任工程师是总监授权的各监理范围内的负责人，在各自的专业或机构中有局部决策职能。而在全局监理工作范围内一般具有目标划分、执行和检查的职能；

组织制定各负责项目的监理实施细则，经总监审批后组织实施。

（2）组织对所负责控制的目标进行规划，建立实施目标控制的目标划分系统。

（3）是监理目标控制系统中落实各控制子系统的负责人，制定控制工作流程，确定方法和手段，制定控制措施。

（4）组织单项工程、隐蔽工程验收，参加有关的分部工程、单位工程、单项工程等分期交工工程的检查和验收工作。

（5）组织对承包人各种申请的调查并提出处理意见。

（6）根据信息流结构和信息目录的要求，及时、准确地做好本部门的信息管理工作；做好分管的工程技术资料收集整理工作，参加单项工程技术总结编写。

（7）掌握分管项目的施工进度、程序、方法、质量、投入设备、材料，劳务详细情况并对此作出详细记录。及时发现和预测工程问题，并采取措施妥善处理。负责编写有关施工情况的说明，检查施工准备工作并进行签证。对承包人完成的工程量和质量提出评定意见。

（8）组织、指导、检查和监督本部门监理员的工作；正确处理监理人员和承包人施工人员的关系。

4. 合同管理责任工程师岗位职责

（1）编制投资控制目标和分年度投资计划，编制监理工程项目以及各合同项目的投资控制性目标，各年度、季度和月份的合理投资计划，审查承包人提交的资金流计划。

（2）负责审核承包人月进度付款申请的工程完成报表和单价、总价、扣款、滞留金等有关计算，起草月支付凭证，保管各种申请表及凭证。

（3）审查变更工程的增减工程量，审查承包人提出的修改补充单价，进行单价分析，对有争议的问题进行协调并提出处理意见。

（4）参加设计单位、承包单位、业主提出的设计变更及合理化建议的研究讨论，计算复核节约工程量及费用；参加监理与承包人的协调会议。

（5）审查承包人的工程用款计划、材料采购计划，严格控制工程造价。

（6）编制工程投资完成情况统计图表，对工程造价进行跟踪控制，及时向总监理工程师报告有关工程结算统计资料，按工程进展情况和资金到位情况，进行对工程投资完成情况和预测的分析，必要时提出投资计划调整、修改和采取的处理意见报总监。

（7）负责监理部档案管理及信息管理工作。

5. 各施工标段责任工程师岗位职责

（1）参与编写本标段的监理实施细则，经总监理工程师批准后实施。

（2）对本标段的控制目标进行规划，是监理目标控制系统的执行人。

（3）了解、掌握工程测量控制网和测量基准点的各种有关资料，组织联合测量，并根据合同规定负责组织将上述资料、数据提供承包人使用。负责审查承包人报送的测量布设方案和主要技术措施。负责对承包人布设的施工控制网，轴线及辅助轴线点、高程加密点等的精度、施测结果进行检查、审核，必要时组织复测。监督、检查承包人的放样测量工作，审查批准其他成果。

（4）审查承包人水文、地质工程师资质及施工过程中的水文、地质工作计划，组织水文、地勘、设计及承包人进行工程水文、地质技术交底和工程水文、地质的预报工作。审批承包人报送的在各种水文、地质条件下的施工程序、方法、施工安全和施工技术措施。对因地质原因引起的超挖支付工程量进行地质认证。协调设计、地勘单位及承包人对工程水文、地质有关的争议。搜集信息与反馈信息，地质编录、整理地质技术档案与竣工资料，及时向总监理工程师和委托人报告工程施工中关于工程水文、地质、施工地质工作的各种情况。

（5）检查和控制所负责工程部位、项目的工程质量，进行合格签证。

及时发现并处理可能发生或已发生的工程质量问题；审查有关承包人提交的计划、设计、方案、申请、证明、单据、变更、资料、报告；起草该工程部位的现场通知和违规通知。

（6）编写施工值班日报，做好分析汇总工作，编写所负责项目的工程周报、监理月报。负责收集并保管该工程的各项记录资料并进行整编和归档。

（7）熟悉分管工程部位的设计，技术规程监督、检查承包人的各项施工活动。

（8）及时检查、了解和发现承包人的组织、技术、经济和合同方面的问题和违规现象，并报告总监理工程师，以便研究对策，解决问题。

（9）提供或搜集有关的索赔资料，并把索赔和防御索赔当作本部门分内工作来抓，积极配合合同管理工程师做好索赔管理、工程变更、计量支付等工作。

6. 安全、文明施工及环保责任工程师岗位职责

（1）结合工程具体情况，制定安全文明施工及环境保护监理实施细则；审核承包人提交的施工总体布置和安全、文明施工及环境保护管理的具体措施。

（2）监督、检查、指导现场安全、文明施工及环保工作情况。

（3）定期或不定期向总监理工程师提交工程安全、文明施工及环境保护动态情况报告；建立安全、文明施工监理日记。

（4）参加有关安全生产、文明施工及环境保护等专题的会议，参与安全事故的调查。

7. 地质测量责任工程师岗位职责

（1）地质责任工程师。

1）收集、掌握本工程地质勘察资料，熟悉工程区各建筑物所处位置的地质概况。

2）编写适合本项目的专业《工程施工监理实施细则》。

3）组织参与对不良地质问题处理的研讨，并提出处理意见和建议。

4）参与审定承包商提交的施工作业方案和安全防护措施以及对不良地质问题的处理措施报告和施工事故报告。

5）做好基础工程地质编录工作，并与原地质勘察资料进行对照分析，将结果及时反馈给业主和设计单位，参加基础工程及隐蔽工程覆盖前的现场检查验收工作。

6）审核承包商提交的水泥、砂、石等建筑材料的试验数据，并做好现场鉴定，按有关规范要求对骨料做必要的抽检。

7）协助处理承包商提出的与地质有关的索赔、设计修改等事宜。

8）审查承包商提供的与地质有关的自检报告、竣工报告及竣工资料，负责编写提交工程竣工时的施工地质监理报告和总结。

（2）测量责任工程师。

1）掌握工程区施工测量相关网点及基准点资料，组织参加设计测量交桩，按合同规定向承包商提供必要的测量原始数据，并对承包商的控制网点及基准点进行复核工作。

2）掌握与本专业有关的合同条款及技术规范，编写适用于本工程项目的《施工测量监理实施细则》。

3）审查承包商的测量方法、仪器设备的准确性和合法性及测量人员素质。

4）负责对承包商的施工平面控制点和高程控制点的布设及测量精度、误差进行抽查、复核。

5）审查承包商提交的有关工程施工测量方案及控制措施，负责审查承包商提交的测量报告。

6）负责审查和核实承包商的收方工程量，并参与质量控制。

7）参与审查承包商提供的自检报告、竣工报告及资料，编写提交竣工的测量监理报告和总结。

8. 专业监理工程师岗位职责

（1）熟悉掌握合同条款、监理规划、施工技术文件及有关技术规范，并在监理工作中认真贯彻执行。

（2）结合工程实际情况，参与编写土石方开挖工程、混凝土工程、模板工程、钢筋工程等监理实施细则，用于指导现场监理工作。

（3）在工程施工过程中，与地质、测量工程师一起分析确认围岩类别、边坡稳定、贯通测量、开挖计量等问题，并负责混凝土浇筑过程监督，检查监理员旁站监理工作。

（4）监督、检查、核准施工计划，核实承包商的人员及设备投入情况、材料供应、材质检验报告及原材料的送检、抽检工作等；监督检查各工序施工质量；核查工程进度，对已完成的工程量进行统计核实。

（5）深入施工现场、随时掌握现场实际情况，及时发现并纠正施工过程中的违章现象或错误，对施工过程中发生的合同条款以内或合同条款以外但直接影响工程质量和进度的问题，及时提出补救处理意见，并向责任监理工程师和总监理工程师报告。

（6）参加有关技术交底、方案讨论、施工协调、质量鉴定、施工安全检查、竣工验收等工作，并提出具体意见，做好记录。

（7）对承建单位的索赔申请、进行调查核实，并提出调查报告；为业主提供因承包商违约所造成直接经济损失的证明材料。

（8）做好监理日记的记录工作，填写、整理、汇总本专业的监理记录和报表，并认真做好归档工作。

（9）审查承包商的工程自检报告、竣工报告及竣工资料，签署分管专业的工程竣工验收证明。

9. 现场监理员岗位职责

监理员从事直接的工程检查、计量、检查、试验、监督和跟踪工作，他们行使检查和发现问题的职能，其主要职责有：

（1）施工过程的巡视检查，了解施工进展情况，口头纠正承包人的违章行为。

（2）对一般工序的质量进行检查确认，负责检查、检测并确认材料、设备、成品、半成品的质量。

（3）检查承包人的人力、材料、施工机械投入和运行情况，并做好记录。

（4）检查承包人是否按照设计图纸施工、按照批准工艺标准、进度计划施工，并对发生的问题随时予以解决纠正，不能处理的及时上报；对重要的工序、隐蔽工程和现场试验进行旁站跟踪检查，向分管责任工程师汇报检查情况。

（5）做好填报工程原始记录工作，记好监理日志。

第四章　质量监理的内容与方法

一、质量控制的目标

质量控制目标：通过提高监理工作质量来确保工程实体质量，使本项目单元工程合格率100%，优良率85%以上；分部工程合格率100%，优良率80%以上；单位工程外观得分率85%以上。工程质量等级为合格，争创优良标准。

二、质量控制的原则

工程质量控制是监理工程师在工程施工全过程中，依据施工图纸，坚持"规程、规范、规定，严格要求，一丝不苟，实事求是，公正合理、热情服务"的原则，以单元工程为基础实行对人员、机械设备、原材料、施工工艺等方面进行全方位动态跟踪检查，做到有控管理，实现工程质量总目标。

（1）以施工图纸、施工和验收规范、规程、工程质量检验和工程质量等级评定标准为依据，督促承包人全面实现工程建设合同中的工程质量要求。

（2）对工程项目施工全过程实施质量控制，并以过程预控为重点。

（3）对工程项目的"人、机、料、法、环"等因素进行全面的质量控制，监督承包人的质量保证体系落实到位并正常发挥作用。

（4）严格要求承包人执行材料试验、设备检验及施工试验制度。

（5）坚持不合格的建筑材料、建筑构配件和设备不准使用于本工程。

（6）坚持上道工序未验收或质量不合格不得进行下道工序施工。

（7）以工序质量保证单元工程质量；以单元工程质量保证分部工程质量；以分部工程质量保证单位工程质量。

三、质量控制的重点

为保证工程结构安全、稳定、可靠及各建筑物的施工质量，根据招标文件提出的监理工作范围，结合本项工程的主要建设项目，分析确定本工程的质量控制点如下：

（1）隧洞工程的施工放线和贯通测量、建筑物定位是质量控制点（见证点W点）。

（2）进场材料、中间产品、构配件等进场检测是质量控制点（见证点W点）。

（3）隧洞开挖（炮眼布置及装药量等）是质量控制点（见证点 W 点）。

（4）洞室一次支护（锚杆、钢筋网、喷混凝土等）是质量控制点（见证点 W 点）。

（5）钢筋绑扎或焊接、止水材料布设是质量控制点（停工待检点 H 点）；混凝土浇筑及其外观质量、回填灌浆是质量控制点（旁站点 S 点）。

（6）金属结构预埋件的埋设（停工待检点 H 点）、安装调试是质量控制点（见证点 W 点）。

（7）观测设备安装及调试是质量控制点（见证点 W 点）。

（8）防冻保温施工措施的可靠性是质量控制点（见证点 W 点）。

四、质量控制工作流程（略）

五、质量监理的内容

（一）工程质量事前控制的内容

1. 审查承包单位现场管理机构的质量管理体系、技术管理体系和质量保证体系

（1）确认三个体系对保证工程项目施工质量的有效性；并在实施过程中跟踪检查其适应性。

（2）审查质量管理、技术管理和质量保证的组织机构设置、人员配备、职责与分工的落实情况。

（3）检查质量管理、技术管理的制度建设。

（4）检查专职管理人员和特种作业人员的资格证、上岗证。

2. 审核分包单位的资格

（1）分包工程开工前，承包单位应填写《分包单位资格报审表》报送项目监理部审查。

（2）首先应审查分包单位的营业执照、企业资质等级证书、特殊行业施工许可证。

（3）审查分包单位的业绩，主要查验近期施工的同类工程。

（4）审查拟分包工程的内容和范围是否符合主承包合同的内容。

（5）审查分包单位专职管理人员和特种作业人员的资格证、上岗证。

（6）对审查合格的分包单位，签发《分包单位资格报审表》。

3. 对测量基准点和参考标高的确认及工程测量放线的质量控制

（1）检查承包单位专职测量人员的岗位证书及测量设备检定证书。

（2）复核控制桩的校核成果、控制桩的保护措施以及平面控制网、高程控制网和水准点的测量成果。

（3）经检查符合要求，签署《施工测量成果报验申请表》。

4. 对工程所需的原材料、半成品、构配件的质量控制

（1）采购前应选供货厂家，明确质量标准；建立采购申报制度，必要时，可看样订货；要求厂方提供质量保证文件。

（2）对于某些重要的设备，器材或外供的构件，可以采取对厂方生产制造实行监造的方式，进行重点的或全过程的质量监督。

（3）检查落实承包单位根据资料、设备的特性制定存放措施，保证满足其存放条件。

(4) 材料设备进场前,承包单位须将拟进场工程材料、构配件和设备的《工程材料/构配件/设备报审表》及其质量证明资料报监理部审核。

(5) 监理工程师须对进场的实物按照委托的监理合同约定或有关工程质量管理文件规定的比例采用平行检验或见证取样的方式进行抽检。

(6) 对未经监理人员验收或验收不合格的工程材料、构配件、设备,监理人员拒绝签认,并签发《监理通知》,书面通知承包单位限期将不合格的工程材料、构配件撤出现场。

(7) 从以下几方面对承包单位选定的试验室进行考核:①试验室的资质等级及其试验范围;②法定计量部门对试验设备出具的计量检定证明;③试验室的管理制度;④试验人员的资格证书;⑤本工程的试验项目及其要求。

5. 对施工方案、方法和工艺的控制

(1) 工程项目开工前,审查承包单位编制的施工组织设计。

(2) 在施工过程中,当承包单位对已批准的施工组织设计进行调整、补充和变动时,应报项目监理部。

(3) 要求承包单位编制重点部位,关键工序的施工工艺和确保工程质量的措施,报监理部审核。

(4) 当承包单位采用新材料、新工艺、新设备时,承包单位须将相应的施工工艺措施和证明材料报送项目监理部组织专题论证。

(5) 上述方案应由承包单位填写《施工组织设计(方案)报审表》报监理工程师审查,由总监理工程师审定签认。

(6) 上述方案未经批准,该单位、分部、分项工程不得施工。

6. 对施工用的主要机械、设备的质量控制

(1) 审查拟进厂施工机械设备的选型是否恰当,其性能是否满足质量要求和适合的现场条件。

(2) 审查施工机械设备的数量是否足够,是否按已批准的计划备妥。

(3) 对需要定期检定的检测设备(如测量仪器、磅秤),承包单位须有法定检测部门出具的计量检定证明。

7. 审查与控制承包单位对施工环境与条件方面的准备工作质量

(1) 检查施工作业的辅助技术环境,如水、电、照明、安全防护、道路等。

(2) 检查承包单位对现场自然环境条件的控制,如防水、防冻、防风、防高温等。

8. 监理部应做好的事前质量保证工作

(1) 确定监理工作目标,明确监理工作内容,完善监理组织机构。适时编制监理规划及监理实施细则。

(2) 总监应组织监理部人员熟悉图纸,组织内部图纸会审。参加建设单位组织的设计技术交底会。

(3) 提醒业主做好施工现场场地及通道条件的保证。

（4）严把开工关。

（二）施工过程中的质量控制内容

1. 对施工承包单位的质量控制工作的监控

（1）监督承包单位现场项目管理的质量体系的运行，使其能在质量管理中始终发挥良好作用。

（2）监督与协助施工承包方完善工序质量控制，对关键工序和重点部位设置质量控制点。按照其重点程度区分为见证点或停止点，按规定的程序控制。

2. 监理工程师对施工现场有目的进行巡视和旁站

（1）在巡视过程中对发现的不符合要求的问题及时纠正。

（2）对施工过程的关键工序、特殊工序、重点工序和关键控制点进行旁站。

（3）对所发现的问题可先口头通知承包单位纠正，然后由监理工程师签发《监理通知》。

（4）要求承包单位将整改结果书面回复，监理工程师进行复查。

3. 验收隐藏工程

（1）承包单位按有关规定对隐藏工程先进行自检，自检合格，将《隐藏工程报验申请表》和《隐藏工程检查记录》报送项目监理部。

（2）监理工程师对《隐藏工程检查记录》的内容到现场进行检测核查。

（3）对隐检不合格的工程，由承包单位整改，合格后由监理工程师复查。

（4）对隐检合格的工程应在《隐藏工程报验申请表》上签署审查意见，并准予进行下一道工序。

4. 在出现下列情况时，监理工程师有权行使质量控制权，下达《工程暂停令》，及时进行质量控制

（1）施工中出质量异常情况，经提出后，施工单位未采取有效措施，或措施不力未能扭转这种情况者。

（2）隐蔽作业未经依法查验确认合格，而擅自封闭者。

（3）已发生质量事故迟迟未按监理工程师要求进行处理，或者是已发生质量缺陷或事故，如不停工则质量缺陷或事故将继续发展的情况下。

（4）未经监理工程师审查同意，而擅自变更设计或修改图纸进行施工者。

（5）未经技术资质审查的人员或不合格人员进入现场施工者。

（6）使用原材料，构配件不合格或未经检查确认；或擅自采用未经审查认可的代用材料。

（7）擅自使用未经监理单位审查认可的分包商进场施工。

（三）施工过程所形成的产品质量控制内容

1. 单元工程验收

（1）承包单位在一个单元工程完成并自检合格后，填写《单元工程质量报验申请表》报项目监理部。

（2）监理工程师对报验的资料进行审查，并到施工现场进行抽检核查。

（3）对符合要求的单元工程由监理工程师签认，并认可质量等级。

（4）对不符合要求的单元工程，由监理工程师签发《监理工程师通知单》，由承包单位整改。

（5）经返工或返修的单元工程按质量评定标准进行再评定和签认。

2. 分部工程验收

承包单位在分部工程完成后，根据监理工程师签认的单元工程质量评定结果进行分部工程的质量等级汇总评定，填写《分部工程质量报验申请表》，并附《分部工程验收签证》，报项目监理部签认。

3. 单位工程验收

监理单位协助建设单位组织邀请施工方、设计方、质量监督站 对已完成的单元、分部等级汇总评定，并填写单位工程质量鉴定书。

4. 工程竣工验收

监理单位应协助并参加建设单位组织的竣工验收，主要包括以下几个方面。

（1）审查施工承包单位提交的竣工验收所需文件资料，包括各种质量检查、实验报告以及各种有关的技术性文件等。若所提交的验收文件、资料不齐全或有相互矛盾和不符之处，指令施工单位补充及核实。

（2）审核施工单位提交的竣工图，并与已完成工程、有关的技术文件（如设计图纸、设计变更文件、施工记录及其他文件）对照进行核查。

（3）监理工程师组织拟验收工程项目的现场预验收，如发现质量问题应指令施工单位进行处理。

（4）对拟验收项目预验收合格后，即可上报业主组织由业主、施工承包单位、设计单位和政府质量监督部门等参与的竣工验收。

（5）与竣工验收同时，会同政府质量监督部门及其他有关单位进行单位工程的质量等级评定工作。工程质量符合要求，由总监理工程师会同参加验收的各方签署竣工验收报告。

六、质量监理的方法

1. 审核有关技术文件、报告或报表

（1）审查进入施工现场的分包单位的资质证明文件，控制分包单位的质量。

（2）审批施工承包单位的《工程开工申报表》，检查、核实与控制其施工准备工作质量。

（3）审批施工单位提交的施工方案、施工组织设计或施工计划，控制工程施工质量有可靠的技术措施保障。

（4）审批施工承包单位提交的有关资料、半成品和构配件质量证明文件（出厂合格证、质量检验或试验报告等），确保工程质量有可靠物质基础。

（5）审核施工单位提交的反映工序施工质量的动态统计资料或管理图表。

（6）审核施工单位提交的有关工序产品质量的证明文件（检验记录及试验报告）、工序交接检查（自检）、隐蔽工程检查、分部分项工程质量检查报告等文件、资料，以确保和控制施工过程的质量。

（7）审批有关设计变更、修改设计图纸等，确保设计及施工图纸的质量。

(8) 审核有关应用新技术、新工艺、新材料、新结构等的技术鉴定书，审批其应用申请报告，确保新技术应用的质量。

(9) 审批有关工程质量缺陷或质量事故的处理报告，确保质量缺陷或事故处理的质量。

(10) 审核与签署现场有关质量技术签证、文件等。

2. 目测法

根据质量要求，采用"看、摸、敲、照"等手法对检查对象进行检查。

(1)"看"就是根据质量标准要求进行外观检查。

(2)"摸"就是通过触摸手感进行检查、鉴别。

(3)"敲"就是运用敲击方法进行音感检查。

(4)"照"就是通过人工光源或反射光照射，仔细检查难以看清的部位。

3. 量测法

利用量测工具或计量仪表，通过实际量测结果与规定的质量标准或规范的要求相对照，从而判断质量是否符合要求。

(1)"靠"是用直尺、塞尺检查诸如地面、墙面的平整度等。

(2)"吊"是用托线板锤检查垂直度。

(3)"量"是用量测工具或计量仪表等检测断面尺寸、轴线、标高、温度、湿度等数值并确定其偏差。

4. 试验法

指通过进行现场试验或实验室试验等理化试验手段，取得数据，分析判断质量情况。

(1) 理化试验：工程中常采用的理化试验包括各种物理力学性能方面的检验的化学成分及含量的测定两个方面。

(2) 无损测试或检验：借助专门的仪器、仪表等手段探测结构或材料、设备内部组织结构或损伤状态。

七、质量控制

(一) 工程质量的事前控制

(1) 审查分部工程施工方案。

1) 规定分部工程施工前，承包人应将施工工艺、原材料使用、劳动力配置、质量保证措施等情况编写专项施工方案，填写《施工组织设计（施工方案）报审表》，报监理部。

2) 要求承包人将季节性的施工方案（冬季施工、雨季施工等），提前填写《施工组织设计（施工方案）报审表》，报监理部。

3) 审查施工组织设计中的安全技术措施或者专项施工方案是否符合工程建设强制性标准和国家有关法规。

4) 上述方案经责任工程师审定后，由总监理工程师签发审定结论。

5) 上述方案未经批准，该分部工程不得施工。

(2) 签认材料报验单。

1) 要求承包人按有关规定对主要原材料进行试验，并将试验结果及材料准用证、出厂质量证明等资料随《材料/构配件/设备报验单》报监理部签认。

2）核查新材料、新产品鉴定证明及确认文件。

3）对进场材料进行抽样试验，必要时会同委托人到材料生产厂家进行实地考察。

4）审查混凝土、砌筑砂浆《配合比申请单》和《配合比通知单》，签认《混凝土浇筑申请书》，并对现场搅拌设备（含计量系统的定期率定）和现场管理措施进行检查。

（3）签认构配件、设备报验单。

1）要求承包人提供供货单位的构配件和设备生产厂家的资质证明及产品合格证明，提供进口材料和设备商检证明，并按规定进行复试。

2）参与对加工订货厂家的考察、评审，并参与订货合同的拟订和签约工作。

3）要求承包人对进场的构配件和设备进行检验、测试，判断合格后，填写《材料/构配件/设备报验单》并报监理部。

4）进行现场抽查检验，并签认审查结论。

（4）检查进场的主要施工设备。

1）要求承包人在主要施工设备进场并调试合格后，填写《月工、料、机动态表》报送监理部。

2）审查施工现场主要设备的规格、型号是否符合施工组织设计的要求。

3）要求承包人对需要定期检查的仪器、设备、拌和计量系统等提供检查证明。

（5）核查承包人的质量保证和质量管理体系。

1）核查承包人的企业资质、机构设置、施工管理人员配备、职责与分工的落实情况。

2）检查督促各级专职质量检查人员的配备情况。

3）查验各级管理人员及专业操作（特殊工种）人员的持证情况。

4）检查承包人的质量管理制度是否健全。

（6）组织向承包人现场移交有关测量网点；审查承包人提交的测量实施报告；审查施工现场布设的平面、高程控制网点，查验承包人的测量放线。

1）查验施工控制网（平面坐标和高程）。

2）查验施工轴线控制桩位置、高程控制标志，核查铅直度控制。

3）签认承包人的《施工测量放线报验单》。

（7）依据有关规定，进行工程项目划分，由监理部报质量监督部门批准后实施。

（8）检查工程承包人的试验室或委托试验室的资格和计量认证文件。

（9）检查施工前的其他准备工作是否完备，尽量避免可能影响施工质量的问题发生。

（10）在工程开工前或每个分部工程及重要单元工程开工前组织进行设计交底，充分了解设计意图。

（二）施工过程中质量控制

（1）督促工程承包人严格遵守合同技术条件、施工技术规程规范和工程质量标准，按报经批准的施工措施计划中确定的施工工艺、措施和施工程序，按章作业、文明施工，对施工全过程进行全面监控，及时纠正违规操作，消除质量隐患，跟踪质量问题，验证纠正效果。对影响工程施工质量的潜在因素，进行控制和管理。采取必要的检查、量测、观察、试验等手段对施工质量进行控制。

（2）检查监督工程承包人严格执行上道工序不经检查、签证或检验不合格不得进行下道工序施工的规定。严格检查工程承包人的"三检制"质量记录和表格，并平行抽检抽测后方可进行签证。

（3）监理部采用跟踪检测方法对承包人的检验结果进行复核。混凝土试样不少于承包人检测数量的 3%，重要部位每种标号的混凝土最少取样 1 组；跟踪检测工作在发包人建立的工地实验室进行。

（4）以单元工程签证为基础，以工序控制为重点，进行全过程跟踪监督。对单元工程、分部工程、单位工程质量按照国家有关规定进行检查、签证和评价。

（5）对施工的隐蔽工程、关键部位、重要工序采取"旁站监理"的方式，进行质量控制。

（6）做好监理日志，随时记录施工中有关质量方面的问题，并对发生质量问题的现场及时拍照或录像，协助委托人调查处理工程质量事故。

（7）发现问题后，及时发出有关施工的"承包人违规警告通知单"，对于严重问题，在委托人授权范围内发布"工程暂停指令单"和"工程返工指令单"。因质量事故和缺陷问题而停工的项目，必须待产生事故或问题的原因已经查清，事故或问题已经处理，预防产生事故或问题的措施已经落实后，监理人员才可以发布复工令。

（8）组织并主持定期或不定期的质量分析会，通报施工质量情况，协调有关单位间的施工活动，以清除影响质量的各种外部干扰因素。

（9）检查承包人所用的原材料、工序施工过程及在施工工地设置的试验室，并制定监督试验计划，对工程质量有怀疑的部分，要求工程承包人在监理人员在场的情况下进行重点抽检和核验。

（10）严格执行现场见证取样制度。对施工过程中施工承包方的混凝土试样、土方试样等的检测进行见证取样和跟踪，保证其真实性。

八、工程总体质量控制阶段（终控）

（1）审查工程承包人提交的竣工报告及附件，全面系统地查阅有关质量方面的测量资料、质检报表和抽检成果，检查签证。

（2）检查承包人的施工质量自检成果手续是否齐全，标准是否统一，数据是否有误，以及审查质量等级评定结果是否符合规定。

（3）在委托人授权范围内主持单元工程、分部工程验收，协助委托人按国家有关规定进行工程各阶段验收及竣工验收。

（4）检查督促施工承包人整理保存签证验收项目的质量文件。所有验收、签收资料，在合同项目整体验收后，按档案要求整理后移交给委托人。

九、质量问题和质量事故处理

（1）施工中的质量问题，除在日常巡视、重点旁站、分部分项工程检验过程中解决外，可针对质量问题的严重程度分别处理。

1）对可以通过返修弥补的质量缺陷，责成承包人先提出质量问题调查报告并提出处理方案，责任工程师审核后（必要时经委托人和设计单位认可），批复承包人处理，并对处理结果重新进行验收。

2）对需要返工处理或加固补强的质量问题，除责成承包人先写出质量问题调查报告并提出处理方案外，总监理工程师签发《工程部分暂停指令》，并会同委托人和设计单位研究，经设计单位提出处理方案，批复承包人处理，并对处理结果重新进行验收。

3）将完整的质量问题处理记录整理归档。

（2）对于施工中的质量事故，要求承包人按有关规定及时上报处理，同时总监理工程师向委托人提交书面报告。

（3）质量事故处理程序。（略）

第五章 进度监理的内容与方法

一、进度控制目标

严格按照总进度计划，对照实际进度进行分析解剖，提出监理措施并监督落实，确保本项目在××××年××月××日前完成。

二、进度监理的内容

（1）提醒委托人按工程建设承包合同的规定提供施工条件，随时检查承包人的开工准备工作，使合同双方的准备工作满足合同要求。

（2）编制满足合同要求的工程控制性的总进度计划，并由此确定进度控制的关键线路、控制性施工项目及其工期、阶段性控制工期目标，以及监理工程项目的各合同控制性进度目标，报委托人审批后作为监理工程项目总体的进度控制依据。

（3）以经批准的工程项目控制性施工总进度计划及其阶段性的（年、季度）控制性进度计划为基础，审批承包人提交的施工组织设计、施工技术措施，采用 Primavera Project Planner（P3）软件对承包人提出的施工进度计划进行审查和动态控制。

（4）检查、督促、记录进度计划的实施，及时发出相应指令，督促承包人采取切实可行的措施实现合同目标要求。

（5）协助委托人审批与工程进度计划相适应的供图计划，督促设计单位按设计合同和施工图纸供应协议的要求提供设计文件和施工图纸。

（6）按工程承包合同的规定发布停工令、返工令和复工令。

（7）对工期索赔进行评价，并公正合理地处理。

（8）编制年报、季报、月报，统计完成相应工程量及施工进度情况分析报告报委托人。

三、进度控制工作流程（略）

四、进度控制工作制度

（1）对本工程进度进行动态控制。采用 Primavera Project Planner（P3）软件进行工程项目管理，对承包人提交的进度计划进行审查和动态控制；主要是评价其施工进度的可行性、合理程度，是否符合合同文件中的要求和合同进度的要求，是否与承包人提交的施工组织设计相适应，审查的主要内容包括：

1）施工进度是否与合同、文件中控制进度和各里程碑的规定时间相符。

2）采用的施工方法和施工工艺是否科学、合理。

3）施工进度是否与采用的施工方法和施工工艺相适应。

4）工程项目代码能否方便地对施工工序进行分类，以满足进度分析要求。

5）审查承包人的施工作业安排是否合理；逻辑关系是否正确。

6）是否有足够的资源保证各个施工项目的施工强度和施工历时。

7）审查进度计划的可行性，分析施工强度的真实性。

8）彻底地细化剖析关键线路的各个施工作业和逻辑关系。

9）各施工作业的浮动时差是否足够合理。

10）各施工项目中各施工工序的划分是否合理，是否与施工部位、施工方法相适应，是否全面，是否有足够的深度和宽度。

11）审查承包人的资金需求计划和资金消耗流程。

（2）建立进度控制体系和层次。建立本工程进度计划体系和层次，进行动态控制。

（3）对资源投入量和产量控制形成制度化。对工程进行动态控制，必须以承包人在各个施工部位的每天实际完成工程量及各种投入设备的数量和效率作为分析和评价的基础。

（4）建立周进度预审和月进度审查的控制手段。每周承包人可通过计算机汇报完成情况的报表，每月底承包人应上报月进度完成情况，此月报应包括本月完成情况的网络进度计划，责任工程师评价其完成情况，分析后续进度，如发现进度严重拖期情况，应分析原因，要求承包人赶上进度并提交修改后的网络进度计划供责任工程师审查批准。批准后的更新网络进度计划将成为新的目标计划，作为今后比较的依据。

（5）周进度计划的提交、审查和控制。要求承包人在每周五上午提交下周进度计划，责任工程师根据总进度计划、月进度计划和实际情况迅速将意见反馈给承包人，在双方协商和交换意见后，制订出周进度计划，以便承包人能及时按周进度计划安排工作。在每周的例会上，承包人应首先汇报上周完成的工程量和设备使用情况，如未能按进度计划完成，承包人应说明原因，然后在此基础上进行分析和评价，以采取合适的补救措施防止进一步拖期。责任工程师必须每周编制周进度报告，对实际情况进行记录，并分析原因和采取措施。

（6）月报告、月进度更新及评价。在月初，承包人应提交一份详细有关上月的进度报告，包括所有施工设备利用率、各部位各类型的施工强度、形象面貌（包括相应的图纸、照片）和更新的月进度计划以及在施工过程中遇到的种种问题。责任工程师应把每月的实际完成情况和目标进度相比较，并在周进度计划评价的基础上，对月进度进行分析和评价、提出措施，并编制相应的月进度计划报告。在月底，承包人提交下月的月进度计划，经责任工程师批准后成为下月的目标计划。

（7）记录实际进度。在施工过程中，以天为中心建立的对实际施工情况记录的进度成为实录进度，其详细反映了实际施工时的资源投入情况、遇到的不利情况和施工结果等，将实录进度和基线进度进行比较，就可以发现实录进度和极限进度之间的差异，并可分析出现差异的原因。

（8）更新目标进度计划。承包人报责任工程师的施工进度计划经责任工程师批准后成为基线进度计划，每月需更新施工进度，并要求同目标进度进行比较，以反映出目前的进度同进度计划的偏离情况；同时根据责任工程师的实录进度，对这种偏离进行原因分析，当这种偏离达到一定程度后，将需要采取措施弥补拖期。在责任工程师的要求下，承包人应提交包括弥补拖期措施在内的新进度计划，经责任工程师批准后，将成为新的目标进度计划和合同依据。在更新进度计划时应特别注意以下几个问题：

1）采集项目计划的信息，尤其是关键点的信息，应及时反馈到计划中，以便使工程项目管理人员能快速、准确地掌握信息，并对出现的"险情"及时示警。

2）科学合理的处理工程发生的工程变更和工期拖延，并反映到进度计划中来。

3）注意变更后的施工方法的科学合理性。

4）关注更新进度计划的施工作业安排是否合理，各个施工项目间是否协调，是否存在干扰或不合理的地方。

5）特别注意更新进度计划中的工期和资源配置。

6）注意更新进度计划的资金消耗流程，对投资进行动态管理。

7）验证更新进度计划的可行性和可操作性。

8）注意为适时再度更新进度计划留有余地。

五、进度监理的方法

1. 编制施工阶段进度控制监理实施细则

（1）依据主要是施工合同的有关条款，施工图及经过批准的施工组织设计、监理合同。

（2）进度控制监理实施细则内容包括：

1）施工进度控制目标分解图。

2）施工进度控制的主要工作内容和深度。

3）进度控制人员的具体分工。

4）与进度控制有关各项工作的时间安排及工作流程。

5）进度控制的方法（包括进度检查日期、数据收集方式、进度报表格式、统计分析方法）。

6）进度控制的具体措施（包括组织措施、技术措施、下达工程开工令经济措施及合同措施等）。

7）施工进度控制目标实现的风险分析。

8）尚待解决的有关问题。

（3）施工阶段进度控制监理实施细则有专业监理工程师编制，经总监理工程师审核批准后报送建设单位。

2. 审批进度计划

（1）承包单位根据建设工程施工合同的约定按时编制施工总进度计划、季度进度计划、月进度计划，并按时填写《施工进度计划报审表》，报项目监理部审批。

（2）监理工程师根据本工程的条件（工程的规模、质量标准、工艺复杂程度、施工的现场条件、施工队伍的条件等）、全面分析承包单位编制的施工总进度计划的合理性、可行性。

（3）监理工程师审查进度网络计划的关键线路并进行分析。

（4）对季度及年进度计划，分析承包单位主要工程材料及设备供应等方面的配套安排。

（5）有重要的修改意见承包单位重新申报。

（6）进度计划由总监理工程师签署意见批准实施并报建设单位。

3. 进度计划实施过程中的监督检查

（1）监理工程师要随时了解施工进度计划执行过程中所存在的问题，并帮助承包单位予以解决。

（2）进度实施过程中的数据收集可以通过：①及时检查施工单位报送的施工进度报表和分析资料；②进行必要的现场实地检查，核实报送数据的准确性；③利用每周的工地例会与实施进度有关人员面对面地了解协调。

（3）对收集的数据进行统计、整理，并与计划进度的数据进行比较，判定实际进度是否出现偏差。

4. 进度计划的调整

（1）当发现实际进度滞后于计划进度时，签发《监理工程师通知单》指令承包单位采取调整措施。

（2）当实际进度严重滞后于计划进度时应及时由总监理工程师与建设单位商定采取进一步措施。

（3）必须延长工期时，施工单位应报送《工程临时延期申请表》，监理部研究后由总监理工程师签署审批。

5. 总监理工程师的工作内容

总监理工程师应在监理月报中向建设单位报告工程进度和所采取进度控制措施的执行情况，并提出合理预防由建设单位原因导致的工程延期及其相关费用索赔的建议。

六、进度控制措施

（1）将工程总进度计划按分部、单元工程划分情况层层分解，确定相应开工、完工时间，对控制工期的关键路线上的关键工作给予重点关注，同时也注意防止其他路线上的工作因长期拖延变成为关键工作，对重点、关键部位或项目制定工序控制计划和控制工作细则。

（2）编制监理施工阶段总进度控制网络计划和协调进度计划，审核施工组织设计。其中，施工进度计划的审核内容是：

1）进度安排是否符合建设项目总进度计划中总目标和分解目标的要求，是否符合施工合同中开工、竣工期的规定。

2）施工总进度计划中的项目是否有遗漏。

3）施工顺序是否符合施工程序。

4）劳动力、材料、购配件、机具和设备的供应计划是否能保证进度计划的需要，供应是否均衡、高峰期是否有足够能力实现计划供应。

5）委托人资金供应能力是否满足进度需求。

6）与设计单位图纸供应计划是否一致。

7）委托人应提供的场地条件、供应物资，设备的到货与进度计划是否衔接。

8）总包、分包分别编制的各项单位工程施工进度计划之间是否协调，专业分工与计划衔接是否明确合理。

9）是否造成委托人违约而导致索赔的可能性存在。

10）按年、季、月、周编写工程综合计划报表。

（3）审核更新进度计划中，责任工程师将侧重解决各单位施工进度计划之间、施工进度计划与资源保障计划之间、外部协作条件的延伸性与计划之间的综合平衡与衔接问题。并根据上期计划完成情况对本期计划做必要的调整，向承包人发出指令性的近期进度目标。

（4）在检查承包人各项施工准备工作、确认委托人的配合条件已齐备后，发布开工令。

（5）责任工程师要随时了解施工进度实施中存在的问题并协助其解决，特别是解决承包人难以解决的各方关系协调问题。

（6）对进度资料进行整理并与计划相比较，以判定实际进度与计划的偏差；对偏差还要进一步分析其大小、对进度目标影响程度及其产生的原因，以便研究对策、提出纠偏措施。必要时对后期进度计划作出适当的调整。

（7）组织协调工作。工程师将每月（每周）定期组织不同层级的协调会。在高级协调会上通报项目建设的重大变更事项，协调其后果处理，解决各个承包人及委托人的协调问题；在周例会上，通报各自进度状况、存在问题及下周安排设想，解决施工中相互协调问题等。

（8）审批进度拖延。当实际施工进度发生拖延，责任工程师有权要求承包人采取措施追赶。经过一段时间后，若实际进度没有明显改进，仍然比计划进度有较大差距，且显然将影响按期竣工，责任工程师应要求承包人修改进度计划，并提交责任工程师重新确认。

（9）向委托人提供进度报告表。随时整理进度资料、做好工程记录，定期（每月）向委托人提供进度报告表。

（10）督促承包人整理技术资料。要根据工程的进展情况，督促承包人及时整理有关技术资料。

（11）审批竣工申请报告、组织竣工验收。审批承包人在工程竣工后自行预验基础上提交的初期申请报告，组织委托人和设计单位进行初验，初验通过后填写初验报告及竣工验收申请书，并协助委托人组织工程的竣工验收、编写竣工验收报告书。

（12）工程移交。督促承包人办理工程移交手续，颁发工程移交证书。在工程移交后的保修期内，还要督促承包人及时返修，处理验收后质量问题的原因、责任等争议问题。

第六章　投资监理的内容与方法

一、投资控制的原则

（1）严格执行施工合同中所确定的合同价、合同价调整方法和约定的工程款支付方法。

（2）在报验资料不全、与合同约定不符、未经质量签认合格或有违约情况发生时不予审核和计量。

（3）工程量的计算应符合有关的计算规则。

（4）处理由于设计变更、合同变更和违约索赔引起的费用增减时应坚持公正、合理的原则。

（5）对有争议的工程量计量和工程款，应采取协商的方法确定，在协商无效时，由总监理工程师作出决定。

（6）对工程量及工程款的审核应在施工合同所约定的时限内。

二、投资控制的主要工作内容

（1）根据批准的工程施工控制性进度计划及其分解目标计划，协助委托人编制投资控制目标和分年度投资计划。

（2）对照初步设计和施工招标图纸审查设计文件，及时将存在的设计变更等影响合同总造价的内容通知委托人。

（3）组织监理人员复核图纸工程量，分析工程量的变化对合同总造价的影响。

（4）审查承包人递交的资金流计划。

（5）审核承包人完成的工程量和价款，签署付款意见。

（6）对合同变更或增加项目提出审核意见后，报委托人审批，经委托人同意后签发变更指令。

（7）依据工程承包合同文件规定受理索赔申请，进行索赔调查和谈判，提出处理意见报委托人。

（8）每季度向委托人提交所监理项目的投资控制分析报告，包括对施工过程中工程费用计划值与实际值进行比较分析。

三、工程投资控制程序（略）

四、投资控制的具体方法

1. 事前控制

（1）编制项目施工资金使用计划。

（2）审核工程预付款保函，签认工程预付款支付凭证。

（3）审核承包人提交的施工各阶段及各年、季、月度资金使用计划。

（4）通过风险分析，找出工程造价最易突破的部分、最易发生费用索赔的原因及部位，并制定防范性对策。

（5）通过充分和设计人的沟通，力争施工图供图及时、合理。设综合部和各现场部共同处理计量与支付、工程变更、价格调整及索赔报告调查与评审。

（6）建立资金需求预测及资金实际使用统计、对比分析工作与监督管理体系。

2. 事中控制

（1）严格审核承包人提交的计量申请和支付申请，签认支付凭证。

（2）严格控制计日工的使用，并做好计日工的工作情况监督。

（3）根据合同授权，严格控制工程量清单项目以外的额外支付的签认。

（4）严格控制工程单价或合价的调整。

（5）认真审核施工图纸，协助委托人严格控制工程设计变更。

（6）加强现场监督管理并做好监理日志和其他同期资料管理，经常分析可能的索赔潜在影响；认真组织索赔调查与索赔报告审查。努力做好反索赔工作。

（7）勤奋工作，应用科学的技能，严格审查设计图纸、技术资料及承包人的施工技术方案，尽量减免工程损失；积极为委托人提供合理化建议。

（8）公正处理合同违约及风险事件。

（9）通过对比资金使用计划与实际支出的差异，分析原因，向委托人提供合理化建议或在授权范围内采取有效措施。

3. 事后控制

（1）严格审核工程完工支付申请和最终支付审核申请。

（2）合理确定完工结算价格调整、提前完工奖金或工期延误赔偿金。

（3）严格控制保留金、履约保函退还等凭证签认。

五、投资控制的措施

1. 组织措施

（1）在项目管理班子中落实投资控制人员、任务分工和职能分工。

（2）编制本阶段投资控制工作计划和详细的工作流程图。

2. 经济措施

（1）编制资金使用计划，确定、分解投资控制目标。

（2）进行工程计量。

（3）复核工程付款单，签发付款证书。

（4）在施工过程中进行投资跟踪控制，定期地进行投资实际支出值与计划目标值的比较；发现偏差，分析产生偏差的原因，及时采取纠偏措施。

（5）对工程施工过程中的投资支出做好分析与预测，经常或定期向业主提交项目投资控制及其存在的问题报告。

3. 技术措施

（1）通过认真会审图纸，可以发现图纸中存在的错、漏、碰、缺等毛病，消除质量隐患，减少设计变更。

（2）对涉及变更进行技术经济比较，严格控制设计变更。

（3）认真办理现场技术经济签证工作，严格工程价款计量支付程序。

（4）审核承包商编制的施工组织计划，对主要施工方案进行技术经济分析。

4. 合同措施

（1）做好工程施工记录、保存各种文件图纸，特别是注有实际施工变更情况的图纸，注意积累素材，为正确处理可能发生的索赔提供依据。参与处理索赔事宜。

（2）参与合同修改、补充工作，着重考虑它对投资控制的影响。

第七章 合同监理的内容与方法

本工程合同管理的主要工作内容是要求监理部从进度、质量、投资目标控制角度出发，依据设计方面、采购方面、施工方面的有关合同条款及有关政策、法律、法规、技术标准处理施工过程中的有关问题。其主要工作内容如下：

（1）监督上述合同双方切实遵守合同规则；避免合同双方责任的分歧以及不严格执行合同而造成经济损失，保证项目目标的实现。

（2）在委托人和工程建设合同文件授权范围内，正确处理工程变更，包括提出工程变更的审核意见报委托人。

（3）监理部应履行合同，提请合同双方做好预控和索赔管理。

（4）正确处理合同双方违约事项。

（5）在委托人和工程建设合同文件授权范围内审查分包人资格，同时在分包项目通过审批、分包协议生效后，应将分包人视为承包人的一部分进行分包管理。

（6）依据工程建设合同规定，监督、检查承包人施工保险事宜。

一、合同管理的主要内容

（1）根据施工年度计划督促委托人按合同规定提供各项施工条件的落实情况，包括提供承包人进场条件，有关施工准备工作，如道路、桥梁、供电、对外通信、施工征地拆迁和现场场地规划等；提供施工图纸、规范标准及有关原始资料。并在工程施工需要的合理时段内提前以书面意见报告委托人；参加监督现场条件的移交；依据施工承包合同文件、设计文件、技术规范与质量检验标准，对施工前准备工作进行检查，对施工工序、工艺与资源投入进行监督抽查。监督、审查、批准承包人的各项准备工作，包括施工组织设计、人力组合、管理体系、质量保证体系、施工资源调配、施工措施计划、进度计划、质量管理文件、施工控制测量成果、进场施工设备检查等。协助委托人向承包人移交由委托人提供的场地和设施；审查承包人的临时用地计划；并向委托人报告。

（2）监督承包合同的执行，在委托人授权范围内，审查承包人选择的分包人资质，分包金额，并报委托人批准；全面掌握承包人和分包人的项目负责人、技术负责人的基本情况，对不称职的现场施工和管理人员要求承包人予以撤换。

（3）控制工程进度、工程质量、工程投资；搞好信息管理和协调工作。在监理合同授权范围内组织工程建设各方协调工作；主持单元工程、分部工程验收，协助委托人进行各阶段验收及竣工验收，审查设计单位、承包人编制的竣工图纸和资料。

（4）分析、研究和评价承包人可能提出的索赔要求，完成"历史、分析、建议"报告的编制，参与研究并协助做出对索赔的处理意见和决定。

（5）参与工程合同争议、仲裁等有关问题的处理，提供必要的证据资料、意见和分析报告。包括工程变更、索赔的处理工作和对承包人或委托人违约的处理。

（6）承包人保险、保函的监督工作。

（7）对进场原材料及设备的检验、验收工作。

（8）对承包人的安全生产、文明施工、环境保护措施及执行情况进行检查监督。

（9）具备开工条件后，经委托人批准，签发开工通知。工程实施过程中，根据具体情况，发布停、复工指令。

上述工作中，部分需取得委托人的明确批准后再进行。

二、合同管理措施

（1）监理部派出经过专业法律知识培训并具有多年合同管理经验的责任工程师专职负责本项工作。

（2）监理部要全面熟悉本工程勘测设计合同、采购合同、工程建设合同、委托监理合同等合同条件，熟悉工程标准，熟悉合同工期目标。通过阅读与分析，对合同文件中存在的差错、遗漏、缺陷等问题进行记载与查证，做出合理的解释，提出合理的处理方案，并报委托人及时解决。

（3）在随时掌握工程施工进展情况的基础上，及时分析工程建设中发生的涉及合同管理事项的新情况和新问题，与有关合同方充分协商后，提出合理的预控措施或处理方案，并报委托人批准解决。

（4）监理部对导致索赔的原因要做充分的预测和防范，通过有力的合同管理防止干扰事件的发生。对已发生的干扰事件及时采取措施，以降低它的影响及损失。

（5）合同争议的调解。监理过程中，发现违约事件可能发生时，应及时提醒有关各方，防止或减少违约事件的发生。对已发生的违约事件，要以事实为依据，以合同约定为准绳，公平处理。处理违约事件应在认真听取各方意见，并与双方充分协商的基础上确定解决方案。

（6）索赔管理，包括索赔与反索赔。参与索赔的处理过程，审核索赔申请，要以项目实施中发生的具体事件及其有关的凭证为依据进行评价分析，从中找到索赔的理由和条件，使索赔得到公正、圆满解决。

三、合同变更管理的原则与措施

（1）在合同实施中，为了优化设计或对设计中存在的问题进行处理及由于现场施工条件变化，地质条件变化等原因，参建各方提出变更建议，监理部按照监理合同和委托人与承包人签订的施工合同的规定及委托人制订的《工程设计变更管理办法》，对工程或任何部分的形式、质量、数量及任何工程施工程序的变更进行审查，确定变更工程的单价和价格，经委托人同意后由监理部书面下达变更令。

（2）施工合同变更的单价或价格应根据委托人与施工承包人签订的施工合同中的有关规定确定。

（3）合同变更的要求或建议应包括以下内容：

1）变更的原因和依据。

2）变更的内容及范围。

3）变更引起的工程量增加及减少，以及合同工期的延长或提前。

4）变更导致工程质量的变化是否符合设计或规范要求。

5）变更引起的工程造价的增加或减少。

6) 为变更方案审查所必须提交的附图和计算资料。

(4) 监理部对工程变更建议书的评价意见，包括变更的可行性、合理性以及变更引起的费用、工期等的合理调整，应建立在充分调查、分析论证基础上。

(5) 监理部对工程变更建议书审查的基本原则是：

1) 变更后不降低工程质量标准，不影响工程完建后的运行管理。

2) 工程变更在技术上必须可行、可靠。

3) 工程变更的费用及工期是经济合理的。

4) 工程变更尽可能不对后续施工在工期和施工条件上产生不良影响。

(6) 坚持合理、公正、友好合作的原则，就变更费用、计划调整等问题协调委托人与承包人达成一致意见。

四、分包管理制度与措施

1. 分包管理的原则

(1) 分包项目必须遵守《中华人民共和国民法典》及《工程建设合同》的有关规定。

(2) 分包项目必须符合施工合同的有关规定。

(3) 根据监理合同的授权，审查任何分包人的资格和分包工程的类型、数量报委托人审批。

(4) 根据合同法的规定，不允许任何形式的转包。

2. 分包审查制度与措施

承包人若要求将合同项目分包，应按下列程序进行：

(1) 承包人将项目分包理由、候选的分包人的名单及其机构设备、技术力量、财务状况以及所承担过的工程情况等详细资料及分包合同草本报监理部。

(2) 监理部对上述分包情况进行仔细审核，必要时对分包人进行现场考察，根据审核及考察情况，将分包意见书面答复承包人。

(3) 经过监理部批准后，承包人方可同分包人正式签订分包合同，并将分包合同的一份副本送监理部。

(4) 分包合同生效后，分包人才能进入工地施工。

五、违约管理制度与措施

(1) 加强计划管理，随时掌握施工现场情况，及时建议落实委托人应尽义务，监督承包人按照合同规定履行义务，减少或避免违约事件的发生。

(2) 做好同期资料管理工作，为可能发生的违约事件处理提供充分、准确的证据。

(3) 对于发生的违约事件，监理部应严守合同，在深入调查清楚违约事件的基础上，公正处理各种违约事件；尽量减小对工程建设造成的影响和损失。

六、设计变更造价控制

设计变更须按设计变更的基本程序进行处理，《设计变更单》必须经监理部签认后，承包人方可执行，设计变更的费用由承包人填写《设计变更费用报审表》报送项目监理部，由专责工程师审核后，总监签认。设计变更的工程完成并经责任工程师验收合格后，按正常的支付程序办理变更工程款的支付手续。

七、合同争议管理制度与措施

（1）及早发现有可能引起委托人和承包人争议的潜在因素，采取有效措施，以避免合同争议的发生。

（2）对于发生的委托人和承包人之间的争议，监理部遵循搞清事实、互相沟通、友好协作、公正、独立、科学的原则，做好协调工作。

八、风险防范措施

（1）督促承包人按照合同投保工程险、施工设备险、人员意外伤害险和第三者责任险。

（2）随时掌握施工现场的人员、设备、材料、交通、施工工艺、气象、水文、地质及其他可能的工程风险因素，及早采取预防措施，尽量避免风险造成的损失。

（3）承包人进场后，督促承包人制定防洪度汛预案等防范重大风险的预案。

（4）风险发生后，及时采取措施，调动现场一切人员和设备力量把损失降到最低。

（5）分析风险责任，对风险事故进行善后处理。对于委托人承担风险给承包人造成的劳动量增加、费用增加和工期影响以及承包人风险责任造成委托人损失，应严格按照合同规定，确定委托人和承包人各自应承担的损失。

第八章 信 息 管 理

一、信息管理

信息管理的目标是：可以快速、方便地追溯工程施工任何时候的所有活动和行为，并且按照国家档案管理要求制备各种工程资料。

（一）信息管理内容和方法

（1）建立规范的信息收集、整理、使用、存贮和传递程序，建立本工程项目的信息码体系，信息由合同管理责任工程师负责归口管理。

（2）建立监理信息计算机管理系统和信息库、统一所使用的应用软件，尽可能做到信息管理控制计算机化。

（3）运用计算机进行本工程项目的投资控制，进度控制，质量控制和合同管理。向委托人及有关单位提供有关本工程项目的项目管理信息服务，定期提供各种监理报表。

（4）做好监理日志，监理月报、季报、年报工作，做好各类工程测试，评定及验收、交接记录报告。

（5）对委托人、设计、承包人、监理工程师及其他方面的信息进行有效管理。

（6）督促设计、承包人、材料及设备供应单位及时提交工程技术、经济资料。

（7）做好施工现场监理记录与信息反馈。

（8）按国家有关规定做好信息资料归档保存工作，收集工程资料和监理档案并按有关档案管理或委托人的要求进行整编，待工程竣工验收前或监理服务期结束退场前移交给委托人。

(9) 建立例会制度，整理好会议纪要。

(10) 建立完善的各项报告制度，规范各种报告或报表格式。

(11) 为项目监理提供技术、管理方面的信息。

（二）信息管理主要措施

合同管理责任工程师将使用计算机进行信息管理，在现场通过监理信息管理系统，对监理过程中产生的信息进行管理，使信息管理做到全面、规范，使用方便快捷，为决策提供依据。对监理过程中的文件实现规范化、制度化管理。

（三）收文处理程序

(1) 收文人员在收到的文件上或收文处理签上签字，填写收文处理签。

(2) 专人对收到的文档提出拟办意见，主送、分送部门建议，呈交总监阅示。

(3) 总监阅后作出批示，指定处理、回文人员或部门。

(4) 按照批示分送指定的部门或人员。

(5) 承办部门按照指示进行处理、拟文。回文按照文件和资料编写与审核管理程序执行。

(6) 收文处理笺，包括来文编号、文上日期、收到日期、文件标题、附件、工程部位、关键词一、关键词二、主送部门、分送部门、拟办意见、代表批示、承办单位意见、参考文号等内容。

（四）文件和资料编写与审核管理程序

在监理、咨询服务过程中形成的各类文件性产品，如文函、各类监理、咨询报告等，应按照下列程序进行编写和审批。

(1) 有关人员拟稿，填写发文处理签。发文处理笺，包括发文编号、发文日期、发文单位、文件标题、附件、工程部位、关键词一、关键词二、签发人、会签部门、主办单位、拟稿人、核稿人、主送部门、分送部门等内容。

(2) 一般情况下，文稿应使用规定的计算机软件输入计算机，报上一级领导或专业负责人进行修改、审核，拟稿人根据审核意见进行修改形成初稿。当需要会签时，应填写会签部门。

(3) 审核后，交专人进行登记、编号、文字润色，送会签部门进行会签。

(4) 会签完成后，若各部门意见分歧较大，由总监组织讨论。

(5) 根据会签、讨论结果进行修改，修改可由原拟稿人进行。

(6) 当文件和资料修改后，应重新编写和打印。

(7) 终稿报签发人签发，签发人应在发文处理签和文件上签字。

(8) 终稿除附件外的所有文字资料必须采用规定的格式打印。

(9) 签发人签字后的文件，由专人按照收发规定进行分送。

(10) 发出的文件及资料由专人按照批准的分发范围进行登记复印分发，发文登记可采用下列方式，但必须要求收件人在发文登记本进行登记签字确认，收件人的签字应包括姓名和日期。

（五）文件和资料的归档管理

(1) 文件资料的归档管理应按照《中华人民共和国档案法》及国家和行业的规程

规定进行。

（2）设专人负责制定档案管理的规定，各部门负责实施。

（3）文件的整理、归档、组卷由各相关部门进行。

（4）在项目或合同完结后，经组卷好的文件资料由档案管理专职人员进行验收，验收合格后移交委托人保存。

（5）各类载体的归档，应按照有关规定执行。

（6）所有人员都应按照国家法规和合同规定做好文件资料、信息的保密工作，防止泄密。

（7）借阅已归档的文件，按档案管理的有关规定和程序进行。

（8）对于一些有关工程项目质量的原始记录，如：监理或咨询日报，检验、试验报告，各种检查验收单（签证）等，若事后发现记录错误或失真需更改时，应由原填写人进行，并加盖印章或签名标识，注明更改日期。一般情况下不允许事后进行更改。

二、建立监理信息采集制度

监理信息的采集，就是收集各种原始信息，监理部建立两个基本制度：一是监理记录制度，二是会议制度。

（一）监理记录制度

监理记录主要有：一是施工现场情况记录，二是责任工程师对现场情况所存在的问题和处理意见或处理结果的记录。在监理过程中，这两方面的内容以下列形式体现出来：

（1）旁站监理值班记录。

（2）气象情况记录。

（3）施工监理日志。

（4）项目部总监理工程师日记和工程建设大事记。

（5）监理日、周、月报。

（二）会议制度

施工现场的工地会议是监理工作的一种重要方法，会议中包含着大量的监理信息。这就要求各责任工程师必须重视工地会议，并建立一套完善的会议制度，以便于会议信息的收集。外部实行的会议制度包括：明确会议的名称、会议主持人、会议参加单位和人员、举行会议的时间、地点等，参加会议的人员应签到，每次会议应有专人记录，重要会议必须进行录音，会后应有正式的会议纪要并经单位负责人签字，会议纪要应有规范化的编号，会议纪要不能加入任何记录人的感情色彩，要确保会议记录的真实性。

施工现场的工地会议主要有以下几种：

（1）开工前会议。

（2）经常性工地会议。包括：①工地协调会议；②现场进度会议；③质量专题会议；④材料及试验专题会议；⑤其他专题会议。

三、信息的收集和整理

（1）现场情况记录。

（2）各专业工作情况记录。

（3）各种检查验收资料。

（4）与工程建设有关的其他信息。

专人负责收发、保管日常工作中收集、加工、传递、存储、检索、输出各种动态信息，负责对各类信息进行登记和整理，列出清单，建立台账，系统整理并编号立卷归档。

四、信息的存储和传输

监理部每周末确认施工单位提供的下一周工程进度、质量、造价、材料、设备、人员等情况的备忘录。每月5日前向业主保送前一个月的监理月报。信息存储和传输的详细办法将在监理实施细则中作出具体决定。

五、信息管理工作流程（略）

（一）对承包人提供的图纸和施工方案等审批处理程序

（1）承包人应按合同规定的时间要求提交图纸和文件。

（2）责任工程师应当在施工合同规定的时间内回函。若未在规定的时间内明确回函，则视为同意承包人的函件内容。

（3）若不同意承包人的方案、计划、图纸等，需要详细说明原因，并要求承包人在规定的时间内修正重新提交给责任工程师。

（二）会议纪要签发程序

（1）根据会议内容及参会人员情况，由总监主持会议。会议开始前应确定会议记录、拟稿人。承包人提供的图纸和施工方案等审批处理程序图略。

（2）会议结束，即由参加会议的人员签字，当即复印分发各方。专人根据签字的会议记录，完成拟稿后，交主持会议总监或责任工程师审查、核稿，并征求参加会议各方意见。

（3）若需修改，返交拟稿人修改；不需修改，则由指标专人正式发送各方。

六、定期、不定期报告

（一）定期信息文件

定期信息文件主要包括监理月报和监理年报。

（二）不定期报告

根据监理工程进展情况的不定期报告有：

（1）关于工程优化设计、变更或施工进展的建议。

（2）资金、资源投入及合理配置的建议。

（3）工程进展预测分析报告。

（4）业主合理要求提交的其他报告。

（5）工程阶段验收、竣工验收监理工作报告。

（6）监理过程文件。

1）施工措施计划批复文件。

2) 施工进度调整批复文件。

3) 监理协调会议纪要文件。

4) 其他监理业务往来文件。

5) 质量事故处理文件。

第九章 组织协调的内容与方法

一、协调的内容

本项目划分为两个施工标段。工程建设期间由发包、设计、监理、土建、设备、金结安装等多家参与，如何把土建、观测设备及金结安装等来自不同地区、不同中心，不同专业、且有着不同利益的不同群体在有限的空间内进行有序交叉、有条不紊地安全作业，是本工程协调管理的重点。两个土建施工单位各施工工作面是否能按时达到要求，图纸供应是否及时，材料供应是否能及时，料场、渣场是否协调有序等都将对工程建设产生影响。因一家的工作失误（无意间的或不可预料的），将引起连锁反应，影响到本工程工期和工程质量，最终导致工程运行延期。所以监理的协调的方法、措施十分重要。

二、协调的方法

(1) 依据合同规定编制协调进度计划。

(2) 建立有效的协调程序。

(3) 监督、见证承包人按照合同规定开展的相互协调。

(4) 主持监理合同授权范围内的协调工作，编发会议纪要。

(5) 对供货单位和承包人的供需矛盾及时进行协调。

(6) 对协调中出现的争议进行裁决，并监督各承包人实施。

三、协调的措施

(1) 责任工程师尽最大努力沟通各方，友好协商，解决问题。

(2) 制定本项目协调控制规划和实施细则。

(3) 建立协调例会制度，协调设计、施工、委托人各方关系。协助委托人进行供图、供货和与其他承包人之间的协调。

第十章 监理工作质量保证措施

一、质量控制的组织措施

(1) 要求承包单位现场项目管理机构建立健全质量管理体系，技术管理体系和质量保证体系，并实施有效的运行。

(2) 项目监理部应严格按公司的质量管理体系要求运作，用高质量的服务回报业主。

(3) 规定监理方与承包方必须遵守的质量监控工作程序，按规定的程序进行工作。

二、质量控制的经济措施

(1) 如果施工单位的工程质量达不到要求的标准，而又未能按监理工程师的指示承担处理质量缺陷的责任，予以处理使之达到要求的标准，监理工程师有权采取拒绝开具支付证书的手段。

（2）如果施工承包单位的工程质量超过合同约定的标准，监理工程师可建议业主对其实施经济奖励。

三、质量控制的技术措施

（1）旁站监督：对隐蔽工程的隐蔽过程，下道工序施工完成后难以检查的重点部位，监理人员将实施不间断旁站。主要项目有混凝土的浇筑过程，防水工程的覆盖过程，石方爆破前的布孔装药施工过程，各种设备安装完毕后的检测试验过程。

（2）量测：利用检测设备对建筑物的几何尺寸、方位、相对位置等，进行图纸复核。

（3）试验：通过试验手段去的试验数据用以判断原材料、半成品、成品及工序的质量状况。

（4）指令文件：利用各种指令文件传达监理工程师的要求。

（5）现场巡视检查：检查施工过程中的工艺纪律，工序标准及成品保护。

第十一章　对施工中环境保护措施的监督

一、施工环境保护监督措施

（一）施工场地环境保护监理任务

（1）施工过程中，监理部应监督承包人按合同文件规定，做好施工区界限之外的植物、生物和建筑物保护并使其维持原状。

对施工活动界限之内的场地，监理部要监督承包人按工程建设合同文件要求采取有效措施，防止发生对施工环境的破坏。

（2）对土石方开挖及建筑物施工的弃渣、废渣、废料、施工机械的破损零件、设备以及生产、生活垃圾的管理，要监督承包人按工程建设合同文件规定，将其运至指定地点，按要求进行集体中堆放或焚烧、掩埋等处理，防止形成施工环境的污染。

对施工弃水、生产废水、生活污水以及施工粉尘、废气、废油等，均应按合同规定进行处理，达到排放标准后方准予以排放，防止污染水源或环境。

（3）要控制施工噪声。监理部要监督承包人，按工程建设合同规定，对施工过程及施工附属企业中噪声严重的施工设备和设施进行消音、隔音处理，或按监理部指示，控制噪声时段和范围，并对施工作业人员进行噪声防护。

（4）进入现场的材料、设备必须放置有序，防止任意堆放器材杂物阻塞工作场地周围的通道和影响环境。

（5）工程完工后，监理部应督促承包人，按合同文件规定，拆除委托人不再需要保留的施工临时设施，清理场地，恢复植被和绿化环境。

（二）施工环境保护监督措施

（1）在工程项目开工前，监理部要督促承包人按工程建设合同文件规定，编制施工环境管理和保护措施，并在报送监理部批准后严格监督实施。

（2）监理部要编制《施工环境保护监理实施细则》，加强施工环境保护监督、管理。

（3）监理部指定安全专责工程师专人负责施工环境保护措施的贯彻落实。监督、检查并统计、汇总施工现场环保情况，每月编制环保月报报委托人。

（4）督促承包人做好施工现场环境保护宣传教育工作，增强工程参建人员环保意识和保护环境自觉性，努力实现环境保护控制目标。

二、环境保护控制措施

（1）在审核承包人施工方案的同时，审核环保措施，对无环保措施或达不到环保要求的施工方案，坚决否定。

（2）根据国家和施工合同的环保要求，检查承包人的施工情况，对不符合要求的情况立即给予制止和纠正。配合地方环保部门，对施工区环保情况进行检查。施工中的开挖、堆渣、弃渣等要符合合同规定，禁止随意倾倒施工料渣。

（3）施工现场内的材料分门别类，整齐堆放，对现场残存材料进行妥善处理，在完工后现场清除一切残存杂物。

（4）施工过程中，不得破坏施工区以外的任何自然状态。施工完成后，根据合同恢复施工区的环境。对达不到健康要求的施工场所，指令承包人进行整改，必要时报委托人同意后下达停工令。

第十二章　施工监理安全保证措施

监理部在审查施工组织设计、施工措施计划和施工方案时，要审查承包人的安全保证措施是否明确、实用和有效，是否符合国家安全生产管理条例的要求；发现存在安全事故隐患的，要求承包人整改；情况严重的，要求承包人暂时停止施工，并及时报告委托人。对承包人拒不整改或者不停止施工的，及时向有关主管部门报告。同时，监理部要对施工环境和文明施工进行有效控制，确保现场人员的生产、生活环境符合要求，确保将工程施工对自然环境的破坏将到最小，确保现场环境的整洁、有序、美观。

一、安全生产、文明施工及环境保护监理原则

安全生产监理原则，以"无重大伤亡事故，争创文明、环保工地"为目标，牢固确立"文明施工、安全第一"和"安全无小事"的思想，强化"谁设计、谁负责，谁施工、谁负责，谁监理、谁负责"的原则，充分调动参建方的主观能动性，并以工程建设合同文件对安全文明施工的有关规定为依据，进行施工现场安全标准化管理，对安全文明施工保证体系、规章制度、安全设施、安全技术进行经常性监督和检查，为实现项目的总体建设目标服务。

文明施工及环境保护监理原则，以树立人与自然和谐相处的基本原则，督促承包人加强文明施工及环境保护的教育，落实文明施工及环境保护的措施，达到合同规定的文明施工及环境保护目标。

二、安全文明施工的基本要求

对下列基本要求必须满足，否则总监理工程师将不予签发开工令：

（1）承包人必须实行项目经理安全文明施工负责制，配备专职的安全员。

（2）施工组织设计必须有安全文明施工及环境保护的保证措施，安全文明施工及环境保护制度必须健全。

（3）爆破、电工、焊工、起重工等特殊工种必须持有上岗证方可上岗。

（4）在整个工程施工过程中，承包人必须时刻对照施工现场安全标准化管理标准，发现不符合要求的，自觉进行整改，消除安全隐患。

（5）优化人机环境匹配，实施安全生产管理。

三、安全生产及文明施工控制的主要内容

（1）审查承包人安全及文明施工保证体系，在组织领导、人员配置、岗位责任、管理制度等方面督促健全和落实。

（2）审查承包人施工组织设计中安全及文明施工的规划与措施内容。

（3）检查现场地面施工道路、现场排水、施工管线、物料堆放、暂设工程等布置情况（应按施工总平面图实施）。

（4）检查现场各种标牌（安全纪律牌、安全标志牌、安全标语牌、施工公告牌等）的内容和视觉效果，检查施工用电安全措施的落实情况，检查现场防火制度与措施的落实情况。

（5）检查各分部、分项工程施工安全技术措施和安全防护设施的落实情况。

（6）检查施工现场处脚手架和工程结构施工支撑系统的安全可靠性，检查起重机械设备及施工机具的安全保障状况，检查混凝土拌和系统安全防护措施的落实情况，检查爆破工程安全防护措施的防护情况。

（7）检查季节性（雨季、高温等）施工安全措施的落实情况。

（8）一旦发生安全事故，坚持"四不放过"。

（9）检查现场在卫生防疫和治安保卫方面执行有关规定和落实保证措施的情况。

（10）经常检查场容场貌。

四、安全生产保证措施

（一）组织措施

（1）建立承包人安全重点检查组织。工程项目开工前，监理部要求承包人按工程建设合同文件规定，建立施工安全管理机构和施工安全保障体系，设立专职施工安全管理人员，以全部工作时间用于施工过程中的安全检查、指导和管理，并及时向监理部反馈施工作业中的安全事宜。

（2）监理部的安全监督。监理部根据工程建设监理合同文件规定，建立施工安全监理制度，制定施工安全控制措施。监理部设置安全责任工程师，以加强对施工安全作业行为进行检查、指导与监督。

（3）严格进行施工安全措施计划审批。工程项目开工前，监理部应要求承包人按国家、部门关于施工安全的有关法令、法规和工程建设合同文件规定，编制施工安全措施和施工作业安全防护规程手册，报送监理部审批和备存。同时，监理部还应对承包人安全作业措施和安全防护规程手册的学习、培训及施工安全教育情况进行检查。

（4）施工安全检查。工程施工过程中，监理部应对施工安全措施的执行情况进

行经常性的检查。同时，还应派遣施工安全责任工程师加强对高空、地下、高压、爆破及其他安全事故多发施工区域、作业环境和施工环节的施工安全进行检查和监督。

（5）参加安全事故处理。监理部应根据工程建设合同文件规定和委托人授权，参加施工安全事故的调查并提出处理意见。

（6）防洪度汛措施检查。汛期前，监理部应协助委托人审查设计单位制定的防洪度汛方案和承包人编写的防洪度汛措施，协助委托人组织安全度汛大检查和做好安全度汛、防汛防灾工作。

（二）设备管理措施

1. 附属设备

（1）检查各种施工架、梯子、支撑等是否符合国家颁布的有关标准和要求。

（2）要求承包人对附属设备的结构、强度按照不同要求和不同工程环境进行必要的验算并由安全专责工程师进行复核，同时对所使用的材料实施严格检查。

2. 机械设备措施

机械设备的使用、管理计划及操作方法是否妥当，将直接关系到工程安全生产的成败。为此，专责工程师将督促承包人根据工程进度定出使用机械的种类、性能、组合、施工量及使用期限，及时搬运到现场。

3. 消防设备措施

（1）树立"预防为主，以消为辅"的指导思想，施工总承包人要认真学习有关消防法规，层层签订责任协议书，保证工程建设过程中的消防安全。

（2）根据消防的有关规定，脚手架要层层配备灭火器。炸药、雷管及其他危险品仓库应远离生活区，并配备消防设施。生活区内要按规定配备必要的消防器材。

（3）督促承包人落实专人，负责对消防器材进行定期检查，确保其有效使用。

（三）现场管理措施

（1）作业环境。影响作业环境的因素主要为现场设备管理、作业者之间的密切合作以及管理体制等，为此监理部将根据具体情况要求承包人对其进行不断调整和完善。

（2）重点突出。监理工程师将督促承包人预先了解现场作业的重点、瓶颈作业，以及每天各种作业的危险性并要求对各种作业方法给出明确的指示及完整的操作技术规程，防止作业者的趋简行为出现隐患，杜绝省略安全手段的现象发生。

（3）作业前的交底。当天的现场作业之前，要求各班组长向全体作业者讲述当天的作业范围、方法、安全上的注意事项及安全建议。

（4）安全教育。安全教育的主要内容在于使作业者了解正确的作业方法及现场的安全规定。监理部将配合承包人按等级层次和工作性质不同进行上岗前培训。形式采取讨论、个别教育、实地演练、实习等方式进行。

（5）灾害调查。一旦发生灾害、事故，监理部将协助有关部门调查事故发生原因，谋求补救措施，以防止同类、同倾向事件再次发生并主要开展以下几方面的工作：

1）维持现场原状，摄取照片。

2）客观调查、反映事实。

3）事实与推论分开调查。

4）在注意人性缺陷的同时着重考查物质缺陷。

5）先观察现场状况，后听人员的证词。

五、文明施工保证措施

督促承包人根据委托人有关要求创建文明工地，并在施工组织设计中详细阐明文明施工措施，经总监审批后即作为施工及监理的依据之一。

（一）场容场貌

（1）督促承包人按规定做好施工区域与非施工区域之间分隔护栏的设置，施工工地道路平整，并力争建筑物工程实施围栏封闭施工。

（2）督促承包人将场内的建筑材料划区域整齐堆放，并采取安全保卫措施，并将施工区域与非施工区域分隔，使场容场貌整齐、整洁、有序、文明。

（3）督促承包人做好施工标牌设置，管理人员必须佩卡上岗。

（4）督促承包人落实专人，经常性维护与保持场内道路和施工沿线中心、居民的出入口和道路畅通。道路经常洒水养护，防止尘土飞扬污染空气。

（二）工地卫生

（1）检查督促工地的排水设施和其他应急设施保持畅通、有效、安全，生活区内做到排水畅通，无污水外流或堵塞排水沟现象。

（2）检查督促承包人设专人管理工地卫生，生活垃圾要有容器放置并有规定的地点，定时清理。

（3）检查督促承包人在规定地点堆放建筑垃圾。

督促承包人建立工地卫生管理制度，每周检查执行情况，同时检查按规定配制的工地卫生设施。

（4）工程竣工后，检查督促承包人在规定期限内完成现场清理工作。

（三）文明建设

督促承包人制定文明工地建设标准，并在施工期做好文明工地宣传、文明班组建设、文明施工及治安综合治理等工作。同时督促、协助承包人做好外包队伍的管理，加强对其人员进行法制、规章制度、消防知识、文明施工等教育。

项目二　获得工程项目监理业务后的文件及编制

【本项目的作用及意义】

监理单位获得监理任务后，将依照投标文件的承诺组建项目现场监理机构，进入到监理工作的最重要阶段。这一阶段的工作包括监理的现场工作和围绕招标文件的室内文案工作，两部分工作缺一不可，且文案工作是监理三大控制目标能否得以实现的重要手段。

任务一 监理规划的编写

3211 ◉

监理规划的
编写

3212 ▶

监理规划的
编写

【任务布置模块】

学习任务
了解监理规划的主要内容；理解监理规划编写的基本要求；掌握监理规划编写的要点。

能力目标
能读懂监理规划的内容及术语；能在教师的指导下基本完成监理规划的编制工作。

【教学内容模块】

监理规划是监理单位和委托单位签订了项目监理合同之后，由项目总监理工程师主持，根据委托监理合同，在监理大纲的基础上，结合项目的具体情况，制定的指导整个项目监理组织开展监理工作的技术组织文件。监理大纲与监理规划都是围绕着整个项目监理组织所开展的监理工作来编写的，但监理规划的内容要比监理大纲翔实、全面。

一、监理规划编制依据

（1）建设工程的相关法律及项目审批文件。

（2）与建设工程项目有关的标准、设计文件、技术资料。

（3）监理大纲、委托监理合同文件以及与建设工程项目相关的合同文件。

二、监理规划编写要点

（1）监理规划的具体内容应根据不同工程项目的性质、规模、工作内容等情况编制，格式和条目可各有不同。

（2）总监理工程师应主持监理规划的编制工作。

（3）监理规划应在监理大纲的基础上，结合承包人报批的施工组织设计、施工总进度计划编制，并报监理单位技术负责人批准后实施。

（4）监理规划的编写要纳入监理工作"三控制""三管理""一协调"的全部内容，并将它们有机地结合起来，要注意监理规划与监理大纲的一致性和适用性。

（5）监理规划的基本作用是指导监理机构全面开展监理工作。监理规划应对项目监理的计划、组织、程序、方法等作出表述。

（6）监理规划应根据其实施情况、工程建设的重大调整或合同重大变更等对监理工作要求的改变进行修订。

三、监理规划的主要内容

1. 总则

（1）工程项目基本情况。简述工程项目的名称、性质、等级、建设地点、自然条件与外部环境，工程项目建设内容及规模、特点，工程项目建设目的。

（2）工程项目主要目标。工程项目总投资及组成、计划工期（包括阶段性目标的计划开工日期和完工日期)、质量控制目标。

(3)工程项目组织。列明工程项目主管部门、质量监督机构、发包人、设计单位、承包人、监理单位、工程设备供应单位等。

(4)监理工程范围和内容。发包人委托监理的工程范围和服务内容等。

(5)监理主要依据。列出开展监理工作所依据的法律、法规、规章,国家及部门颁发的有关技术标准,批准的工程建设文件和有关合同文件、设计文件等名称、文号等。

(6)监理组织。现场监理机构的组织形式与部门设置、部门职责、主要监理人员的配置和岗位职责等。

(7)监理工作基本程序。

(8)监理工作主要制度。包括技术文件审核与批准、会议、紧急情况处理、监理报告、工程验收等方面。

(9)监理人员守则和奖惩制度。

2.工程质量控制

(1)质量控制的内容。根据监理合同,明确监理机构质量控制的主要工作内容和任务。

(2)质量控制的制度。明确监理机构所应制定的质量控制制度。

(3)质量控制的措施。明确质量控制程序和质量控制方法,并明确质量控制点、质量控制要点与难点。

(4)质量控制的目标。根据有关规定和合同文件,明确合同项目各项工作的质量要求和目标。

3.工程进度控制

(1)进度控制的内容。根据监理合同,明确监理机构在施工中进度控制的主要工作内容。

(2)进度控制的制度。阐明针对监理项目所制定的进度控制制度。

(3)进度控制的措施。明确合同项目进度控制程序、控制制度和控制方法。

(4)进度控制的目标。根据工程基本资料,建立进度控制目标体系,明确合同项目进度的控制性目标。

4.工程投资控制

(1)投资控制的内容。根据监理合同,明确投资控制的主要工作内容和任务。

(2)投资控制的制度。阐明针对监理项目所制定的投资控制制度。

(3)投资控制的措施。明确工程计量方法、程序和工程支付程序以及分析方法;明确监理机构所需制定的工程支付与合同管理制度。

(4)投资控制的目标。依据施工合同,建立投资控制体系。

5.施工安全

(1)施工安全监理的范围和内容。

(2)施工安全监理的制度。

(3)施工安全监理的措施。

（4）文明施工监理。

6．合同管理

（1）变更的处理程序和监理工作办法。

（2）违约事件的处理程序和监理工作办法。

（3）索赔的处理程序和监理工作办法。

（4）分包管理的监理工作内容。

（5）担保及保险的监理工作。

7．协调

（1）明确监理机构协调工作的主要内容。

（2）明确协调工作的原则与方法。

8．工程质量评定与验收监理工作

（1）工程质量评定。

（2）工程验收。

9．缺陷责任期监理工作

（1）缺陷责任期的监理内容。

（2）缺陷责任期的监理措施。

10．信息管理

（1）信息管理程序、制度及人员岗位职责。

（2）文档清单、编码及格式。

（3）计算机辅助信息管理系统。

（4）文件资料预立卷和归档管理。

11．监理设施

（1）制定现场监理办公和生活设施计划。

（2）制定现场交通、通信、办公和生活设施使用管理制度。

12．监理实施细则编制计划

（1）监理实施细则文件清单。

（2）监理实施细则编制工作计划。

13．其他

3213 ①

监理规划编
写练习

【工程案例模块】

××水库工程监理规划

一、总则

根据发包人与我监理单位签订的监理委托合同所确定的监理范围；为便于规范化、标准化、有序地开展监理工作，我方依据国家和行业有关工程建设的政策法规、工程建设方面的标准、设计文件及建设方与承建方签订的合同等内容，并结合该项目的特点编制了建设监理规划。

（一）工程概况

（1）工程项目名称：××水库工程。

（2）工程项目目的：以承担××市的防洪和供水为主，并兼顾改善地下水环境。

（3）工程项目等级：××水库工程等级为Ⅱ等，工程规模为大（2）型，永久性主要建筑物（挡水坝段、溢流坝段、底孔坝段、引水坝段及连接建筑物）为2级，右岸下游导墙等次要建筑物为3级，临时性建筑物为4级。

（4）工程项目地点：工程位于××市境内的××河干流上，坝址位于××市××区的××村。

（5）工程主要参数：××水库正常蓄水位60.00m，相应库容5.94亿 m³，死水位41.0m，死库容0.41亿 m³，防洪限制水位59.6m，设计洪水位（0.2%）61.32m，防洪高水位（1%）60.52m，校核洪水位（0.02%）63.56m，总库容8.08亿 m³；兴利库容5.58亿 m³。

（6）工程布置：××坝址处河谷宽约800m，左岸山坡略陡，右岸较缓，水库枢纽是以土坝为基本坝型的混合坝。大坝坝顶高程64.80m，最大坝高48.3m，坝长1148.0m。上坝分左右岸布置，主河槽混凝土坝段布置有右连接段、挡水坝段、引水坝段、底孔坝段、溢流坝段、挡水坝段、左连接段。其中左岸土坝长499.0m，右岸土坝长351.5m，引水坝段长20.0m；底孔坝段长40.0m，溢流坝段长177.5m，挡水坝段长54.0m，左、右岸连接段坝顶均为3.0m。

（二）工程项目主要目标

1. 工期目标

（1）总工期目标。本工程建设全过程划分为工程筹建期、工程准备期、主体工程施工期和工程完建期四个施工段。施工总工期为54个月，其中施工准备期4个月，主体工程施工期49个月，至××××年××月××日竣工，工程收尾期一个月。

（2）工期分解。

1）导流：

一期导流：2015年10月至2017年9月上旬，围护右岸，在左岸滩地开挖导流明渠过流，进行混凝土坝段、连接坝段、右岸土石坝段、导流明渠以左土石坝段的施工。

二期导流：2017年10月至2019年10月31日，围护左岸。二期导流共分两个时段。第一时段：2017年10月中旬至2018年6月，由泄洪底孔和溢流坝段预留缺口过流，进行余下的左岸土石坝段施工；第二时段：2018年7月至2019年6月，坝体挡水，利用永久泄洪底孔过流，各施工部位全面进行施工；2013年7月以后，泄洪底孔和溢流坝可同时过流。

2）截流：截流于第3年10月上旬进行，截流标准按10年一遇的旬平均流量，设计流量15.1m³/s；采用单戗、立堵、单向进占的截流方式。

2. 工程投资目标

本项目监理投资控制的目标为：以发包人与各施工承包人、材料、设备供应商签订的工程合同价为依据，在不发生大的设计变更有前提下，不突破概算。

3. 工程质量目标

争创优质工程，所监理的工程质量符合设计和规范要求，合格率达 100%，单元工程质量全部合格，其中优良率控制在 75% 以上，重要隐蔽单元工程和关键部位单元工程质量优良率达 90% 以上；分部工程质量全部合格，优良率控制在 80% 以上，主要分部工程质量全部优良；单位工程质量全部合格，优良率控制在 90% 以上，主要单位工程全部优良；工程外观质量得分率控制在 85% 以上；工程项目施工质量优良。

（三）工程项目组织

项目主管部门：××市水利局

发包人：××市××水库建设有限公司

工程质量监督机构：××市水利工程质量监督站

设计人：××省水利勘测设计研究院

监理单位：××工程咨询有限公司

承包人：××工程局有限公司

设备供应商：×××××

（四）监理工程范围和内容

1. 工程监理范围

××水库工程全部土建，金属结构设备的制造和安装、水轮发电机等水机设备的制造和安装、相关电气设备的制造和安装、相关安全监测设备的安装、综合自动化系统的安装、后方基地办公楼土建等工程监理及保修期监理。具体如下：

（1）左、右岸土石坝工程。

（2）挡水重力坝段、溢流坝段、底孔坝段、引水坝段、左岸连接段、右岸连接段工程。

（3）上坝公路、场内交通公路、码头工程。

（4）金属结构及设备：10 孔大型弧形闸门及启闭机制造、安装；溢流坝段 2 孔检修闸门；底孔坝段 4 孔事故检修闸门及相应启闭机的制造、安装；引水坝段拦污栅3 孔，检修闸门及工作闸门各 3 孔及相应启闭设备的制造及安装；坝顶 2×800kN 双向门机。

（5）大坝外部变形观测、内部变形观测、渗流观测、应力、应变及温度监测、环境量监测及综合自动化系统设备安装。

（6）枢纽工程电气系统。

（7）仓库、办公楼工程。

2. 监理服务内容

（1）设计方面。

1）核查并签发施工图，发现问题向委托人反映，重大问题向委托人做专题报告，建议委托人要求设计人提交满足工程建设需要的供图计划。

2）主持或与委托人联合主持设计技术交底会议，编写会议纪要。

3）协助委托人会同设计人对重大技术问题和优化设计进行专题讨论。

4）审核承包人对施工图的意见和建议，协助委托人会同设计人进行研究。

5）其他相关业务。

（2）采购方面。

1）协助委托人进行采购招标。

2）协助委托人对进场的永久工程设备进行质量检验与到货验收。

3）其他相关业务。

（3）施工方面。

1）协助委托人进行工程施工招标和签订工程施工合同。

2）全面管理工程施工合同，审查承包人选择的分包单位，并报委托人批准。

3）督促委托人按工程施工合同的约定，落实必须提供的施工条件；检查承包人的开工准备工作。

4）审核按工程施工合同文件约定应由承包人提交的设计文件。

5）审查承包人提交的施工组织设计、施工进度计划、施工措施计划；审核工艺试验成果等。

6）进度控制：协助委托人编制控制性总进度计划，审批承包人编制的进度计划；检查实施情况，督促承包人采取措施，实现合同工期目标。当实施进度发生较大偏差时，要求承包人调整进度计划；向委托人提出调整控制性进度计划的建议意见。

7）施工质量控制：审查承包人的质量保证体系和措施；审查承包人的实验室条件；依据工程施工合同文件、设计文件、技术标准，对施工全过程进行检查，对重要部位、关键工序进行旁站监理；按照有关规定，对承包人进场的工程设备、建筑材料、建筑构配件、中间产品进行跟踪检测和平行检测，复核承包人自评的工程质量等级；审核承包人提出的工程质量缺陷处理方案，参与调查质量事故。

8）资金控制：协助委托人编制付款计划；审查承包人提交的资金流计划；核定承包人完成的工程量，审核承包人提交的支付申请，签发付款凭证；受理索赔申请，提出处理建议意见；处理工程变更。

9）施工安全控制：审查承包人提出的安全技术措施、专项施工方案，并检查实施情况；检查防洪度汛措施落实情况；参与安全事故调查。

10）协调施工合同各方之间的关系。

11）按有关规定参加工程验收，负责完成监理资料的汇总、整理，协助委托人检查承包人的合同执行情况；做好验收的各项准备工作或者配合工作，提供工程监理资料，提交监理工作报告。

12）档案管理：做好施工现场的监理记录与信息反馈，做好监理文档管理工作，合同期限届满时按照档案管理要求整理、归档并移交委托人。

13）监督承包人执行保修期工作计划，检查和验收尾工项目，对已移交工程中出现的质量缺陷等调查原因并提出处理意见。

14）按照委托人签订的工程保险合同，做好施工现场工程保险合同的管理。协助委托人向保险公司及时提供一切必要的材料和证据。

15）其他相关工作。

（五）监理主要依据

(1)《中华人民共和国建筑法》《建设工程质量管理条例》《水利工程质量管理规定》。

(2)《水利工程施工监理规范》（SL 288—2014）。

(3)《建设工程安全生产管理条例》《水利工程建设安全生产管理规定》。

（略）

（六）监理组织

1. 监理组织机构

项目监理部按照线性组织机构模式设置，实行总监理工程师负责制。项目监理部下设技术部、合同部信息部及综合管理部。按合同要求配备水工专、工程测量专业、建材专业、合同管理（造价）、信息管理、地质工程师等专业监理工程师。项目机构如图 3－1 所示。

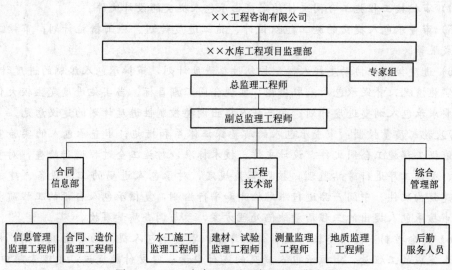

图 3－1　××水库工程监理部组织机构框图

2. 部门设置及职能分工

（1）工程技术部职责。

1）工程部是本监理机构的工程质量管理部门，主要负责现场土建施工、金属结构及机电设备安装等的各项监理工作。工程部部长是本部门的质量第一责任人，受总监的委托，组织领导本部门的日常工作。

2）审查各单项工程的开工申请，检查开工条件，签署开工意见；对永久设备的供货计划进行督促检查；审查承包单位提交的季、月施工进度计划、施工措施方案，机电设备、金属结构、电气、自动化监测等安装单位提交的安装技术措施、安装方案和工艺试验成果等。

（略）

（2）合同信息部职责。

1）配合总监理工程师协助业主进行工程招标及合同签订工作。

2）参与业主进行主要设备、材料及施工设备的采购招标工作。

（略）

（3）综合部职责。

1）负责内部人员的考勤汇总及后勤服务，负责有关业务往来的接待工作。

2）负责汽车的调度安排，负责汽车保养及驾驶人员的安全教育工作，并制定相应的规章制度。

（略）

3.各级人员岗位职责

（1）总监理工程师。

1）主持编制监理规划，制定监理规章制度，审批监理实施细则；签发监理机构文件。

2）确定监理机构各部门职责分工及各级监理人员职责权限，协调监理机构内部工作。

（略）

（2）副总监理工程师。协助总监理工程师管理监理项目部的全部工作。但有下列9项工作不可以代替总监理工程师处理：

1）主持编制监理规划，审批监理实施细则。

2）主持审核承包人提出的分包项目和分包人。

（略）

（3）监理工程师。

1）参与编制监理规划、监理实施细则。

2）预审承包人提出的分包项目和分包人。

（略）

（4）监理员。

1）核实进场原材料质量检验报告和测量成果报告等原始资料。

2）检验承包人用于工程建设的材料、配构件、工程设备使用情况，并做好现场记录。

（略）

4.主要监理人员配置及岗位职责

总监理工程师：×××

副总监理工程师：×××（兼建材、试验监理工程师）

工程技术部：×××（部长、水工施工监理工程师）

　　　　　　×××（测量监理工程师），×××（水工施工监理工程师）

　　　　　　×××（水工施工监理工程师），×××（水工施工监理工程师）

　　　　　　×××（水工施工监理工程师），×××（水工施工监理员）

　　　　　　×××（水工施工监理员），×××（水工施工监理员）

合同信息部：×××（部长、水工施工监理工程师）

　　　　　　×××（水工施工监理工程师）

综合管理部：×××（部长）

备注：根据工程进展，陆续配备监理人员。

（1）土建专业监理工程师职责。

1）参与审查承包商报送的总体施工规划（包括总进度、总布置、施工导流方案以及相配套的施工组织设计），并提出审查意见，供总监审核批发，施工监理工程师是对工程进度进行宏观综合控制的主要负责人。

2）对承包商提交的工程施工措施和计划，在项目监理工程师进行审查并提出书面意见后，负责进行复核和提出书面建议并交项目监理工程师签发。

（略）

（2）金结、机电专业监理工程师职责。

1）负责审查和控制金结及机电项目的施工安装进度、施工措施和工程质量，参加或主持施工与安装承包商的协调会，协调土建承包商与安装承包商之间的配合协调工作。

2）根据设计单位提供的设备和材料清单，参加编制设备、材料采购进度计划，协助业主选好设备制造厂家。

（略）

（3）地质专业监理工程师职责。

1）熟悉并掌握监理工程项目的工程地质及水文地质原始资料，负责了解本工程的施工地质状况、特点与异常情况，全面负责工程施工地质监理工作。

2）根据施工随时揭示的工程地质情况，及时发现和预测不良地段的地质情况，对工程安全的影响作出判断和分析，并提出处理意见及时报告总监。

（略）

（4）测量专业监理工程师职责。

1）检查并掌握施工平面、高程控制网和测量基准点的有关资料，并根据合同规定，负责组织将上述资料提供给承包商使用，并办理正式移交手续。

2）审查承包商提交的测量实测报告，包括施测技术方案、测量仪器设备配备、施测人员配置及资质、测量工作规程、测量保护等。

（略）

（5）建材（试验）专业监理工程师职责。

1）负责审查批准承包商自建的试验室或委托试验室，内容包括试验室资质、设备和仪器的计量认证文件，试验检测设备及其他设备的配备，试验人员的构成和资质、试验室工作规程规章制度。监督现场试验室的全部工作。审批现场试验计划和试验程序和方法。

2）负责对承包商使用的原材料，包括水泥、钢筋钢材、砂石骨料、止水材料及各种外加剂等的材质证明和试验成果进行评价和鉴定，必要时进行现场抽样检查。现场不能鉴定时，必要时应外委鉴定。加强现场巡视检查，凡不符合合同及国家有关规定的材料及半成品不得投入施工，并限期清理出场。

（略）

（6）合同管理专业工程师职责。

1) 负责审核承包单位月进度付款申请的工程完成报表和单价、总价、扣款、滞留金等有关计算，起草月支付凭证，保管各种申请表及凭证。

2) 协助各专业监理工程师审查变更工程的增减工程量，审查承包单位提出的修改补充单价，进行单价分析，对有争议的问题进行协调并提出处理意见。

（略）

（7）信息管理专业工程师职责。

1) 负责工程建设信息的收集、分类、整理储存及传递工作。信息传递以文字为主，统一编号，并使用计算机进行管理，为工程建设提供及时有用的信息和决策依据。

2) 对接收的文件进行登记并根据签批意见复制和分发将总监理工程师签发的文函送达指定的部门并取得回执。

（略）

（七）监理工作基本程序

监理工作基本程序如图 3-2 所示。

（八）监理主要工作方法和制度

1. 技术文件审核审批

根据监理合同、施工合同的规定，技术文件的审核及审批应遵照下列规定：

（1）由发包人提供的施工图纸、设计变更以及施工测量控制点等技术文件经专业监理工程师核查无误，由总监理工程师签字确认后，下发给承包人执行。

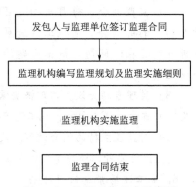

图 3-2 监理工作基本程序图

（2）承包人的施工组织设计、施工措施计划、施工进度计划、开工申请等，按要求填报由监理提供的表格报项目监理工程师复核、工程技术部部门负责人审核后报总监审定后下发执行。表样详见《××水库工程信息管理监理实施细则》。

（3）承包人上报各种技术文件的内容、时限等要求，详见相应工程承包合同。

（4）承包人上报文件，监理工程师根据岗位职责、分工及权限进行审核、审批，经审核、审批后方可实施。

2. 原材料、构配件和工程设备检验

（1）承包人用于本工程的原材料、构配件和工程设备在进场后，应经承包人自检后，填报《材料/构配件进场报验单》《施工设备报验单》等，并附相应的出厂合格证明和技术说明书，报项目（专业）监理工程师复核，经部门负责人批准后报总监理工程师审定。

（2）未经检验或检验不合格的原材料、构配件和工程设备不得用本工程。

（3）不合格的材料、构配件和工程设备应按监理指示在规定的时限内运离工地或指示承包人做相应处理。

3. 工程质量检验

（1）承包人每完成一道工序或一个单元工序，都应经过自检（三检），合格后填写《单元（工序）工程质量报验单》报监理员、监理工程师复核、检验并进行相应质量评定。

（2）上道工序或上一单元工程未经检验或复核检验不合格，不得进行下道工序或下一单元工程施工。

4. 工程计量付款签证

（1）承包人按合同要求完成相应部位的工程施工后，应按合同要求每月 22 日前填写工程计量报表，并附详细支持性材料上报监理确认。

（2）未经监理机构签证的付款申请，发包人不应支付工程款。

5. 监理协调会议

（1）第一次工地会议。在合同项目开工令下达前举行，由总监理工程师与发包人的负责人联合主持，工程建设各方如发包人、承包人、设计、材料设备供应商等应派主要负责人参加。会议主要内容包括：工程开工准备检查情况；介绍各方负责人及授权代表和授权内容；沟通有关工程的信息；进行监理工作交底。

（2）监理例会。每月 10 日、20 日、30 日上午 9 点，由监理主持召开参建各方负责人参加的旬例会。通报工程进展情况，检查上次监理例会中有关决定的执行情况，分析当前存在的问题，提出问题的解决方案或建议，明确会后应完成的任务，并形成会议纪要。

（3）监理专题会议。监理根据需要，主持召开监理专题会议，研究解决施工中出现的涉及施工质量、施工方案、施工进度、工程变更、索赔、争议等方面的专门问题。

（4）对监理主持的例会过程所决定涉及工程进度、变更、投资、安全等的重大事项，除形成会议纪要外，还应专门按相关要求额外行文明确，会议纪要不得作为执行的依据。

6. 施工现场紧急情况报告

（1）施工现场紧急情况包括：

1）施工现场出现重伤或死亡 1 人及 1 人以上的安全生产或非安全生产事故。

2）施工现场重大危险源出现险情或事故及险情可能危及至周边建筑或人身安全。

3）施工现场出现重大治安及刑事案件。

4）施工现场发生房屋倒塌、道路塌陷、爆炸事故。

5）施工现场发生有毒、有害气、液体泄漏，发生重大火灾。

6）施工现场发生重大传染病疫情。

（2）处理程序及措施。

1）现场发生紧急事故时，监理应立即按要求上报××水库建设管理局，不得迟报、漏报、瞒报。同时督促承包人按程序及时上报，并指示承包人按应急预案的要求积极组织现场救援，防止事态扩大。

2）项目部应在 24 小时内上报公司总部。

7. 工作报告制度

（1）监理每月 5 日前向发包人提交上月监理月报。

（2）根据工程的需要，编制监理工作专题报告。

（3）在工程各阶段验收时，按照《水利水电建设工程验收规程》（SL 223—2008）的要求向发包人提交监理工作报告。

（4）在监理工作结束后，提交监理工作总结报告。

（5）上述监理报告格式可参照《水利工程施工监理规范》（SL 288—2014）。

（6）上述监理报告须及时上报公司总部。

（九）监理人员守则及奖惩制度

1. 监理人员行为准则

遵章守纪 廉洁无私

恪守合同 公平公正

坚持原则 实事求是

团结协作 热情服务

2. 监理人员工作守则

（1）监理人员要不断加强职业道德修养，主动增强为输水工程建设服务的意识。

（2）熟练掌握合同文件和工程图纸，认真学习相关技术规范，按程序、标准进行监理工作。

（略）

3. 奖惩制度

（1）总则。（略）

（2）奖励评分标准（100分）。（略）

（3）惩罚评分规定（－100分）。（略）

（4）奖惩办法。（略）

二、工程质量控制

（一）质量控制内容

（1）督促承包人建立和健全质量保证体系，并监督其贯彻执行。

（2）审查承包人实验室情况，是否满足工程建设的需要。

（3）依据工程施工合同文件、设计文件、技术标准，对施工全过程进行检查，对重要部位、关键工序进行旁站监理。

（4）按照合同、技术标准、规范的规定，对承包人进场的工程设备、建筑材料、建构配件、中间产品进行跟踪检测和平行检测。

（5）按照水利工程有关规范、质量评定标准、规程及合同、设计文件等的要求，复核承包人自评的工程质量等级。

（6）审核承包人提出的工程质量缺陷处理方案，参与调查质量事故。

（二）质量控制原则

以单元工程为控制基础，以工序控制和过程跟踪为环节，以重要隐蔽工程和关键部位为控制重点，实行单元工程、分部工程、单位工程三级控制，实现事前预控、事中程控、事后终控；对影响工程质量的人、财、物、方法、环境等进行相应的监控；对重点、难点部位、关键项目实行跟踪监理。

（三）质量控制措施

1. 质量控制程序（略）

2. 质量控制依据和方法

（1）质量控制依据。

1) 国家颁布的有关质量方面的法律、法规:《中华人民共和国建筑法》《建设工程质量管理条例》《水利工程质量管理条例》。

2) 已经批复的《××水库工程初步设计》《××水库工程施工图纸》，以及施工过程中出具的设计变更及修改文件。

（略）

（2）质量控制点。

1) 工程测量放线质量控制内容。开工前严格审查并批准施工单位的控制测量设计、施工控制点以及测量人员的资质、仪器精度和率定情况，并定期进行施工控制网的复测。

2) 基础开挖质量控制内容。设计轮廓线尺寸、基础保护层开挖设计厚度，基础面处理质量（有无积水、积渣、杂物等），是否按设计要求进行了处理。

3) 混凝土工程质量控制内容。

a. 控制原材料的质量:审核水泥标号、钢材材质和品种是否符合施工合同规定，核验出厂合格证，复验报告及各项技术性能指标是否满足规定要求;审核砂的细度模数是否符合规定的质量技术要求;粗骨料的最大粒径和超逊径含量是否符合有关规定，粗骨料的质量技术指标是否满足规范要求;审核用于拌和养护混凝土的水质、外加剂等是否符合有关规定。

b. 控制施工工艺质量:审查施工方案能否指导工程施工、施工措施是否满足强制性条文规定，质量保证体系是否健全。

c. 混凝土浇筑:检查混凝土配合比试验报告以及混凝土的抗压、抗渗、抗冻等指标是否符合设计要求和有关规定;检查入仓混凝土坍落度的控制是否符合有关规定;检查是否按规定留足了混凝土试块;检查混凝土平仓、振捣是否符合规范要求和有关规定;检查混凝土表面防护及养护情况是否符合设计要求和有关规定;特别要加强对温度控制措施的监督与控制，包括加冰拌和、骨料冷却、出机温度、入仓温度、冷却水管敷设、流水养生和冬季保温等是否满足规范、设计要求和合同规定。

d. 平行检测、跟踪检测:严格按《水利工程施工监理规范》（SL 288—2014）中有关规定执行。

4) 砌石工程质量控制内容。

a. 控制原材料的质量:审核水泥品种、标号是否符合施工合同规定，核验出厂合格证，复验报告及各项指标是否满足规定要求;审核块石质量（抗压强度、尺寸形状）是否满足设计规定要求。

b. 控制施工工艺质量:审查施工方案能否指导工程施工，施工措施是否满足规定。

c. 砂浆填筑:检查砂浆配合比是否符合设计要求，砌筑施工时砂浆是否饱满，砂浆试块抗压强度是否满足设计要求。

d. 块石质量控制:块石的尺寸、材质要满足设计要求，砌筑质量严格控制，特别是上、下游砌（碎）石护坡的质量更要严格监控，监理将采取旁站措施控制质量，对不合格的部位坚决拆除重砌。

5）灌浆工程质量控制。（略）

6）金属结构制造与安装、机电设备安装质量控制。（略）

7）防渗墙施工质量控制。（略）

8）土坝坝体填筑质量控制内容。（略）

9）观测仪器埋设。（略）

以上具体控制要求详见各专业监理实施细则。

3. 旁站监理规划

根据监理合同及监理规范的有关规定，本工程需旁站的重要部位及关键工序：

（1）灌浆工程：接触灌浆、固结灌浆、帷幕灌浆施工过程中的注浆过程及压水检查试验。

（2）混凝土工程：混凝土浇筑工序。

（3）防渗墙工程：泥浆下混凝土浇筑、泥浆固化施工、墙段连接处施工。

（4）土石坝填筑工程：黏土心墙与防渗墙接触部位、左右连接段与黏土心墙接触部位。

（四）质量控制目标

争创优质工程，所监理的工程质量符合设计和规范要求，合格率达100%，单元工程质量全部合格，其中优良率控制在75%以上，重要隐蔽单元工程和关键部位单元工程质量优良率达90%以上；分部工程质量全部合格，优良率控制在80%以上，主要分部工程质量全部优良；单位工程质量全部合格，优良率控制在90%以上，主要单位工程全部优良；工程外观质量得分率控制在85%以上；工程项目施工质量优良。

三、工程进度控制

（一）进度控制内容

（1）依据施工合同约定的工期总目标、阶段性目标控制工程形象进度。

（2）依据控制性总进度计划审批承包人提交的施工进度计划，逐阶段审批年、月施工进度计划。

（略）

（二）工程进度控制原则

以发包人提出的控制性节点工期为依据，以工程项目的关键路线为主线，实现动态控制，促使工程建设实现合同工期。

（三）进度控制措施及程序

1. 进度控制措施

（1）编制描述实际施工进度状况和用于施工进度控制的各类图表，××水库工程网络图、各单项工程进度横道图。

（2）督促承包人做好施工组织管理，确保施工资源的投入，并按批准的施工进度计划实施。

（略）

2. 进度控制程序

（略）

四、工程投资控制

（一）投资控制内容

（1）工程量的计量支付审核。

（2）工程变更的计量与支付审核。

（3）工程索赔事件的审核。

（4）审核完工付款申请，签发完工付款证书。

（5）审核最终付款证书，签发最终付款证书。

（二）投资控制原则

监理工程师将以施工合同为依据，按监理合同要求做好工程计量、支付控制、审核、控制工程变更，对施工过程中潜在的索赔因素进行认真分析研究，协同业主做好索赔审核和反索赔工作，确保投资控制目标的实现。

（三）投资控制程序

（略）

（四）投资控制措施

（1）严格预算、测量、计算、统计、结算手续，坚决杜绝假报、虚报、冒领、提前结算、超结算等现象。首先，根据工程实际情况严格审查概预算，合理确定单价；根据设计图纸文件，复核计算设计工程量；通过仪器等测量手段，根据规程规范规定的允许范围，每月、每年对完成的工程量进行收方计量；根据测量、计算和统计结果对竣工图纸进行审查确认，确保工程款结算准确无误。

（2）审核施工组织设计和施工方案，合理开支施工措施费以及按合理工期组织施工。根据批准的施工总进度和承包合同价，协助业主编制投资控制性目标及各期的投资计划，并及时审查施工单位的月、季、年用款计划。

（3）做好承包商完成工程量的量测和复核工作。如在基础开挖前对实际地形进行测量，对设计量进行校核，有差别时及时通知设计及承包商，并报业主备案。

（略）

（五）投资控制目标

监理工程师将以承包合同价为基础，通过控制合同工程的工程计量和费用支付，协助业主实现工程投资控制的目标。

除重大设计变更外，所有合同工程的结算价款控制在合同价格以内，并力争有所节约。

除不可抗拒的自然力或国家政策的重大变化外，在整个施工期内避免大的合同索赔事件的发生。

五、安全生产监理工作

（1）督促承包人建立安全组织。工程项目开工前，要求承包人按施工合同文件规定，建立施工安全管理机构和施工安全保障体系。同时还应督促承包人设立专职施工安全管理人员，以全部工作时间用于施工过程中的安全检查、指导和管理，并及时向监理机构反馈施工作业中的安全事宜。施工单位负责人、项目经理、专职安全员必须持有安全生产考核合格证。

（2）严格审查施工组织设计中的有关施工安全措施，对下列达到一定规模的危险性较大的工程应当编制专项施工方案，并附具安全验算结果，经施工单位技术负责人签字以及总监理工程师核签后实施。

1）基坑支护与降水工程。

2）土方和石方开挖工程。

3）模板工程。

4）起重吊装工程。

5）脚手架工程。

6）拆除、爆破工程。

7）围堰工程。

8）其他危险性较大的工程。

（3）工程施工过程中，监理机构应对施工安全措施的执行情况进行经常性的检查，并经常督促施工单位对企业内部的管理人员进行安全生产教育。

（4）监理机构应根据工程建设合同文件规定和发包人授权，参加施工安全事故的调查并提出处理意见。

（5）汛期前，监理机构应协助发包人审查设计单位制定的防洪度汛方案标准和承包人编写的防洪度汛方案，协助发包人组织安全度汛大检查和做好安全度汛、防汛防灾工作。

六、合同管理

（一）变更的处理

（1）严格控制设计变更。

（2）经审查的确需工程变更，如在发包人范围内，可按规定程序发布变更指令；超越授权范围，应报经发包人批准后按规定程序发布变更指令。

（二）违约事件的处理

（1）按施工合同要求，及时提请双方，避免违约事件的发生。

（2）对于已发生的违约事件，依据施工合同判断违约责任及后果，督促、要求双方纠正、整改，避免不良后果扩大。

（三）索赔管理

（1）采取预防措施，尽量防范索赔事件的发生。

（2）以合同为依据，对各方履约情况进行监督、记录，做好信息管理工作，为索赔处理提供依据及证据材料。

（略）

（四）担保与保险审核

（1）根据施工合同约定，督促承包人办理各类担保，并审核承包人提交的担保证件；在签发预付款证书前，依据有关法律、法规及施工合同约定，审核预付款担保的有效性；工程预付款全部扣回时，督促发包人在约定的时间内退还工程预付款担保证件；签发保修责任终止证书后，督促发包人在施工合同约定时间内退还履约担保证件。

（2）督促承包人按施工合同约定的险种办理应由承包人投保的保险，并提交各项保险单副本；当承包人拒绝办理保险时，协助发包人代办理保险，并从支付给承包人的金额里扣除相应保险费；当承包人按施工合同约定办理了保险，其为履行合同义务所遭受的损失不能从承保人处获得足够金额时，监理接到承包人申请后，根据施工合同界定风险与责任，确认责任者或合理划分合同双方分担保险赔偿不足部分费用的比例。

（五）分包的管理（视施工合同约定的情况进行调整）

（1）审核承包人的分包申请是否在施工合同允许范围内，并报发包人批准。

（2）分包项目经发包人批准后，承包人与分包人签订了分包合同后，监理方批准分包人进入工地。

（3）分包项目的技术方案、开工申请、工程质量检验、工程变更和合同支付通过承包人申报。

（4）分包工程只有在承包人检验合格后，才可由承包人提交验收申请报告。

（六）清场与撤离的监理工作内容

（1）依据有关规定或施工合同约定，在签发工程移交证书前或保修期满前，监督承包人完成施工场地的清理，做好环境恢复工作。

（2）在工程移交证书颁发后的约定时间内，检查承包人在保修期内为完成尾工和修复缺陷应留在现场的人员、材料和施工设备情况，承包人其余人员、材料和施工设备按批准的计划退场。

七、协调工作

（1）坚持顾全工程项目建设的大局，以全面实现项目建设目标为协调工作的出发点。

（2）以事实为依据，以法律、法令、法规、合同为准则，坚持"实事求是，平等协商、公正合理"的原则，按照合同中规定的权利和责任，及时协调项目法人和承包商之间的关系，避免问题的累积。同时充分考虑合同中双方的利益。

（3）充分调动双方积极性，融洽双方关系。

（4）协调的形式将以会议协调为主。

八、工程质量评定与验收

（一）评定

（略）

（二）工程验收

（1）法人验收。

1）分部工程验收。

2）单位工程验收。

3）合同完工验收。

上述验收项目在承包人提交验收申请后，监理按照验收规程要求及合同的约定审核其是否具备验收条件，并根据发包人的授权，组织、参与、协助承包人进行工程验收。

（2）政府验收。

1）枢纽工程导（截）流验收。

2）水库下闸蓄水验收。

3）竣工验收（包括竣工技术预验收及竣工验收）。

监理将根据上述整体验收的计划安排，制备验收过程中需监理提交的材料，并派代表参加验收工作。

九、缺陷责任期监理工作

（1）保修期的起算及终止：监理在工程移交时，根据施工合同的约定，各项工程的保修期在工程移交证书中注明。本工程的保修期限为 2 年。

（2）督促承包人对已完工程项目中所存在的施工质量缺陷（因发包人使用或管理不周造成的除外）进行修复。

（3）在保修期满后仍有施工期的施工质量缺陷未修复，监理征得发包人同意后，决定延长保修期。

（4）保修期或延长保修期满后，在承包人提出保修期终止申请后，经监理检查已按合同约定完成全部工作并合格，签发工程项目保修责任终止证书。

（5）签发工程最终付款证书。

十、信息管理

（一）信息管理的主要内容

（1）核实、掌握施工现场的各种情况，详细记录与工程有关的各种活动，及时定向报告。

（2）按时编制、提交监理月报、年报（年度总结）及各类专题报告。

（略）

（二）向发包人提供的监理文件

1. 定期的信息文件——监理月报、年报

主要内容包括：

（1）本月（年）工程情况描述。

（2）工程质量控制情况。

（3）工程进度控制情况。

（4）工程投资控制情况。

（5）合同管理其他事项。包括本月（年）施工双方提出的问题、监理处理结果和工程分包、变更、索赔、争议等处理情况，以及对存在的问题采取的措施等。

（6）施工安全和环境保护。

（7）监理机构运行状况。

（8）本月（年）监理工作小结。

（9）下月（年）监理工作计划。

（10）本月（年）工程监理大事记。

（11）其他应提交的资料和说明事项等。

监理月（年）报格式详见《水利工程施工监理规范》（SL 288—2014）附表 E 中 JL32 表。

2. 不定期的监理文件

（1）监理简报，监理专题报告。

（2）工程优化设计、工程变更、施工进度、投资优化调整建议。

（3）工程实施过程中重要事件的报告。

3. 日常监理文件

（1）开（停、复、返）工令，许可证等。

（2）监理通知，协调会审纪要、监理工程师指令、指示，来往信函。

（3）会议纪要。

（4）监理工程师通知单、监理工作联系单。

（5）其他有关本工程的重要来往单等。

4. 工程竣工移交监理成果文件

（1）监理合同协议，监理大纲，监理规划、细则、采购方案、监造计划及批复文件。

（2）设备材料审核文件。

（3）施工进度、延长工期、索赔及付款报审材料。

（4）开（停、复、返）工令、许可证等。

（5）监理通知，协调会审纪要，监理工程师指令、指示，来往信函。

（6）工程材料监理检查、复检、实验记录、报告。

（7）监理日志、监理周（月、季、年）报、备忘录。

（8）各项控制、测量成果及复核文件。

（9）质量检测、抽查记录。

（10）施工质量检查分析评估、工程质量事故、施工安全事故等报告。

（11）工程进度计划实施的分析、统计文件。

（12）变更价格审查、支付审批、索赔处理文件。

（13）单元工程检查及开工（开仓）签证，工程分部分项质量认证、评估。

（14）主要材料及工程投资计划、完成报表。

（15）设备采购市场调查、考察报告。

（16）设备制造的检验计划和检验要求、检验记录及试验、分包单位资格报审表。

（17）原材料、零配件等的质量证明文件和检验报告。

（18）会议纪要。

（19）监理工程师通知单、监理工作联系单。

（20）有关设备质量事故处理及索赔文件。

（21）设备验收、交接文件，支付证书和设备制造结算审核文件。

（22）设备采购、监造工作总结。

（23）监理工作声像材料。

（24）其他有关的重要来往文件。

5. 移交监理档案份数

应移交 3 份。

6. 施工文件的管理

（1）承包人应依照工程承建合同规定和监理文件要求，报送或递交工程活动全过程的施工文件。施工文件的报送期限、内容、格式和细节应符合发包人和监理的要求。

（2）对于已经批准的施工文件，若因自然条件或施工发生重大变化，或必须对施工文件作实质性的变更，施工单位仍应按上述要求及时提出书面文件重新报监理审批。

（略）

7. 发包人指示或向发包人报送的文件

除非发包人另有指示或合同文件另有规定，则：

（1）承包人向发包人报送的施工文件都必须主送监理项目部，并经由监理项目部审核和转达。

（2）发包人关于工程项目施工主要意见和决策，都将通过监理项目部向承包人下达实施。

8. 监理文件的管理

（1）监理文件的送达时间以承包人授权部门与机构负责人或指定签收人的签收时间为准。

（2）承包人对收到的监理文件有异议，可于接到该监理文件的 7 天内（以施工合同的约定时间为准，并在实施前），向监理项目部提出确认或要求变更的申请。监理项目部在 7 天内对承包人提出的确认或变更要求作出书面回复，逾期未予回复表示监理部对原指令予以确认。

（略）

9. 文件清单及编码系统

（略）

十一、监理实施细则的编制计划

（一）拟定的监理实施细则

《××水库工程合同管理监理实施细则》

《××水库工程信息管理监理实施细则》

《××水库工程建材、试验监理实施细则》

《××水库工程土石方开挖监理实施细则》

《××水库工程填筑工程监理实施细则》

《××水库工程帷幕灌浆监理实施细则》

《××水库工程测量监理实施细则》

（二）编制工作计划（表 3-1）

表 3-1 监理实施细则编制计划

序号	监理实施细则内容	编制人/部门	审批人	完成时间
1	工程合同管理监理实施细则	技术组	总监理工程师	进场后 5 天
2	工程信息管理监理实施细则	技术组	总监理工程师	进场后 5 天
3	工程建材、试验监理实施细则	技术组	总监理工程师	进场后 5 天
4	工程测量监理实施细则	现场监理组	总监理工程师	开工前 7 天
5	土石方开挖监理实施细则	现场监理组	总监理工程师	施工前 7 天
6	工程填筑工程监理实施细则	现场监理组	总监理工程师	施工前 7 天
7	工程摆喷灌浆监理实施细则	现场监理组	总监理工程师	施工前 7 天

十二、说明

（1）本《监理规划》报经公司审批并报发包人备案后执行。

（2）本规划未尽事宜，将在合同执行期间不断补充完善。

注：本实例编写结合实际工程，由于目前执行《水利工程施工监理规范》（SL 288—2014），对有可能存在不当之处，仅供参考。

任务二 监理实施细则的编写

【任务布置模块】

3221

监理实施细则的编写

3222

监理实施细则的编写

学习任务

了解专业工作监理实施细则、校验和验收监理实施细则的主要内容；掌握专业工程监理实施细则及施工项目安全监理实施细则的内容；理解监理实施细则编写的依据及基本要求；掌握监理实施细则的编写要点。

能力目标

能读懂监理实施细则的内容及术语；能在工程师的指导下完成专业工程监理实施细则的编写工作。

【教学内容模块】

项目监理实施细则是在监理规划的基础上，根据项目实际情况，由监理工程师负责编制，并经总监理工程师批准，用以实施某一专业工程或专业工作监理的操作性文件。监理实施细则主要类型有：专业工程监理实施细则、专业工作监理实施细则、各种施工作业的安全监理实施细则及原材料、中间产品和工程设备进场校验和验收监理实施细则。

监理实施细则一般应按照施工进度要求在相应工程开始施工前，由专业监理工程师编制并经总监理工程师批准。

一、监理实施细则编写依据

（1）已批准的工程建设监理规划。

（2）相关的专业工程的标准、设计文件和有关的技术资料。

（3）施工组织设计。

二、监理实施细则编写要点

（1）在施工措施计划批准后、专业工程（或作业交叉特别复杂的专项工程）施工前或专业工作开始前，负责相应工作的监理工程师应组织相关专业监理人员编制监理实施细则，并报总监理工程师批准。

（2）监理实施细则应符合监理规划的基本要求，充分体现工程特点和监理合同约定的要求，结合工程项目的施工方法和专业特点，明确具体的控制措施、方法和要求，具有针对性、可行性和可操作性。

（3）监理实施细则应针对不同情况制订相应的对策和措施，突出监理工作的事前审批、事中监督和事后检验。

（4）监理实施细则可根据实际情况按进度、分阶段编制，但应注意前后的连续性、一致性。

（5）总监理工程师在审核监理实施细则时，应注意各专业监理实施细则间的衔接与配套，以组成系统、完整的监理实施细则体系。

（6）在监理实施细则条文中，应具体写明引用的规程、规范、标准及设计文件的名称、文号；文中涉及采用的报告、报表时，应写明报告、报表所采用的格式。

（7）在监理工作实施过程中，监理实施细则应根据实际情况进行补充、修改和完善。

三、监理实施细则的主要内容

1. 专业工程监理实施细则

专业工程主要指施工导（截）流工程、土石方明挖、地下洞室开挖、支护工程、钻孔和灌浆工程、地基及基础处理工程、土石方填筑工程、混凝土工程、砌体工程、疏浚及吹填工程、屋面和地面建筑工程、压力钢管制造和安装、钢结构的制作和安装、钢闸门及启闭机安装、预埋件埋设、机电设备安装、工程安全监测等，专业工程监理实施细则的编制应包括下列内容：

（1）适用范围。

（2）编制依据。

（3）专业工程特点。

（4）专业工程开工条件检查。

（5）现场监理工作内容、程序和控制要点。

（6）检查和检验项目、标准和工作要点。一般应包括：巡视检查要点；旁站监理的范围（包括部位和工序）、内容、控制要点和记录；检测项目、标准和检测要点，跟踪检测和平行检测的数量和要求。

（7）资料和质量评定工作要求。

（8）采用的表式清单。

2. 专业工作监理实施细则

专业工作主要指测量、地质、试验、检测（跟踪检测和平行检测）、施工图纸核查与签发、工程验收、计量支付、信息管理等工作，可根据专业工作特点单独编制。根据监理工作需要，也可增加有关专业工作的监理实施细则，如进度控制、变更、索赔等。专业工作监理实施细则的编制应包括下列内容：

（1）适用范围。

（2）编制依据。

（3）专业工作特点和控制要点。

（4）监理工作内容、技术要求和程序。

（5）采用的表式清单。

3. 施工项目安全监理实施细则

施工现场的临时用电和达到一定规模的基坑支护与降水工程、土方和石方开挖工程、模板工程、起重吊装工程、脚手架工程、爆破工程、围堰工程和其他危险性较大的工程应编制安全监理实施细则，安全监理实施细则应包括下列内容：

（1）适用范围。

（2）编制依据。

（3）施工安全特点。

（4）安全监理工作内容和控制要点。

（5）安全监理的方法和措施。

（6）安全检查记录和报表格式。

4. 校验和验收监理实施细则

原材料、中间产品和工程设备进场校验和验收监理实施细则，可根据各类原材料、中间产品和工程设备的各自特点单独编制，应包括下列内容：

（1）适用范围。

（2）编制依据。

（3）检查、检测、验收的特点。

（4）进场报验程序。

（5）原材料、中间产品检验的内容、技术指标、检验方法与要求。包括原材料、中间产品检验的内容和要求，检测项目、标准和检测要求，跟踪检测和平行检测的数量和要求。

（6）工程设备交货验收的内容和要求。

（7）检验资料和报告。

（8）采用的表式清单。

【工程案例模块】

3223 ①

监理实施细则
编写练习

在一个工程建设项目中，监理工程师将针对不同工作内容编制出相应监理实施细则，现仅以专业工程监理实施细则及专业工作监理实施细则为例进行介绍。

《××水库工程》土石方明挖工程监理实施细则

一、总则

（一）说明

本细则适用于××水库工程土石方明挖工程，其他土石方明挖工程项目，如采石料场、土料场开挖或开采等可参照执行。

（二）本细则编制依据

（1）《水工建筑物岩石基础开挖工程施工技术规范》（DL/T 5389—2007）。

（2）《水利水电工程施工测量规范》（SL 52—93）。

（3）《水利水电建设工程验收规程》（SL 223—2008）。

（4）《爆破安全规程》（GB 6722—2014）。

（5）《水工建筑物地下开挖工程施工技术规范》（SL 378—2007）。

（6）《水利水电工程施工质量检验与评定规程》（SL 176—2007）。

（7）工程设计文件图纸和技术要求及其他设计文件。

（8）工程施工合同文件及监理合同文件。

二、施工准备工作监理

（1）承包人开工前14天，应向监理机构报送土石方工程施工措施计划，内容应包括：

1）开挖平面布置图、开挖分层分块图。

2）施工进度计划。

3）施工设备配置和劳动力安排。

4）施工组织、管理机构和现场施工、质检、试验、测量人员配备情况。

5）场内风、水、电供应措施。

6）主要开挖方法及开挖程序。

7）质量、安全及环保措施。

8）防汛及排水措施

9）岩石开挖的爆破设计及爆破试验计划。

（2）监理机构接到施工措施计划后7天之内批复给承包人，承包人接到批复后方可进行施工。

（3）在施工放样前7天，承包人应向监理机构报送"施工测量措施计划"，经批准后执行。同时，应完成施工测量控制网的加密工作，其成果报送监理机构进行审核。

（4）承包人在单位（或分部）工程开工前，应对项目施工区原始地形进行测量，其成果资料，包括平面图、断面图及测量纪录，应报监理机构审核。施测时监理将进行现场旁站，也可与承包人共同测量，并呈报业主备案。

（5）承包人在完成所有施工准备后，即可向监理机构提交《分部工程开工申请》报告。监理机构在接受承包人申请后，按照施工合同有关条款，对施工各项准备工作进行全面检查。当所有准备满足开工要求时，即可签发分部工程开工通知。

（6）如果承包人未能按期向监理机构报送上述文件，由此造成施工延误和其他损失由承包人承担合同责任。

（7）上述报送文件连同审签意见单一式8份，经承包人项目经理签署并加盖公章后报送。监理机构审阅后限时返回审签意见。

三、施工过程监理

（1）施工过程中，承包人应按报经批准的施工措施计划和施工技术规范按章作业、文明施工，加强质量和技术管理，做好原始资料的记录、整理。当发现作业效果不符合设计和施工技术规程、规范要求时，应及时修订施工措施计划或调整参数，报送监理机构批准后执行。

（2）在正式进行爆破施工作业前，应根据上报的爆破设计参数进行爆破试验，根据爆破试验结果，再行调整施工作业参数并上报监理审批，审批后的施工参数即为正式施工作业参数。

（3）施工过程中，承包人应随施工作业进展做好施工测量工作，包括下述内容：

1）根据设计图纸和施工控制网点进行测量放样，在施工过程中，及时测放、检查开挖断面及控制开挖面高程。

2）测绘开挖前后的地形、断面资料，如原始地面、开挖施工场地布置、土石方分界、竣工建基面等纵、横断面图。

3）土石方测量资料。

4）提供工程各阶段和完工后的土石方测量资料。

（4）为确保测量放样质量，避免造成重大失误和不应有的损失，监理机构可要求承包人在测量专业监理直接监督下进行对照检查与校测。但专业监理所进行的任何对照检查与校测，并不意味着可以减轻承包人对保证测量放样质量所应负的合同责任。

（5）岩石开挖过程中承包人应按照"三检制"要求，对爆破孔的放样测量、钻孔、装药，爆破网络连接、爆破震动监测、爆破质量等进行全过程的质量检查与控制，现场监理按照要求进行旁站及抽检，爆破各工序（放样、钻孔、装药、连线）验收合格，经承包人质检负责人签证并签发准爆证后方可爆破。

（6）承包人应坚持"安全生产、质量第一"的方针，建立健全质量保证体系，加强质量管理。施工过程中，坚持"三员"（施工员、安全员、质检员）到位和"三级"自检制度，确保工程质量。

（7）开挖应自上而下进行，某些部位如必须采用上下同时开挖方法作业，或按合同必须利用的开挖料，应采取有效的安全和技术措施，并于事先报送监理机构批准。

（8）施工过程中发现工程地质、水文地质条件变化或其他实际条件与设计条件不符时，承包人应及时将有关资料报送监理机构。

（9）当发生边坡滑塌，或观测资料表明边坡处于危险状态时，承包人应：

1）及时向监理机构报告并采取相应的防范措施，防止事故或事态范围的扩大和延伸。

2）记录事故或事态的发生、发展过程和处理经过，并及时报送监理机构。

3）会同发包人、设计、地质、监理查明原因，及时提出处理措施，报监理机构批准后执行。

（10）施工过程中，承包人若：不按批准的施工措施计划实施，或违反国家有关技术规范、爆破安全规程和劳动保护条例施工，或不按规定的路线、场区出渣、弃渣、进行有用料堆存，或因不当排污造成对环境的污染，或其他违反工程承建合同文件的情况，监理机构有权采取口头违规警告、书面违规警告，直至返工、停工整改等方式予以制止，由此造成的一切经济损失和合同责任，均由承包人承担。

（11）基础和岸坡开挖完成后，承包人应及时完成施工区域的测量工作，并依照合同文件规定或按监理机构的指示，给地质编录、现场测试等工作创造工作环境。

四、施工质量控制

（1）开挖轮廓应满足下列要求：

1）符合施工详图所示的开口线、坡度和高程的要求。

2）如某些部位按施工详图开挖后，仍有岩石不能满足稳定、强度要求，或设计要求有变更时，承包人必须按监理机构、发包人、设计单位商定的要求，继续开挖到位。

3）最终开挖超、欠挖值满足规范要求；坡度不得陡于设计坡度。

（2）除非监理机构另有指示，凡是需采用钻爆法开挖的周边爆破，均应沿设计开挖轮廓面采用预裂爆破和光面爆破。如果岩坡坡度较缓，不具备或不能进行沿开挖轮廓面钻孔时，则应采用预留斜面保护层开挖方法。

（3）预裂爆破和光面爆破效果，除其开挖质量应符合相应单元工程质量检验标准外，还应符合下列要求：

1）在开挖轮廓面上，残留炮孔痕迹均匀分布。残留炮孔痕迹保存率，对于较完整岩体应达到80％以上，对于节理较发育岩体应达到50％以上，对于节理发育岩体应达到10％～50％。

2）相邻两炮孔间岩石不平整度不应大于15cm，炮孔壁不应有明显的爆破裂痕。

（4）对于开挖完成的岩基建基面和坡面应进行清理和整修，并达到下述要求：

1）岩面无松动岩块、小块悬挂体及爆破影响裂隙。

2）建基面及坡面的风化、破碎、软弱夹层和其他有害岩脉按设计要求进行了处理。

3）开挖坡面稳定，无松动岩块且不陡于设计边坡。

4）岩面轮廓无反坡，陡坎顶部应削成钝角或圆滑状。

（5）整修不得造成岩体进一步坡滑和损坏，整修后开挖面的起伏差一般不应超过20cm。

（6）爆破震动需按下列要求控制。

1）在建筑物附近，距每个建筑物最近点半径为60cm处测得的质点速度不得超过100mm/s，在半径30cm处测得的质点峰值速度不得超过50mm/s。

2）对浇筑不到 24 小时的混凝土或灌注不到 24 小时的灌浆，不应在 30m 内进行爆破。

3）混凝土浇筑或灌浆不足 72 小时，在混凝土面测得的最大质点速度不得超过 25mm/s。

4）除以上情况外，爆破震动质点震速应符合设计及规范要求。

（7）对于在外界环境作用下极易风化、软化和冻结的软弱基岩层面，若其上部建筑物暂时未能施工覆盖时，应按设计文件和合同技术规范要求进行保护处理。

（8）边坡开挖完成后，应及时进行保护。对于高边坡或岩体可能失稳的边坡应按合同或设计文件规定进行边坡稳定监测，以便及时判断边坡的稳定情况和采取必要的加固措施。

五、工程验收

（1）基础验收时，承包人应提供（但不限于）以下资料：

1）基础竣工地形图（图上应标明建筑物实际基面的平面位置、分块缝和重要的基础埋件位置）。

2）与施工详图同位置、同比例的基础竣工纵、横剖面图。在开挖中有变化的部位应增测剖面图。

3）基础竣工地质报告及主要工程照片。

4）基础施工测量技术报告（应包括：建筑物实测坐标、高程与设计坐标、高程比较表等有关资料的说明）。

5）基础竣工报告（主要反映与施工质量有关的开挖爆破基础处理及质量评价）。

6）开挖施工报告（主要包括施工过程、施工技术、工程变更、施工违规、违约情况、工期、质量、合同支付情况等）。

7）开挖设计图纸及设计文件（包括修改图、修改通知和设计变更文件或此类图纸、文件的文图号）。

8）施工原始记录资料应整编成册。

9）其他必须准备报送的材料与资料。

（2）单元工程验收时，提供的资料可适当简化。

六、工程计量与支付

（1）土方明挖的计量和支付应按不同工程项目以及施工图纸所示的不同区域和不同高程分别列相，以立方米为单位计量，并按《工程量清单》中各相应项目的每立方米单价进行计量和支付。

（2）石方开挖按下列办法进行计量与支付：

1）若按发包人要求将表土覆盖层和石方分别开挖时，应以现场实际的地形和断面测量成果，分别以每立方米为单位，计算表土覆盖层和石方明挖工程量，分别按《工程量清单》所列项目的每立方米单价支付。

2）若按发包人不要求对表土覆盖层和石方分别开挖时，其土石方开挖的支付应以现场实际的地形和断面测量成果，经监理机构对地形测量和地质情况进行鉴定后确定的土石方比例，以每立方米为单位计量，并分别按《工程量清单》所列项目的土方和石方的每立方米单价进行计量和支付。

（3）土方开挖中，超出支付线的任何超挖工程量的费用均已包括在《工程量清单》所列工程量的每立方米单价中，发包人不再另行支付。

（4）除施工图纸中标明或监理机构指定作为永久性的排水工程的设施外，一切为土石方明挖所需的临时性排水费用（包括排水设备的采购、安装、运行和维修等），均已包括在《工程量清单》相应开挖项目的单价中，不单独列项支付。

（5）除合同另有规定外，承包人对土料场或砂砾料场进行复核和复勘的费用以及取样试验的所需费用，均已包括在《工程量清单》各开挖项目的每立方米单价中。

（6）以上规定若与标的合同不符时，以标的合同为准。

任务三　监理报告的编写

【任务布置模块】

学习任务
了解监理报告的几种主要类型及内容特点；理解监理报告编写的主要要求。

能力目标
能读懂监理报告的内容及术语；能在教师的指导下完成监理月报的编制工作。

3231

监理报告的
编写

3232

监理报告的
编写

【教学内容模块】

监理报告是建设单位、监理工程师、施工单位之间的表格或报告的总称。这是监理工程师执行管理监督工作的主要工具。监理报告的形式常用的有：监理工程师与施工单位之间来往表格，这类表格在"三大控制"中用得较多；月（季）进度报告，这是由项目总监理工程师编制，报送建设单位，反映工程状况和监理工程师的工作情况；内部报告，由项目监理班子内部使用的下级向上级的报告，如监理工程师编制的周报或月报；特别技术报告，由监理工程师向建设单位就专项技术问题提供人的报告；其他报告，如施工单位的索赔报告、事故报告、监理工程师的财务报告等；最后综合报告，也称监理工作总结报告，这是用于工程完成时，由总监理工程师向建设单位汇报工程的全面监理情况。本教材着重讲解的是由监理工程师编写或发出的几类重要监理报告。

一、监理月报

监理月报是由总监理工程师组织编制，送交建设单位，以便建设单位了解工程的全面状况，进而及时做出有关决策和计划。监理月报应真实反映工程现状和监理工作情况，做到数据准确、重点突出、语言简练，并附必要的图表和照片。

（1）本月工程施工概况（对本月施工内容的概括性描述）。

（2）工程质量控制情况。包括本月工程质量状况及影响因素分析、工程质量问题处理过程及采取的控制措施等。

（3）工程进度控制情况。包括本月施工资源投入、实际进度与计划进度比较、对进度完成情况的分析、存在的问题及采取的措施等。

（4）工程资金控制情况。包括本月工程计量、工程款支付情况及分析，本月合同支付中存在的问题及采取的措施等。

（5）施工安全监理情况。包括本月施工安全措施执行情况、安全事故及处理情况等。

（6）文明施工监理情况。包括本月工地文明施工相关措施执行情况，施工环境维护情况及对出现问题所采取的措施等。

（7）合同管理的其他工作情况。包括本月施工合同双方提出的问题、监理机构的答复意见以及工程分包、变更、索赔、争议等处理情况，对存在的问题采取的措施等。

（8）监理机构运行状况。包括本月监理机构的人员及设施、设备情况，尚需发包人提供的条件或解决的情况等。

（9）监理工作小结。包括对本月工程质量、进度、计量与支付、合同管理其他事项、施工安全、监理机构运行状况的综合评价。

（10）存在问题及有关建议。

（11）下月工作安排。包括监理工作重点，在质量、进度、投资、合同其他事项和施工安全等方面需采取的预控措施等。

（12）监理大事记。

（13）附表（合同完成额月统计表、工程质量评定月统计表、工程质量平行检测试验月统计表、变更月统计表、监理发文月统计表、监理收文月统计表）。

二、监理专题报告

监理专题报告是用于汇报专题事件情况并建议解决的或对专题事件处理实施情况的报告。其中，用于汇报专题事件实施情况的监理专题报告主要包括下列内容：

（1）事件描述。

（2）事件分析。包括事件发生的原因及责任分析、事件对工程质量影响分析、事件对施工进度影响分析、事件对工程资金影响分析、事件对工程安全影响分析。

（3）事件处理。包括承包人对事件处理的意见、发包人对事件处理的意见、设代机构对事件处理的意见、其他单位或部门对事件处理的意见、监理机构对事件处理的意见、事件最后处理方案或结果（如果为中期报告，应描述截至目前事件处理的现状）。

（4）对策与措施（为避免此类事件再次发生或其他影响合同目标实现事件的发生，监理机构的意见和建议）。

（5）其他（其他应提交的资料和说明事项等）。

三、监理验收工作报告

当某一单位工程验收时，监理机构应按规定在验收工作开始前提交相应的监理工作报告。

（1）工程概况。包括工程特性、合同目标、工程项目组成等。

（2）监理规划。包括监理制度的建立、监理机构的设置与主要工作人员、检测采用的方法和主要设备等。

（3）监理过程。包括监理合同履行情况和监理过程情况。

（4）监理效果。包括质量控制监理工作成效、进度控制监理工作成效、资金控制监理工作成效、施工安全监理工作成效、文明施工监理工作成效。

（5）工程评价。

（6）经验与建议。

（7）附件。包括监理机构的设置与主要工作人员情况表、工程建设监理大事记。

四、监理工作总结报告

监理工作结束后，监理单位应向建设单位提交一份反映监理单位履行委托监理合同、监理实际效果和业绩的总结性材料的报告，即项目监理工作总结报告。其主要内容包括：

（1）监理工程项目概况（包括工程特性、合同目标、工程项目组成等）。

（2）监理工作综述（包括监理机构设置与主要工作人员，监理工作内容、程序、方法，监理设备情况等）。

（3）监理规划执行、修订情况的总结评价。

（4）监理合同履行情况和监理过程情况简述。

（5）对质量控制的监理工作成效进行综合评价。

（6）对投资控制的监理工作成效进行综合评价。

（7）对施工进度控制的监理工作成效进行综合评价。

（8）对施工安全与环境保护监理工作成效进行综合评价。

（9）经验与建议。

（10）工程建设监理大事记。

（11）其他需要说明或报告事项。

（12）其他应提交的资料和说明事项等。

五、监理报告编写的注意事项

（1）在施工监理实施过程中，由监理机构提交的监理报告包括监理月报、监理专题报告、监理工作报告和监理工作总结报告。

（2）监理月报应全面反映当月的监理工作情况，编制周期与支付周期同步，在下月的 5 日前发出。

（3）监理专题报告针对施工监理中某项特定的专题撰写。专题事件持续时间较长时，监理机构可提交关于该专题事件的中期报告。

（4）在各类工程验收时，监理机构应按规定提交相应的监理工作报告。监理工作报告应在验收工作开始前完成。

（5）总监理工程师应负责组织编制监理报告，审核后签字盖章。

（6）监理报告应真实反映工程或事件状况、监理工作情况，做到内容全面、重点突出、语言简练、数据准确，并附必要的图表和照片。

3233 ⑤

监理报告编写练习

231

【工程案例模块】

案例一：监理月报编写样板

监理月报

（××监理〔201×〕月报05号）

201×年 第5期

201×年9月26日至201×年10月31日

程 名 称：××河水利枢纽工程
发 包 人：××自治县××河水利枢纽建设局
监 理 机 构：××水利工程建设监理有限公司××河水利枢纽工程监理部
总监理工程师：×××
日 期：201× 年 10 月 31 日

分页

目 录

（以上1～12项内容略）

附表1　　　　　　　　　　　　合同完成额月统计表

（××监理〔2015〕完成统 005 号）

标段	序号	项目编号	一级项目	合同金额/元	截至上月末累计完成额/元	截至上月末累计完成额比例/%	本月完成额/元	截至本月末累计完成额/元	截至本月末累计完成额比例/%
××河水利枢纽工程	1	1	建筑工程	89556635.18	3766	37.15	4395771.7	37663850.7	42.05
	2	3	金属结构	6884700	623304	9			
	3	4	临时工程	2212047.69	133477.3	6.03			
	4	5	环保	286773.26	46724.73	16.3			
	5	6	水保	1789280.4	12253.41	0.68			
	6	7	措施费	300000	201900	67.3			

监理机构：××水利工程建设监理有限公司

××河水利枢纽工程监理部

总监理工程师/监理工程师：××

日期：201×年10月28日

说明：1. 本表一式____份，由监理机构填写。

　　　2. 本表中的项目编号是指合同工程量清单的项目编号。

分页

附表2　　　　　　　　　　　工程质量评定月统计表

序号	标段名称	单位工程				分部工程				单元工程				备注
		合同工程单位工程个数	本月评定个数	截至本月末累计评定个数	截至本月末累计评定比例	合同工程分部工程个数	本月评定个数	截至本月末累计评定个数	截至本月末累计评定比例	合同工程单元工程个数	本月评定个数	截至本月末累计评定个数	截至本月末累计评定比例	
1	××河水利枢纽工程	5	0	0	0%	45	4	16	35.6%	1531	38	308	20.1%	

监理机构：××水利工程建设监理有限公司

××河水利枢纽工程监理部

总监理工程师/监理工程师：××

日期：201×年10月28日

说明：本表一式____份，由监理机构填写。

（监理〔 〕评定统 号）

附表3　　　　　工程质量平行检测试验月统计表

（××监理〔201×〕平行统 006 号）

标段	序号	单位工程名称及编号	工程部位	平行检测日期	平行检测内容	检测结果	检测机构
××河水利枢纽工程	1	拦河坝工程（编号Ⅰ）	右岸10～16号挡水坝段混凝土浇筑	10月9日	混凝土的抗压及抗冻强度	合格	××工程质量检测中心
	2	水电站厂房工程（编号Ⅲ）	1号机组水工部分混凝土浇筑	10月10日	混凝土的抗压及抗渗强度	合格	××工程质量检测中心
	3	（以下略）					
	4						

　　　　　　　　　　　　监理机构：××水利工程建设监理有限公司

　　　　　　　　　　　　　　　　××河水利枢纽工程监理部

　　　　　　　　　　　　总监理工程师/监理工程师：××

　　　　　　　　　　　　日期：201×年 10 月 28 日

说明：本表一式____份，由监理机构填写。

分页

附表4　　　　　　　　　变更月统计表

（××监理〔201×〕变更统 005 号）

标段	序号	变更项目名称/编号	变更文件、图号	变更内容	价格变化	工期影响	实施情况	备注
××河水利枢纽工程	1	拦河坝工程12号坝基础石方开挖	变更申请报告	因地质原因，需加深对该部位的石方开挖	4744.00 元	2天	按期完成	
	2	（以下略）						
	3							

　　　　　　　　　　　　监理机构：××水利工程建设监理有限公司

　　　　　　　　　　　　　　　　××河水利枢纽工程监理部

　　　　　　　　　　　　总监理工程师/监理工程师：××

　　　　　　　　　　　　日期：201×年 10 月 28 日

说明：本表一式____份，由监理机构填写。

附表 5

监理发文月统计表

（监理〔　　　〕发文统　号）

标段	序号	文号	文件名称	发送单位	抄送单位	签发日期	备注
××河水利枢纽工程	1	（××监理〔201×〕报告 009 号）	监理报告	××建设有限公司××河水利枢纽工程项目经理部	××自治县××河水利枢纽建设局	10 月 18 日	
	2	（以下略）					
	3						

监理机构：××水利工程建设监理有限公司
××河水利枢纽工程监理部
总监理工程师/监理工程师：××
日期：201× 年 10 月 28 日

说明：本表一式＿＿份，由监理机构填写。

———————————————————————— ▶分页

附表 6

监理收文月统计表

（××监理〔201×〕收文统 004 号）

标段	序号	文号	文件名称	发文单位	发文日期	收文日期	处理责任人	处理结果	备注
××河水利枢纽工程	1	（××建设〔201×〕变更 01 号）	变更申请报告	××建设有限公司××河水利枢纽工程项目经理部	201× 年 10 月 8 日	201× 年 10 月 9 日	××	查收	
	2	（以下略）							
	3								

监理机构：××水利工程建设监理有限公司
××河水利枢纽工程监理部
总监理工程师/监理工程师：××
日期：201× 年 10 月 28 日

说明：本表一式＿＿份，由监理机构填写。

案例二：监理专题报告编写样板

JL07

监　理　报　告

（××监理〔201×〕报告 009 号）

合同名称：××河水利枢纽工程　　　　　　　　　　　　　合同编号：×××××××

监理机构：××水利工程建设监理有限公司××河水利枢纽工程监理部

致：（发包人）××自治县××河水利枢纽工程建设局

　　事由：施工单位报送的施工技术方案申报表。编号（××建设项目部〔201×〕技案例 88 号）即××河水利枢纽工程厂区后边坡截水天沟施工方案。

　　报告内容：经审查，××河水利枢纽工程厂区后边坡截水天沟施工方案比较合理，同意该支护方案。

　　可否请指示。

　　　　　　　　　　　　　　　　　　　　　　　　监理机构：（全称及盖章）××水利工程建设监理有限公司

　　　　　　　　　　　　　　　　　　　　　　　　　　　　　××河水利枢纽工程监理部

　　　　　　　　　　　　　　　　　　　　　　　　总监理工程师：（签名）××

　　　　　　　　　　　　　　　　　　　　　　　　日期：201×年 10 月 15 日

就贵方报告事宜答复如下：干砌石施工应严防门石滚落，保证施工安全！

　　　　　　　　　　　　　　　　　　　　　　　发包人：（全称及盖章）××自治县××河水利枢纽工程建设局

　　　　　　　　　　　　　　　　　　　　　　　负责人：（签名）××

　　　　　　　　　　　　　　　　　　　　　　　日期：201×年 10 月 16 日

说明：1. 本表一式＿＿＿份，由监理机构填写，发包人批复后留 1 份，退回监理机构 2 份。

　　　2. 本表可用于监理机构认为需报请发包人批示的各项事宜。

附件：1. 施工技术方案申报表（略）

　　　2. ××河水利枢纽工程厂区后边坡截水天沟施工方案（略）

案例三：监理工作总结报告编写实例

×××水利工程监理工作报告

一、工程概况（略）

二、监理规划

为使监理工作规范化，××监理有限公司标后成立了××水利工程项目监理部，全面履行监理合同所赋予的职责和义务。在工程项目承包人进场后于××年××月进驻工地，全面开展建设监理工作。为搞好工程的施工监理工作，完成工程建设监理任务，确保合同目标的实现，针对本工程的特点，依据国家关于工程建设管理的有关规定、规范、规程、合同文件，监理部编制了《××工程建设监理规划》《××工程监理实施细则》，制定了工作制度和管理制度，明确了监理工作程序、工作制度和工作方法。

（一）监理主要依据（略）

（二）监理组织机构设置

根据××工程建设管理局与××监理有限公司签写的监理委托合同，××监理有限公司组建了××监理有限公司××工程项目监理部（简称监理部），监理部实行总监理工程师负责制。监理工作的组织形式为直线制式，按照施工作业标段设置驻地监理组，在总监理工程师的统一领导下开展工作，监理人员实行动态管理，根据施工阶段及时调整相应专业监理人员，以满足施工现场监理工作的需要。监理部人员实行总监理工程师、监理工程师、监理员三级管理。

监理部由1名总监理工程师、2名副总监理工程师、10名监理工程师及10名监理员组成。

（三）监理目标

监理工程师将对工程项目的目标分解到单元工程、分部工程、单位工程中去。通过目标动态管理达到以下目标。

1. 工期目标

达到施工承包合同的总工期要求。

2. 工程质量目标

（1）监理服务率100%符合建设监理法律要求。

（2）合同履约率100%。

（3）监理责任事故为0。

（4）客户满意率达到90%，并逐年提高。

3. 投资控制目标

工程造价按施工承包合同总价进行控制，控制工程投资在批准的概算内完成，力争节约。通过严格控制防范索赔、实施合理化建议等，有效降低工程成本。

（四）监理工作制度

监理工作制度是监理工作的保证，是抓好投资控制、进度控制、质量控制的前提，为合同管理和信息管理提供了重要依据，因此要严格遵守执行。监理工作制度包括下列内容：

(1) 技术文件审核、审批制度。

(2) 原材料、构配件和工程设备检验制度。

(3) 工程开工批准制度。

(4) 监督检查施工单位质量、安全保证体系的建立健全和运转情况的制度。

(5) 工程质量检验制度。

(6) 会议制度。

(7) 施工现场紧急情况报告制度。

(8) 工程计量付款签证制度。

(9) 工作报告制度。

(10) 工程验收制度。

(五) 监理工作方法

(1) 现场记录。

(2) 书面指令文件手段。

(3) 旁站监理。

(4) 巡视检查。

(5) 跟踪检测。

(6) 平行检测。

(7) 质量认证制。

(8) 规范工作程序。

(9) 坚持审核制原则。

(10) 协调。

(六) 检测采用的设备和方法

1. 主要检测设备

发包人委托××水利工程质量检测中心为第三方实验室，监理对各承包人原材料、中间产品的检测试验，均送往××水利工程质量检测中心站进行检测。监理部配备的检测设备有拓普康全站仪、混凝土回弹仪、混凝土坍落度筒、米尺、天平等。对于承包人的所有检测设备和仪器，监理部要求必须定期进行率定和校正，以保证设备仪器始终处于良好的工作状态，使之测量的结果合理、准确。

2. 检测采用的方法

监理质量检查是监理过程控制及单元工程质量等级核定的必要手段，它贯穿于工程施工全过程，是确保原始数据公正、准确、独立与及时，且给工程一个公正、客观评价的依据。质量检查采用监理随机抽查或与施工单位有关技术人员进行联合测试，主要采用的方法有如下三种：

(1) 外观检查。包括观察、目测和手摸检查，如基础清理与处理。

(2) 量测检查。重点检查护砌边坡、铺料厚度、宽度、建筑物的尺寸、强度等。

(3) 材料试验与工程质量抽样检验。采用试验设备进行抽检，如混凝土强度等项目的检查。

三、监理过程

（一）工程质量控制

质量控制是监理工作的核心工作之一，质量控制实行质量负责制，要求监理工程师严格按施工监理程序进行监理，加强事前控制和事中控制，对工程质量检查要全面、具体，对影响工程质量的每个工序要仔细检查，把好工程检查、验收关。

1. 编制监理细则，强化监理程序

质量控制是监理工作的重要任务之一。为此，监理部根据有关施工规范、规程、设计文件、工程质量评定及验收规程等。编制了该工程施工阶段监理实施细则，制订了开工、原材料及半成品质量签认、现场设备签认、工程质量控制流程、隐蔽工程及分部工程签认、工程质量事故处理、工程停工复工及计量支付等监理工作程序，进行了单位工程、分部工程、单元工程项目划分，统一了工程用表，在工程实施过程中，使质量控制有章可循。

2. 审查施工组织设计、施工方案和施工计划

施工组织设计和施工方案是施工单位按照有关程序和规范要求开展施工的有力保证，是控制施工随意性的重要文件。为此，监理部要求施工单位及时报送施工文件和施工方案，并着重审查其施工程序、工艺、方案，以及对工程质量、施工工期和工程支付的影响。通过严格执行合同规范，促进了承包方的质量意识，确保了工程质量目标的实现。

3. 完善施工质量保证体系

监理部重点审查施工质量管理组织机构、质量保障措施、人员资质，督促施工单位建立健全质量保证体系，建立三级检验制度，成立工地实验室，制订各项规章制度，明确专（兼）职质检机构与人员，检查质量检测程序、手段、方法是否合理，仪器、设备能否满足要求。

4. 组织学习，加强质量横向比较，提高质量管理意识和水平

在施工过程中，要求项目部加强施工质量横向比较，提高施工单位的质量管理意识和水平。施工单位通常仅进行纵向比较，即施工质量以其完成并通过验收的工程为标准。为克服承包方的自满心态，提高质量控制意识和水平，多次组织承包方相互学习交流，取长补短，进行工程质量比较，以此来提高工程质量。

5. 认真熟悉图纸、做好技术交底

工程设计图纸是工程项目的法律性文件，是工程施工的依据。监理部在收到图纸后，认真掌握、熟悉图纸，做好图纸会审，加盖监理部章后，作为监理工程师图纸，交付承包方使用。施工前，组织设计交底会议，如发现问题或对设计意图不明白，请现场设计人员进行设计交底或解释，确保工程顺利实施。施工中，如承包方要求对设计方案作局部修改或优化，需提出书面申请交监理工程师审查，并经建管处批准后，由设计单位编写设计变更通知单或工程变更单，再由监理工程师签发给承包方执行。

6. 施工过程管理

质量控制实行以"单元工程为基础，工序控制为手段"的标准化、程序化管理。单元工程质量检测实行承包方自检、监理抽检双控制度。承包方首先必须对工序质

量进行自检，并及时报验有关资料，监理工程师现场检查，对达不到质量要求或设计标准的，要及时进行调整或返工处理。对符合设计及有关规范要求的，现场监理工程师及时对其核定，并签字认可，方可进行下道工序施工，在施工过程中，监理人员在现场不断巡视检查、旁站监理或现场监督，对重点部位及薄弱环节（工序），则采用现场旁站的办法，确保了工程质量达到预期目标。

7. 施工质量检验及验收

工程质量的检查验收是检验工程是否达到设计要求和规程、规范要求质量标准的必要手段，也是工程质量等级评定的重要依据。每个单元工程或重要工序开工前，要求承包方必有自检合格后，报送自检资料，提出验收申请。监理部在收到各种验收资料后，首先按规范和图纸要求进行核对和审查，并现场进行复验检查，验收合格进入下一道工序，不合格重新处理，再行验收，直到合格为止，然后再核定工序或单元工程质量等级。对隐蔽工程或重要工程部位，由监理部组织建管处、设计单位、施工单位和监理单位等有关人员到现场进行联合检验，这样既保证了工程质量和工程安全，又保证验收资料的真实性和可靠性。

施工阶段是形成工程质量的关键环节，监理部全体工作人员把施工质量控制作为实施项目监理的中心任务，依据合同约定，严格按照规范、技术标准和合同文件，对工程质量进行控制。目标是控制工程质量全部合格，争创优良工程。

监理部进驻工地后，立即组织全体监理人员认真学习国家《建设工程质量管理条例》和水利部《水利工程质量管理规定》等各种施工规范，提高工程质量意识，牢固树立"质量重于泰山，安全高于一切"的思想，坚持"预防为主、防检结合"的方针，明确各自的岗位职责。督促承包人建立全面质量保证体系，同时建立监理内部的质量管理体系，确保监理目标的实现。

工程开工后，各个工程项目、各个施工工序，都严格按照要求进行施工，最终达到总体质量优良的目标。在工程施工过程中，建立和健全质量控制体系，并在监理工作过程中不断改进和完善。监理机构监督承包人建立和健全质量保证体系，并监督其贯彻执行。按照有关工程建设标准和强制性条文及施工合同约定，对所有施工质量活动有关的人员、材料、工程设备和施工设备、施工工法和施工环境进行监督和控制，按照事前审批、事中监督和事后检验等监理工作环节控制工程质量。按有关规定或施工合同约定，核查承包人现场检验设施、人员、技术等情况。

对承包人从事施工、安全、质检、材料等岗位和施工设备操作等需要持证上岗的人员的资格进行验证和认可。对不称职或违章人员，要求承包人暂停或禁止其在本工程中工作。

对本工程的原材料、中间产品等进行严格控制，坚持先检验后使用的原则，对主材生产厂家和进货渠道，主要选择国家正规厂家和厂家直销产品。本期主要的水泥、砂、石子、块石的选择，首先对材料的外观质量进行检查，送到发包人委托的××水利工程质量检测中心站实验室对材料进行质量复检，质量复检合格后，监理工程师签字认可后投入使用，每批次规格的材料都要逐一复检，以确保使用材料达到国家规定的标准。

对施工控制网进行监测，对控制网点、基础开挖高程、断面尺寸等在施工单位完成测量后进行复测，确保高程断面尺寸无误。对测量成果进行签认，必要时参加联合测量，共同签认测量成果。在施工过程中，工程任何部分的位置、高程、尺寸均应在误差范围内。采用测量、试验、旁站监理、跟踪检测、平等检测的方法进行质量控制。

施工过程中，从工序质量控制开始，实行工序签证制，每道施工工序完工后，承包单位首先进行"三检"，合格后填写单元工程施工质量报验单，报监理工程师审核，监理人员通过检查试验合格后，方可进行下道工序施工。对工程的重点部位、关键工序及隐蔽工程，均设立质量控制点，实行旁站监理，确保项目工程质量始终处于监控之下。

（二）工程进度控制

进度控制是建设监理工作三大目标之一，直接影响工程投资效益的发挥，监理部采用了主动控制与动态控制相结合的方法，围绕进度控制目标，进行监督、管理，从而使得整体工程顺利完工。

1. 审批施工单位编制的工程进度计划

督促施工单位按合同技术条款规定的内容和时限，编制施工总进度计划，明确施工方法、施工场地、道路利用的时间和范围，以及机械需用计划、主要材料需求计划、劳动力计划等，并督促施工单位根据本工程特点和难点，对总进度计划进行合理分解，以保证其可操作性。依据总进度计划，把单位工程施工进度分解为月、周进度计划进行控制，每周、每月检查施工进展，发现问题及时解决，确保了施工进度阶段性控制目标的实现。

进度控制的重点是监理工程师对报送的实施进度计划进行审查。监理部从人力、资金、设备、技术方案及相关工序的影响上重点审查其逻辑关系、施工程序、资源的均衡投入及施工进度安排对施工质量和合同工期目标的影响等方面。将批准的施工总进度计划作为控制合同进度计划、合同工程进度的依据，并找出关键路线及阶段性控制点，作为进度控制的工作重点来抓。

2. 督促施工单位进场、适时发布开工令

按照合同要求，监理部积极督促施工单位及时调遣人员、设备、材料进入工地，并现场检查进场施工机械设备的型号、数量、规格性能及工作状况等指标是否满足工程需要，对不能满足工程需要的机械设备，要求施工单位及时加大工作力度，立即更换或增加设备，及时签发开工令。

3. 施工进度的监督、分析与调整

在合同实施过程中，为了解工程进展情况，监理工程师随时监督、检查和分析施工单位的月、周施工进度作业状况；监理工程师每日到施工现场实地检查进度执行情况，做好监理日志；另外监理部现场定期与不定期召开有关进度方面的生产协调会，获得现场信息，从中了解施工中潜在的问题，以便及时采取相应的措施。对这些获取的数据进度必要的处理和汇总，将工程实际进展与原计划进度进行比较，从而对施工现状及未来进度动向加以分析和预测，及时进行调整，使工程形象进度满足控制性总进度计划的要求。

4. 加强施工组织协调

监理部积极协助、参与业主单位进行的组织协调工作。排除征迁工作、施工干扰等不利因素对正常施工造成的影响，为施工单位创造较好的外部环境，促进了工程进展。

（三）工程投资控制

投资控制是整个工程建设项目最重要的组成之一，是保证整个工程顺利实施、按期完工及投资目标实现的关键。根据合同规定，对施工单位采用按实际完成工程量逐月结算。每月由施工单位提出工程结算申请，经监理部审核签证、报业主批准支付，这是协助项目法人控制资金使用的有效措施。

本工程主要以单价承包形式为主，施工中出现的合同外项目、设计优化，引起工程量与投资的变化，都要调查研究、认真核实、提出处理意见，报项目法人核定。因此，在投资控制工作中，坚持"承包合同为依据，单元工程为基础，施工质量为保证，量测核定为手段"的支付原则，严格按合同支付结算程序执行，经过大量认真细致的工作，工程投资等到了有效的控制。具体做法如下：

1. 掌握招投标文件，加强合同管理，编制合同支付监理工作程序

本工程通过招标的方式与施工单位签订的合同主要部分是单价承包合同，环境条件的变化可能导致工程漏项和设计优化，因此在施工中的投资控制不仅有合同内项目的投资控制，还有新增项目的投资控制。监理部介入工程后，即组织有关人员研究招投标文件的详细内容，如工程概况、主要材料供应情况、中标标书各项费率等。在认真熟悉招投标文件及有关合同文件之后，编制合同支付监理工作程序，使投资控制有据可依。这些都直接关系到以后工程费用的计量和支付问题，为后续投资控制打下良好基础。

2. 严格控制计量支付

工程计量按合同文件和施工测量规范要求，由建设单位、设计单位、监理部及施工单位进行联合测量，确定单价项目工程量。施工单位将测量成果报监理部审核，建设单位核准后，以此作为工程计量和价款结算的依据。

投标书工程量报价表中所列的工程量，不能作为合同支付结算的工程量。施工单位申报支付结算的工程量，应为监理工程师验收合格、单元工程分类进行量测与度量。对图纸中不能确定的项目，则要进行现场量测。对凡未按设计要求施工完成，或开工、检验等签证手段不全，或施工质量不合格，或合同文件规定业主不另行予以支付的项目，一律不予计量支付。

3. 设计变更

施工过程中由于现场情况的变化，对部分工程内容进行优化。监理部本着对工程安全和工程质量负责的态度，严格按照工程变更程序进行工程变更处理。首先，监理收集有关工程的详细资料，结合工程施工特点和施工条件，审核变更的必要性、可能性及工程投资的影响，通过技术经济比较后，及时将有关情况反馈给建管处和设计单位，并提出合理化建议。

在工作中，对确定过的变更需要调整合同价格时，按以下原则确定其单价或合价：①工程量清单中有适用于变更工作的项目时，应采用该项目的单价或合价；②工程量清单中无适用于变更工作的项目时，则可在合理的范围内参考类似项目的单价或合价执行；③如果没有相似的项目，由施工单位按国家定额编报预算，报监理审核，并经发包人审核同意后确定单价。

4. 合同外项目处理

因各种原因出现的合同外工程，依据相关文件、会议纪要，按照监理程序要求，由施工单位提出实施方案和费用预算，经监理部审核、业主单位批准后实施。实际发生的费用由施工单位提出费用申请，监理部审核、业主单位核定后予以支付。

5. 技术是控制项目投资的有效手段

在施工图及施工技术方案的审查中，充分注意技术方案的选择问题。由于施工技术方案直接关系到投资，故对认为有可能进一步优化的工程项目，要求施工方提供多个施工方案，监理对提出的方案进行技术经济分析，选取那些技术上可行、安全可靠、投资较省的方案。

6. 投资分析

在工程施工过程中，监理工程师既要考虑到投资的控制，又要考虑投资对项目实施的影响，在符合合同条款规定的前提下，从有利于工程进度的角度出发，监理部在工程支付中及时按合同规定审核各阶段的支付申请，开具支付证书。同时，监理工程师定期进行投资实际值与目标值的比较，通过这个形象、直观的比较发现并抽出实际支出额与投资控制目标之间的偏差，然后分析产生偏差的原因，并采取有效措施加以控制，以保证合同投资目标的实现，使投资控制有有效地促进项目进度按计划完成，使工程进度款成为促进工程进度、确保进度完成的有力手段。

投资控制原则：依据合同约定，承包人提交的资金流计划；发包人编制的合同项目的付款计划；根据工程实际进展，严格控制投资。

投资控制总目标：确保工程投资控制在批准的投资规模内，力争节约；依据施工合同，建立投资控制目标体系，使投资控制在概算以内。

投资控制内容：对合同付款情况进行分析，提出资金流调整意见；审核工程付款申请，签发付款证书；根据施工合同约定进行价格调整；根据授权处理工程变更所引起的工程费用变化事宜；根据授权处理合同索赔中的费用问题；审核付款申请，签发付款证书；审核最终付款申请，签发最终付款证书。本期工程中，监理部规定每月25日为工程款结算日，承包人结算时，按监理规范规定的格式向监理工程师递交工程月付款申请表，本期工程采用单价方式承包，工程结算按实际完成的工程量进行申报，工程月进度付款以当月实际完成的工程量乘以合同单价。每次结算时，按照招标文件专用合同条款约定，扣留结算金额的5%作为保留金，待保修期满后退还给承包人。工程月付款申请表经监理工程师审核签认后，由总监理工程师签字并向建管局签发月进度付款支付证书，建管局工程管理科、质量安全科、财务部、主管局长签字后同意支付后，建管局财务部将工程款支付给承包人。

投资控制的措施：首先严格控制工程计量，包括经监理工程师签认，并符合施工合同约定或发包人同意工程变更项目的工程量及计日工；经质量检验合格的工程量；承包人实际完成的并按施工合同有关计量规定计量的工程量。其次对付款申请的审查，只有计量结果被认可，监理机构方可受理承包人提交的付款申请。承包人应按照规范的表格式样，在施工合同约定的期限内填报付款申请报表。然后监理机构在接到承包人付款申请后，在施工合同约定的时间内完成审核。因承包人申请资料不全或不符合要求，造成付款证书签证延误，由承包人承担责任。

在施工过程中，由于设计修改而增加了投标报价中没有的工程项目时，由承包人依照设计修改通知单，根据有关水利工程定额及取费标准编报增加项目的工程单价，经监理工程师审核签证和建管局计划合同部审批后形成合同的补充文件，作为工程价款结算的依据。

总之，在工程结算方面，监理部本着公正、公平、科学、合理的原则，尽力使建设资金合理利用。

（四）安全生产、文明施工

（1）督促施工单位建立健全安全保障体系和安全管理规章制度，设立安全管理机构和专职安全员，对职工进行施工安全教育和培训，对施工组织设计和单项工程安全生产措施进行审查。

（2）施工过程中，监督检查施工单位执行施工安全法律、法规和工程建设强制性标准及安全措施情况，发现不安全因素和安全隐患时，及时指示施工单位采取有效措施予以整改。

（3）检查现场施工人员的安全管理状况，如安全纪律、施工公告牌、安全标示牌、安全标语牌及场区排水、材料、构配件堆放是否存在安全隐患等。审查各种施工机械机具的安全操作措施，要求操作人员必须持证上岗，并监督其组织实施。

（4）每年汛前督促施工单位编报度汛方案和防汛预案，并对其审查，对防汛、度汛组织机构和准备情况进行检查。

（五）环境保护

（1）督促施工单位在施工过程中，严格遵守国家有关环境保护的法规及规定，并按照施工合同的要求编制施工环境管理和保护方案，对落实情况进行检查。

（2）督促施工单位严格按批准的弃渣规划进行有序堆放、处理和利用，防止做生意弃渣造成环境污染、影响河道行洪安全及对下游居民安全构成威胁。

（3）监督施工单位避免对施工区域的植物和建筑物等进行破坏，对施工中开挖的边坡及时进行防护和做好排水措施，并对受到破坏的植被及时采取恢复措施。

（4）施工单位要积极采用先进设备和技术，加强对噪声、粉尘、废水、废气的控制和治理，并要求达到有关规范、规定的要求，将对附近居民和周围环境的影响降到最低。

（5）要求施工单位保持施工区和生活区环境卫生，及时清除垃圾和废弃物并运至指定地点进行处理。

（6）工程完工后，督促施工单位按施工合同约定拆除施工临时设施，清理场地，做好环境恢复工作。

（六）合同管理

在本工程施工过程中，合同管理是监理工作的核心任务之一，它和技术管理互为补充，构成了监理工作不可分割的两大部分。合同管理工作的成败，直接关系到监理工程师能否进行有效的技术管理，直接关系到监理工作的成败。监理工程师在学习合同、熟悉合同、准确理解合同的前提下，认真履行各自监理职责，做到两个"一"，即"一切按程序办事，一切凭数据说话"，抓住计量与支付这一核心，认真解决好工程变更，充分利用工地会议这一必要手段，对工程合同进行较好的管理。

工地会议是建设单位、设计单位、监理单位、施工单位就合同执行过程中所出现的各类问题进行相互交流、讨论、研究、解决的重要方式，也是监理工程师进行技术管理和合同管理不可缺少的必要手段。在工地会议上，监理工程师可全面了解施工单位的合同执行情况，并可就执行过程中出现的一些合同管理问题向施工单件提出询问和发出指示。由于工地会议一般都要形成书面会议纪要，这也成为合同执行过程中的重要书面文件，从而解决了合同管理中的一些问题。

在工程开工前，监理部组织监理人员认真学习合同文件，逐条分析合同条款，为合同管理打好基础，各标段进场准备后，监理部按合同规定，首先检查合同双方的工作准备情况：检查承包人的进场人员、施工设备、临时设施、进场材料检验、施工放样等，以及发包人提供的现场施工条件等。当工程准备工作达到合同要求，具备开工条件后，总监理工程师签发开工令。

在工程施工过程中，当现场实际情况与设计图纸发生偏差时，监理部及时组织建管局、设计单位及有关单位现场察看，根据实际情况由设计单位作出设计变更，经建管局认可后，由监理部审查向承包人发布变更通知，交承包人实施。没有监理人指示，承包人不得擅自变更。

（七）信息管理

信息是监理工作实施控制的基础、是决策的依据和协调各有关单位的重要媒介。为了更好地进行"三控制"及促进工程施工合同的全面履行，进一步促进工程信息及时传递、反馈与处理的标准化、规范化、程序化和数据化并确保工程档案的完整、准确、系统和有效利用，监理部制定了工程资料管理办法，在掌握大量信息的基础上，充分发挥监理的协调作用，使参建各方有机地组织起来，发挥了他们在工程项目中的各自作用。

监理部将档案工作纳入工程建设的全过程，选派专人进行档案管理工作。建立工程资料处理制度，包括收文、发文制度，严格按照收发文处理流程进行收发文；工程档案必须做到完整、准确、系统，并做到字迹清楚、图面整洁、装订整齐、签字手续完备；做到及时对信息文件进行收集、整理、维护。监理月报、监理通知、监理日记、会议纪要、投资支付一览表、支付计算成果、工程量复核成果等，这些信息均在计算机内有备份，可随时查阅、分析和运用。在施工过程中定期对施工单位资料的归档情况进行监督、检查，保证工程资料的准确性、真实性。

信息管理是监理工程师管理工作的基础、作出监理决策的依据、协调各参建单位的重要媒介。监理信息的主要来源是参建各单位的来往文件、现场意见交流、监理日记、协调会议纪要等渠道，主要包括以下内容：

（1）图纸：按照合同文件规定，图纸由设计单位提供，交发包人经监理工程师审查、签字生效、编号、登录、存档。

（2）设计变更通知：编号、登录、存档。

（3）基本资料：设计文件、国家有关法规、项目审批文件、合同文件、各种技术规范、各种工作手册、监理单位内部制定的文件等均建立资料档案。

（4）收文：参建各方来文在收文簿上进行登记，内容包括来文单位、题目、主要内容、收到时间等。

（5）发文：向施工单位出示的函件、通知、指令等，按规定拟稿、校核、审查、签订、打字、校对送文，各类发文编号存档。

（6）现场检验资料：试验资料、观测资料要整理归档，分门别类整理成册，后集中管理。

（7）工程照片：包括形象面貌的质量事故，拍照时应专门登记说明拍摄时间、拍摄人员等，拍摄后及时冲洗，分类编排加注文字说明，归档保存。

本期监理部收集和整理的工程资料：工程的单元、分部及单位验收资料，监理日记、监理大事记、会议纪要、监理月报、监理通知、监理部组织召开的各种会议记录、监理部下达的各种指令、监理工程师与承包人、建管局的发文、收文、承包人上报的各种报表及提交的各种试验资料。

监理部对收集到的各种信息资料：按投资、进度、质量等科目进行分类管理，并用计算机进行辅助处理，以文字或表格形式分盒存放。为了搞好监理信息资料的管理，监理日记主要由监理员记录，内容包括工程项目名称、日期、天气情况、施工区域及内容、投入施工的人员及机械设备情况、现场施工及验收情况、质量问题及处理情况等。

（八）组织协调

妥善处理与项目法人、设计单位、施工单位的关系，做好协调工作是监理工作的一项主要内容。要使工程顺利实施，必须要求项目法人、设计单位、监理单位、施工单位四位一体密切配合，而监理单位从中要做大量的协调工作，在严格执行合同的前提下，结合工程的实际情况灵活处理好各方关系。

在与项目法人关系上，受项目法人的委托，对合同进行综合管理，工作中监理工程师应本着对项目法人负责，严格履行合同的宗旨。在与设计单位的关系上，工作中充分尊重设计意见，支持设计代表的工作，督促施工单位按合同、设计图纸和有关规程规范施工。对有关各方及施工单件提出的合理化建议引起的设计变更，按设计审核权限与设计方面协商处理。在与施工单位关系上，监理是受项目法人委托，代表对其工程全过程实行全面监督管理，因而在工作中既要维护合同的严肃性，督促施工单位按合同条款保质保量按期完成施工项目，又要实事求是地处理好合同变更和协调解决有关技术等问题。

监理部始终坚持"守法、诚信、公正、科学"的工作准则，正确处理与参建各方的关系，既维护业主的利益，又保护施工单位的合法权益；建立参建各方协调处理工作制度，协助发包人定期或不定期地召开工程调度会、专题研究会、设计交底会、情况汇报会和工程分析会。始终以合同文件为依据，根据合同文件中规定的各方的责任与权利，实事求是地处理项目法人和施工单位的争议。

在工程施工过程中，当地乡镇村组等部分农民，由于征地补偿、移民等问题，多次以各种非正常的方式干扰工程施工，使工程不能正常施工，监理部与建设、施工等单位通过多次协调、化解矛盾，避免了大量的纠纷，使工程能够顺利地完成。

四、质量控制

（一）质量控制监理工作成效

在工程质量控制上，监理部在施工单位"三检制"基础上，采取跟踪检测、平行检测、旁站等手段，严格按照施工监理程序，加强事前、事中控制，对工程质量全面认真检查、严格把关，依据有关质量评定与验收规程、标准进行质量评定，工程质量得到较好的控制。

根据《水利水电工程施工质量检验与评定规程》（SL 176—2007）有关项目划分的原则，结合本期工程的设计标准及工程特点、工程各部位特征和施工因素，拟定单位、分部、单元工程划分意见，并上报××水利水电工程建设质量监测监督站，经质监站批准后，监理部下发到各施工单位执行。

根据××水利工程项目划分，共划分为35个单位工程。根据《水利水电工程施工质量检验与评定规程》（SL 176—2007）、《水利水电工程单元工程施工质量验收评定标准—堤防工程》（SL 634—2012），对完成的工程进行质量评定。根据《水利水电建设工程验收规程》（SL 233—2008），编写《单位工程验收鉴定书》《监理工作报告》。

单位工程验收小组成员通过现场查看，听取有关单位汇报、查阅施工资料，一致认为××水利工程项目已按设计标准完成，工程质量满足有关规范、规程和设计要求，施工中未发生过任何质量事故，资料齐全，同意通过单位工程验收。

经验收的35个单位工程，有20个被评为优良，优良率57.1%。

（二）进度控制监理工作成效

工程进度控制是监理工作"三控制"的中心环节。工程正式开工以前，监理部以监理通知的形式要求施工单位以总工期为目标，倒排工期，做出较详细的施工组织设计、施工总进度计划，并上报监理部。监理部将施工单位报来的施工组织设计经过认真分析研究和修改以后，再下发到施工单位，要求严格按照批复控制施工进度，并以此作为投资、进度和准备原材料的依据。这样，在监理工程师的督促检查帮助下，各标段都按照施工计划圆满完成各自的施工任务。

本监理工期目标：工期总目标为××年××月开工，××年××月底全部竣工，并具备工程验收条件。

（三）投资控制监理工作成效

在投资控制方面，通过对地形断面进行联合测量，对各项工程量依据设计图纸和测量原始断面进行计算复核，严格执行合同支付结算程序，本着客观、公正和实事求是的原则，处理合同外项目，工程投资得到较好控制。本监理标段××水利工程项目施工承包合同价款为××××元，竣工决算金额为××××元。

（四）施工安全监理工作成效

在施工过程中，对基坑施工围护、脚手架搭设方案等施工单位提交的施工组织设计和专项方案进行审查，执行《危险性较大工程安全专项施工方案编制及专家认证审查办法》对施工单位的安全技术交底情况进行检查。

（五）文明施工监理工作成效

认真学习环境保护法规，积极开展"整理、整顿、清理、清洁和护养"活动。建立健全文明施工的标准、规定、教育培训、考核记录、文明施工活动记录等文明管理制度。把工地施工期间所需的物资和机械设备在空间上合理布置，实现人与物、人与场所、物与物之间的最佳结合，使施工现场秩序化、标准化、规范化、体现文明施工水平。监理部要求所有施工单位明确工作纪律，严禁与当地群众发生冲突，爱护群众的庄稼和财产，不损坏群众的利益，配合当地政府搞好社会治安和精神文明创建。

在合同规定的施工活动范围内的植物、树林等都做到了尽力保护，对施工期间破坏的植被都进行了恢复。施工期间生活污水和生产废水按监理部要求有组织排入指定的污水坑内，生活垃圾运到指定的地方进行处理。开挖弃渣、生产废渣、杂物运到指定的弃渣场，并在场区内经常洒水养护，防止路面尘土飞扬。在工程完工后，及时拆除临时设施，清理场地，农民的耕地都及时移交给当地群众进行了复耕，工程范围的裸面都及时进行了种草和植树，较好地保护了环境。

五、工程评价

（一）工程设计方面

设计单位能按施工计划要求提交设计图纸，在建管局、监理部的组织下，进行技术交底和图纸会审。项目负责人经常到现场、设计代表经常驻现场，对隐蔽工程、关键部位进行验收检查，提出指导性意见，并对现场的与施工图纸不符合的设计内容进行满足工程施工的优化变更，使工程施工更好地进行。

（二）工程质量方面

在参建各方的努力下，本工程项目35个单位工程，有20个单位工程被评为优良，优良率57.1%。

（三）工程进度方面

工期总目标为××××年××月开工，××××年××月底全部竣工，并具备工程验收条件。由于堤防加固工程涉及市、县、乡、村多层次当地政府的移民征地拆迁、设计变更等不确定因素，土建、金属结构、电气等存在交叉作业，经工程参建单位的共同努力，克服施工外部环境复杂等不利因素的影响，××××年××月底工程基本完成。

六、经验与建议

在××水利工程项目监理工作的实施过程中监理部本着"公正、科学、诚信、守法"的原则，正确处理参建各方的关系，最大限度地维护业主的利益，保护承包人的合法权益，从而保证了工程的顺利完成。

在本项目监理实施过程中，监理部按照合同条款，严格执行国家有关法律和行政法规文件，水利水电工程建设有关规程、规范、和相关规定，工程已批准的设计文件、图纸、技术说明、设计变更通知、会议纪要及其他补充文件等技术文件，凭借多年从事监理工程的实践经验，在工作中积极与业主、施工、设计、管理、质量监督等单位进行密切配合，实现了"三控制""三管理""一协调"的监理工作目标。建设过程中没有发生工程质量事故和安全事故，35个单位工程有20个单位工程被评定为优良，优良率57.1%。投资控制合理，实现了监理目标。

（一）经验

（1）建管单位的理解和支持是搞好监理工作的基础。建管单位充分尊重监理的意见，维护监理的威信，支持监理工作，为监理工作的顺利开展奠定了良好的基础。同时，建管单位健全的质量管理体系为工程建设的顺利实施提供了切实可行的保障。

（2）设计单位完善的设计确保了工程的顺利实施。设计单位首先提供了较为完善的施工图纸，工程实施中多次深入工地解决施工中存在的问题，参建单位提出的合理化建议设计单位都能够积极采纳。施工中派驻的设计代表能够及时、准确地处理现场问题。所有这些都确保了工程项目的顺利实施。

（3）地方政府的支持是工程顺利实施的保证。本工程位于市区且临近××市主要交通要道，施工中既要保证施工进度、质量，同时更为重要的是保证施工安全，确保不出现安全事故。施工期间得到了××市民和各级政府的大力支持。地方政府发挥团结治水的精神，正确处理地方与工程建设的关系，确保了工程正常实施。

（4）承包单位支持配合监理的工作是共同做好工程的关键。施工中监理积极主动为建设单位当好参谋，为承包单位搞好服务。承包单位积极配合监理的工作，监理的指示都能得到较好的执行，监理也配合承包单位的施工，双方共同努力确保了工程建设质量。

（5）监理单位高度的职业责任心和派出的精干队伍。监理工程师着眼于"理"和"服务"。"理"即以理来协调关系，相互理解，尊重事实，以理服人，合情合理。"服务"的双重性，即在为业主提供高水平专业服务的同时，也为施工单位在技术和施工组织管理上出谋划策，帮助施工单位解决在施工过程中遇到的困难和问题。

（6）安全生产、文明施工是保障。在建管局的领导下，监理部非常重视安全生产和文明工地建设，开工前，督促施工单位建立健全安全保证体系、组织制度。在施工过程中，定期开展安全生产教育，多次进行安全生产和文明工地建设检查，对发现的安全隐患及时提出，并立即整改。正是建管局和监理部对安全生产工作常抓不懈，因此在施工中，未出现任何安全事故，为工程建设奠定了良好的基础。

（二）建议

为便于今后更好地开展工作，通过基本工程项目的监理，有以下几点建议：

（1）业主在工程招标时，要实地考察承包人的实力，选择施工技术力量好的，满足工程承包能力的单位，以确保按要求施工。

（2）开工前，发包人应尽可能做好前期征地拆迁工作，协调好当地群众的关系，为按期开工创造条件，以保证按时完成工程施工，使早日投入使用。

（3）工程项目设计时要尽量详细、切合实际，以免施工时新增、变更项目，特别是重大变更等引起合同变更，不仅增加合同管理难度，而且影响工程施工进度；开工前期及时做好技术交底，让建设、监理、施工等参建单位能了解设计意图、要点和施工难点，特别是让现场施工技术人员理解图纸是十分必要的；施工过程中针对图纸中的"错、漏、碰、缺"现场施工及地质条件变化等情况，及时组织设计部门作出变更、优化设计。通过设计变更，进一步完善了施工图设计。

（4）监理工作人员要不断地掌握工程全面进展的信息，并及时报告驻地监理工程师，以使监理工程师能熟悉工程的各个部分，监理人员要经常不间断地巡查工程，并记录下工程进展及详细情况和与工程有关的情况。为了使监理人员具有一定的技术专长，应加强对人员的培训和再教育，历经磨炼才能具有丰富的经验，优秀的监理人员能及时发现和纠正承包商的错误，减轻监理部的工作压力，发包人更要支持他们的工作，维护他们的威信，以利监理工作的顺利开展。

七、附件

（一）监理机构设置与主要工作人员情况表

（1）监理机构设置。（略）

（2）主要工作人员情况表。（略）

（二）监理工作大事记（略）

任务四　监理日志的编写

【任务布置模块】

3241

监理日志的编写

学习任务

了解监理日志的作用与特点；明确监理日志的类型与区别；掌握监理日志的内容及要求。

能力目标

能在教师的指导下完成专业监理日志的编写工作。

3242 ▶

监理日志的编写

【教学内容模块】

监理日志是项目监理部日常记录，它动态地反映出所监理工程的实际施工全貌和监理部工作成效。监理日志也是工程实施过程中监理工作的原始记录和最真实的工作依据，是执行监理委托合同、编制监理竣工文件和处理索赔、延期、变更的重要资料，也是分析工程质量问题的重要的、最原始、最可靠的材料，是工程监理档案的最基本的组成部分。监理日志填写前要做好相关信息的收集工作，填写时用词要简洁达意、书写清楚工整。

监理日志并非监理日记，监理日记是参与现场监理的每位监理人员对施工现场的工作记录，日记中应记录每天作业的重大决定、对施工单位的指示或协商、发生的纠纷及解决的办法、与施工单位的口头协议、工程师对下级的指示、工程进度或问题等。

一、监理日志分类与填写

（1）监理日志可分为项目监理日志和专业监理日志，每个工程项目必须设项目监理日志，对于专业不复杂的工程项目，由项目总监理工程师确定，亦可取消专业监理日志，只设项目监理日志。

（2）专业监理日志和项目监理日志不分层次，平行记载并归档。

（3）专业监理日志由专业监理工程师填写，定期由项目总监理工程师审阅并逐日签字；项目监理日志可与主要专业（如土建专业）监理日志合并，由项目总监理工程师或项目总监理工程师指定专人当日填写，项目总监理工程师每日签阅。

二、专业监理日志记录内容

（一）日期及气象情况

记录当天日期、气温及天气情况（分上午、下午及晚上）。主要包括当日最高、最低气温；当日降雨（雪）量；当天的风力。

气候条件不仅影响工程进度而且也影响工程质量，因此要详细记录气候情况。

（二）施工工作情况

1. 施工进度情况

记录当天施工部位、施工内容、施工进度、施工班组及作业人数、施工投入使用的机械设备数量、名称。施工进度除应记录本日开始的施工内容、正在施工的内容及结束的施工内容外，还应记录留置试块的编号（与施工部位对应）。重要的隐蔽工程验收、施工试验、检测等应予摘要记录，以备检索。若发生施工延期或暂停施工应说明原因。要深入施工现场对每天的进度计划进行跟踪检查，检查施工单位各项资源的投入和施工组织情况并详细记录进监理日志。

2. 建筑材料情况

记录当天建筑材料（含构配件、设备）进场情况，填写材料（含构配件、设备）名称、规格型号、数量、产地、所用部位、取样送检委托单号、试验合格与否（补填）、验证情况、不合格材料处理等。对进场的原材料应详细记入监理日志。需要进行见证取样的，应及时取样送检，并将取样数量、部位及取样送检人记录清楚。

3. 施工机械情况

记录当天施工机械运转情况，填写机械名称、规格型号、数量及机械运转是否正常，若出现异常，应注明原因。

（三）本专业监理工作情况

（1）现场质量（安全）问题的发现和处理。监理人员应做好旁站、巡视和平行检验等现场工作。现场监理工作要深入、细致，这样才能及时发现问题、解决问题，监理人员应在当天现场检查工作结束后，按不同施工部位、不同工序进行分类整理，并按时间顺序记录当日主要监理工作及监理在现场发现及监理预见到的问题，并应逐条记录监理所采取的措施及处理结果，对于当日没有结果的问题，应在以后的监理日志中得到明确反映。

（2）当日收发文号、收发文的主题以及重要文件的内容摘要，包括收到的各方要求、请示来文和当日签发的监理指令（如指令单、通知单、联系单）、监理报表（各种施工单位报审表及监理签证等），并应逐一说明监理落实处理上述收发文的情况。

（3）有关会议纪要及工程变更及洽商摘要。

（4）本专业重要监理事件的记录。

（5）其他事宜。

三、项目监理日志记录内容

（一）日期及气象情况

记录当天日期、气温及天气情况（分上午、下午及晚上）。

（二）项目施工工作情况

记录主要专业相应施工工作情况。

（三）项目监理工作情况

（1）与项目监理日志合并的主要专业监理工作情况，内容可比照专业监理日志中相应要求填写。

（2）专业监理日志所未记载的收发文。

（3）涉及整个项目的会议及工地洽商等，项目监理日志应予记载。

（4）专业监理日志所未记载的综合性监理事件，对于重大监理事件，应予详细记载。

（5）其他事宜。

四、监理日志记录注意事项

（1）准确记录日期、气象情况。有些监理日志往往只记录时间，而忽视气象记录，其实气象情况与工程质量有直接关系。因此，监理日志除写明日期，还应详细记录当日气象情况（包括气温、晴、雨、雪、风力等天气情况）及因天气原因而延误的工期情况。

（2）做好现场巡查，真实、准确、全面地记录工程相关问题。监理人员在书写监理日记之前，必须做好现场巡查，增加巡查次数，提高巡查质量，巡查结束后按不同专业、不同施工部位进行分类整理，最后工整地书写监理日记，并做记录人的签名工作。记录监理日记时，要真实、准确、全面地反映与工程相关的一切问题（包括"三控制""三管理""一协调"）。

（3）监理日志应注意监理事件的"关闭"。监理人员在记监理日志时，往往只记录工程存在的问题，而没有记录问题的解决，从而存在"缺口"。发现问题是监理人员经验和观察力的表现，而解决问题是监理人员能力和水平的体现，是监理的价值所在。在监理工作中，并不只是发现问题，更重要的是怎样科学合理地解决问题。所以监理日记要记录好发现的问题、解决的方法以及整改的过程和程度。所以，监理日志应记录所发现的问题、采取的措施及整改的过程和效果，使监理事件圆满"闭合"。

（4）监理日志记录后，要及时交项目总监理工程师审阅，以便及时沟通和了解，从而促进监理工作正常有序地开展。

3243 ①

监理日志编写
练习

【工程案例模块】

监理日志填写样例：

监 理 日 志

×× 年 ×× 月 ×× 日至 ×× 年 ×× 月 ×× 日

合 同 名 称：×× 工程建设监理合同

合 同 编 号：××

发 包 人：×× 水库管理局

承 包 人：×× 水利水电建设有限公司

监 理 机 构：×× 水电咨询中心

监 理 工 程 师：××

监 理 日 志

（监理〔201×〕日志 002 号）

填写人：×× 日 期：201×年 10 月 9 日

天气	气温	18℃	风力	5级	风向	西北
施工部位、施工内容、施工形象及资源投入（人员、原材料、中间产品、工程设备和施工设备动态）	1标段：标段大坝充填灌浆 0+025～0+045，大坝充填灌浆已完成 67％；DJ－250 钻机 1 台、泥浆机 1 台，运行正常，设备完好，施工人员齐全，组织有序。 2标段：上游坝坡干砌石施工、下游坝坡浆砌石排水沟施工、坝顶放浪墙浆砌石施工，上游坝坡干砌石完成 71％；下游坝坡浆砌石排水沟完成 65％；坝顶防浪墙浆砌石完成 64％；砂浆搅拌机 2 台、装载机 2 台，运行正常，设备完好，施工人员齐全，组织有序。					
承包人质量检验和安全作业情况	1标段：能够保证"三检制"的执行，相关质检人员及记录满足质量控制要求。操作人员及现场施工人员佩戴安全帽并遵守安全操作规程。 2标段：能够保证"三检制"的执行，相关质检人员及记录满足质量控制要求。砌石施工人员能遵守安全操作规程并佩戴安全帽。					
监理机构的检查、巡视、检验情况	1标段：对大坝充填灌浆施工各道工序进行了检查，未发现问题，进行 ×－×－×× 单元验收，质量评定。 2标段：对坝顶防浪墙浆砌石及砌石施工进行了巡视，进行 ×－×－××单元验收，质量评定。					
施工作业存在的问题，现场监理提出的处理意见以及承包人对处理意见的落实情况	1标段：未发现问题。 2标段：上游坝坡干砌石有浮砌和叠砌情况，要求返工处理，下游坝坡浆砌石排水沟、防浪墙浆砌石局部砂浆不饱满，要求返工处理，下发监理整改通知。					
监理机构签发的意见	应加强砌石护坡施工质量的监理，加强充填灌浆质量的检查及控制。 总监理工程师签名：××					
其他事项	上午 8：30 建设单位工程部××部长到工地查看。					

说明：1. 本表由监理机构指定专人填写，按月装订成册。

　　　2. 本表栏内内容可另附页，并标注日期，与日志一并存档。

参 考 文 献

［1］ 钟汉华，赵旭升．工程建设监理［M］．2版．郑州：黄河水利出版社，2009.
［2］ 王海周，钱巍．水利工程建设监理［M］．2版．郑州：黄河水利出版社，2016.
［3］ 中国建设监理协会．建设工程监理概论［M］．北京：知识产权出版社，2012.
［4］ 中国建设监理协会．建设工程投资控制［M］．北京：知识产权出版社，2012.
［5］ 刘军号．水利工程施工监理实务［M］．北京：中国水利水电出版社，2010.
［6］ 中国建设监理协会．全国监理工程师执业资格考试辅导资料［M］．北京：知识产权出版社，2012.
［7］ 娄鹏，刘景运．水利工程施工监理实用手册［M］．北京：中国水利水电出版社，2007.
［8］ 李念国，陈健玲．工程建设监理概论［M］．郑州：黄河水利出版社，2010.
［9］ 中华人民共和国水利部．水利工程建设项目施工监理规范：SL 288—2014［S］．北京：中国水利水电出版社，2014.
［10］ 中国水利工程协会．水利工程建设监理概论［M］．2版．北京：中国水利水电出版社，2010.

参 考 文 献

[1] ... ...

[2] ... ...

[3] ... ...

[4] ... ...

[5] ... ...

[6] ... ...